高职高专机械设计与制造专业规划教材

公差配合与技术测量

主　编　金　莹

副主编　张娟荣　程联社　徐家忠

清华大学出版社

北　京

内 容 简 介

本书按项目教学法、任务引领思路进行编写，注重培养学生分析问题、解决问题的能力，强调职业技能实际应用能力的培养。全书共分 5 个项目，内容包括：认识公差与测量、光滑圆柱公差配合及其检测、形位公差及其检测、表面粗糙度及其检测、常用典型结合的公差及其检测。项目下设有工作任务，并根据任务特点配有一定的练习题，以加强应用理论知识解决实际问题能力的训练。另外，书中附有必要的数据、图表以供查阅。

本书可作为高职高专院校机械类各专业教学用书，也可供机械行业工程技术人员及计量、检验人员参考。

图书在版编目(CIP)数据

公差配合与技术测量/金莹主编. —北京：清华大学出版社，2014 (2024.3 重印)
(高职高专机械设计与制造专业规划教材)
ISBN 978-7-302-37145-8

Ⅰ. ①公…　Ⅱ. ①金…　Ⅲ. ①公差—配合—高等职业教育—教材 ②技术测量—高等职业教育—教材 Ⅳ. ①TG801

中国版本图书馆 CIP 数据核字(2014)第 148325 号

责任编辑：秦　甲
装帧设计：杨玉兰
责任校对：周剑云
责任印制：沈　露
出版发行：清华大学出版社
　　网　　址：https://www.tup.com.cn, https://www.wqxuetang.com
　　地　　址：北京清华大学学研大厦 A 座　　**邮　　编：**100084
　　社 总 机：010-83470000　　**邮　　购：**010-62786544
　　投稿与读者服务：010-62776969, c-service@tup.tsinghua.edu.cn
　　质量反馈：010-62772015, zhiliang@tup.tsinghua.edu.cn
　　课件下载：https://www.tup.com.cn, 010-62791865
印 装 者：涿州市般润文化传播有限公司
经　　销：全国新华书店
开　　本：185mm×260mm　　**印　张：**15.5　　**字　数：**374 千字
版　　次：2014 年 9 月第 1 版　　**印　次：**2024 年 3 月第 4 次印刷
定　　价：45.00 元

产品编号：059065-02

前言

“公差配合与技术测量”是高等职业技术院校机械类各专业重要的技术基础课，是联系“机械设计”和“机械制造技术”等课程的桥梁和纽带，其相关内容涉及机械工程技术人员和管理人员必备的基本知识和技能。

为了适应高职高专职业教育的发展趋势，按照高等职业教育教学要求，结合高职教育人才培养模式、课程体系和教学内容等相关改革的要求，培养和造就适应生产、建设、管理、服务第一线需要的高素质技术技能人才，通过校企合作和广泛的行业企业调研，并参照相关的国家职业技能标准和行业职业技能鉴定规范，对本教材进行了系统化、规范化和典型化的设计。本书由从事高等职业教育教学工作多年、具有丰富教学经验的教师编写而成。在编写过程中坚持贯彻二十大精神，执行最新国家标准，注重“以学生为中心、以立德树人为根本，强调知识、能力、素养目标并重”，以生产企业实际项目案例为载体，以任务为驱动，工作过程为导向，进行课程内容模块化处理，本教材安排了“认识公差与测量”“光滑圆柱公差配合及其检测”“形位公差及其检测”“表面粗糙度及其检测”“常用典型结合的公差及其检测”5 个项目，12 个任务。本书在编写过程中突出了以下特点。

(1) 采用项目教学与创新思维方式相结合，突出项目化。

(2) 降低学习起点，理论以够用为度，突出实践性。增强知识的可用性和实用性，加强动手能力及思维能力的培养及训练。

(3) 全部采用 2009 年颁布的最新国家标准，在叙述基本概念的基础上，重点强调标准的应用能力。

(4) 为了便于自学和提高应用能力，书中为每个任务都配置了一定数量的练习题，以加强运用理论知识解决实际问题能力的训练。

(5) 教材在内容编排上基于企业典型工作过程，展现行业新业态、新水平、新技术，同时融入职业素质教育、职业安全教育的内容，以提高学生的职业素质与职业道德。

本书由咸阳职业技术学院金莹教授任主编并负责统稿，咸阳职业技术学院张娟荣副教授、程联社副教授、徐家忠教授任副主编。具体编写分工如下：项目一由张娟荣编写；项目二、五由金莹编写；项目三由杨凌职业技术学院程联社编写；项目四由陕西国防工业职业技术学院徐家忠编写。2021 年本书获评陕西省职业教育优秀教材。

由于编者水平有限，书中难免存在缺点和错误，敬请广大读者批评指正。

编　者

目 录

项目 1　认识公差与测量

学习目标

- 了解互换性生产的特征和意义。
- 掌握几何量的误差和公差的概念及其相互之间的关系。
- 了解标准及标准化的含义。
- 了解优先数系的特点及其应用意义。
- 掌握互换性的概念、互换性的类型及互换性在设计、制造、使用和维修等方面的重要作用。
- 掌握测量的基础概念和测量方法的分类。
- 了解常用计量器具的分类及用途。
- 掌握使用游标卡尺和外径百分表对零件的实际尺寸进行测量的方法。

任务 1.1　认识互换性、公差及标准化

任务提出

当我们去工厂的装配车间时，仔细观察就会发现，工人师傅在装配时，对同一规格的一批零件或部件，不经任何挑选、调整或辅助加工，任取其一进行装配就能满足机械产品的设计使用性能要求。我们会问，这是为什么？自行车及配件如图 1-1 所示，试对该自行车的高效制造、使用与维修如何实现互换性原则进行概括阐述。

图 1-1　自行车及配件

另外，现代制造业的特点是规模大(产品批量大和零部件品种多)、分工细、协作单位多、零件互换性要求高。为了适应生产中各部门的协调和各生产环节的衔接，必须有一种手段，使分散的、局部的生产部门和生产环节保持必要的统一，成为一个有机的整体，以实现互换性生产。怎样要求互换性产品的技术参数规范、简化，并具有权威的标准？

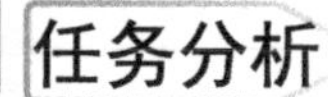

任务分析

自行车是我们日常生活中极其常见的一种交通工具，也是传动式机械，它的传动装置包括主动齿轮、被动齿轮、链条及变速器等。齿轮比与传动比决定着自行车的使用效率。通过脚踩脚踏板驱动中间圆盘的轴，在链条传动下的飞轮带动后轮转动，驱动前轮前进。

自行车由 25 个部件和 150 多种零件装配而成，其中标准零部件有轴承、链轮、键、弹簧、螺丝、螺帽、密封圈、垫片等，非标准件有前轴、后轴、车架、前叉、车把、鞍座等。在这些零部件中，轴承是由专业化的轴承厂制造，键、弹簧、螺丝、螺帽、密封圈、垫片等由专业化的标准件厂生产，非标准件一般由各机器制造厂加工。

最后要求各个合格零部件在装配车间或装配生产线上，不需要选择、修配即可装配成满足预定使用功能的自行车。当自行车使用一定周期后会出现零部件(如轴承、键、链轮、链条等)损坏现象，要求迅速更换、修复且满足使用功能，即遵循互换性原则。

现代制造业的特点是规模大、分工细、协作单位多、零件互换性要求高，必须有一种手段使生产部门统一起来，标准化正是满足这种需要的主要手段和途径。

知识准备

1.1.1 互换性

1. 互换性的概念

在机械和仪器制造工艺中，互换性是指同一规格的零件或部件，不需做任何挑选、调整或修配，就能装到机器上去，并符合规定的设计性能要求，满足机器的正常使用。

能够保证产品具有互换性的生产，就称为遵循互换性原则的生产。互换性原则已经成为组织现代化生产的一项极其重要的技术经济原则，它已广泛地应用在现代化大批量的生产中，并且能取得巨大的社会效益。从灯泡、电动车、汽车到电视机、计算机，以及各种军工产品的生产，都按照互换性的原则进行生产。

2. 互换性的分类

从广义上讲，零部件的互换性通常包括几何参数(如尺寸)、机械性能(如硬度、强度)以及理化性能(如化学成分)等方面。本书仅讨论几何参数的互换性。几何参数互换是指零件的尺寸、形状、位置、表面粗糙度等几何参数具有互换性。

互换性按其互换程度可分为完全互换(绝对互换)与不完全互换(有限互换)。

1) 完全互换

完全互换是指一批零部件装配前无须选择，装配时也无须修配与调整，装配后可直接使用。螺母、螺栓、滚动轴承、圆柱销等标准件的装配大都属此类情况。

2) 不完全互换

不完全互换则允许零部件在装配前进行预先分组或在装配时采取调整等措施。对于不完全互换性，可以采用分组装配法、调整法或其他方法。当装配精度要求很高时，若采用完全互换法生产，将使零件的生产公差很小，造成零件加工困难，成本很高。此时可采用不完全互换法进行生产，将其制造公差适当放大，以便于加工。在完工后，测量零件实际尺寸，按大小分组后按组进行装配。此时，仅是同组内零件可以互换，组与组之间零件不可互换，因此，也叫分组装配法。若在装配时允许用补充机械加工或钳工修刮办法来获得所需的精度，称为修配法。用移动或更换某些零件以改变其位置和尺寸的办法来达到所需的精度，称为调整法。

一般大量生产和成批生产，如在汽车、拖拉机的装配生产中大都采用完全互换法生产。不完全互换法只限于部件或机构在制造厂内装配时使用。精度要求很高的生产，如轴承工业，常采用分组装配法，即不完全互换法生产。小批和单件生产，如矿山、冶金等重型机器，也常采用不完全互换法生产。因为在这种情况下，完全互换会导致加工困难或制造成本过高。为此，生产中往往把零部件的精度适当降低，以便于制造；然后再根据实测尺寸的大小，将制成的相配零部件分成若干组，使每组内尺寸差别比较小；最后再把相应的零部件进行装配。这样既解决了零部件的加工困难，又保证了装配的精度要求。这就是应用了不完全互换法中的调整法。

一般来说，使用要求与制造水平、经济效益没有矛盾时，采用完全互换；反之，采用不完全互换。不完全互换常用在零部件制造厂内部，而厂外协作则往往要采用完全互换。究竟采用哪种方式为宜，要由产品精度、产品复杂程度、生产规模、设备条件及技术水平等一系列因素决定。

3. 互换性的作用

互换性原则被广泛采用，因为它不仅仅对生产过程发生影响，而且还涉及产品的设计、使用、维修等各个方面。

从设计上看，按互换性原则进行设计，就可以最大限度地采用标准件、通用件，大大减少计算、绘图等设计工作量，缩短设计周期，并有利于产品品种的系列化和多样化，有利于计算机辅助设计(CAD)。

从制造上看，零部件具有互换性，就可以采用“分散加工、集中装配”的生产方式。这样有利于引进专业化生产，使零部件成本降低，实现生产、装配方式的机械化和自动化，减轻工人的劳动强度，缩短生产周期，从而保证产品质量，提高劳动生产率和经济效益。

从装配上看，互换性有利于装配过程的机械化、自动化，可实现高效益的装配，即流水线和自动线的装配。

从维护上看，当机器的零部件突然损坏或需要按计划定期更换时，便可在最短时间内用备件加以替换，从而提高了机器的利用率，延长了机器的使用寿命，大大提高了经济效益。

从管理上看，因为互换性有利于系列化、标准化的设计制造，可大量采用标准件和通用件，因此可使得生产管理和仓库管理方便、简化。

综上所述，互换性对提高劳动生产率、保证产品质量、增加经济效率都具有重大的意义。它不仅适用于大批量生产，即使是单件小批生产，为了快速组织生产及经济性，也常常采用已经标准化了的零部件。因此，互换性原则是组织现代化生产的极其重要的技术经济原则。

1.1.2 标准与标准化的概念

现代化生产的特点是规模大、品种多、分工细和协作广，为使社会生产高效率地运行，必须通过标准化使产品的品种规格简化，使各分散的生产环节相互协调和统一。几何量的公差与检测也应纳入标准化的轨道。标准化是实现互换性的前提。

1. 标准

1) 标准的含义

标准是指为了在一定范围内获得最佳秩序，经协商一致指定并由公认机构批准，共同使用和重复使用的一种规范性文件。标准是以科学、技术和经验的综合成果为基础，以促进最佳社会效益为目的而制定的。它通过一段时间的执行，要根据实际使用情况，不断进行修订和更新。

2) 标准的分类

标准的范围极其广泛，种类繁多，涉及人类生产、生活的各个领域。本书中研究的公差标准、检测标准，大多属于国家基础标准。

按性质不同，标准分为技术标准、生产组织标准和经济管理标准三类。

按适用程度不同，标准分为基础标准和一般标准两类。机械制图、公差与配合、表面粗糙度、术语、符号、计量单位、优先数系等标准，都属于基础标准。基础标准是产品设计和制造中必须采用的技术数据和语言。

按法律属性不同，标准分为强制性标准和推荐性标准两类。涉及人身安全、健康、卫生及环境保护等的标准属于强制性标准，其代号为“GB”。强制性标准颁布后，必须严格执行。其余标准属于推荐性标准，其代号为“GB/T”。

按制定的范围不同，标准分为国际标准、国家标准、地方标准、行业标准和企业标准五个级别。在国际上，有国际标准化组织(ISO)和国际电工委员会(IEC)，它们负责制定和颁布国际标准，促进国际技术统一和交流，代表了国际上先进的科技水平。我国于 1978 年恢复 ISO 组织成员资格。在全国范围内统一制定的标准称为国家标准，其代号为“GB”。在全国同一行业内制定的标准称为行业标准，各行业都有自己的行业标准代号，如机械标准的代号为“JB”等。地方标准是在某一地域范围内需统一的技术要求，其代号为“DB”。在企业内部制定的标准称为企业标准，其代号为“QB”。

2. 标准化

1) 标准化的含义

标准化是指在经济、技术、科学及管理等社会实践中，对重复性事物和概念通过制定、发布和实施标准，达到统一，以获得最佳秩序和社会效益的全部活动过程。标准化是一个动态过程，它包括制定、贯彻和修改标准，而且是循环往复、不断提高的过程。

标准化是组织现代化生产的重要手段，是实现互换性的必要前提。标准化既是一项技术基础工作，也是一项重要的经济技术政策，它在工业生产和经济建设中起到重要作用，也是国家现代化水平的重要标志之一。

2) 互换性的标准化

互换性标准的建立和发展是随着制造业的发展而逐步完善的。图 1-2 反映出了互换性

的标准化历程。

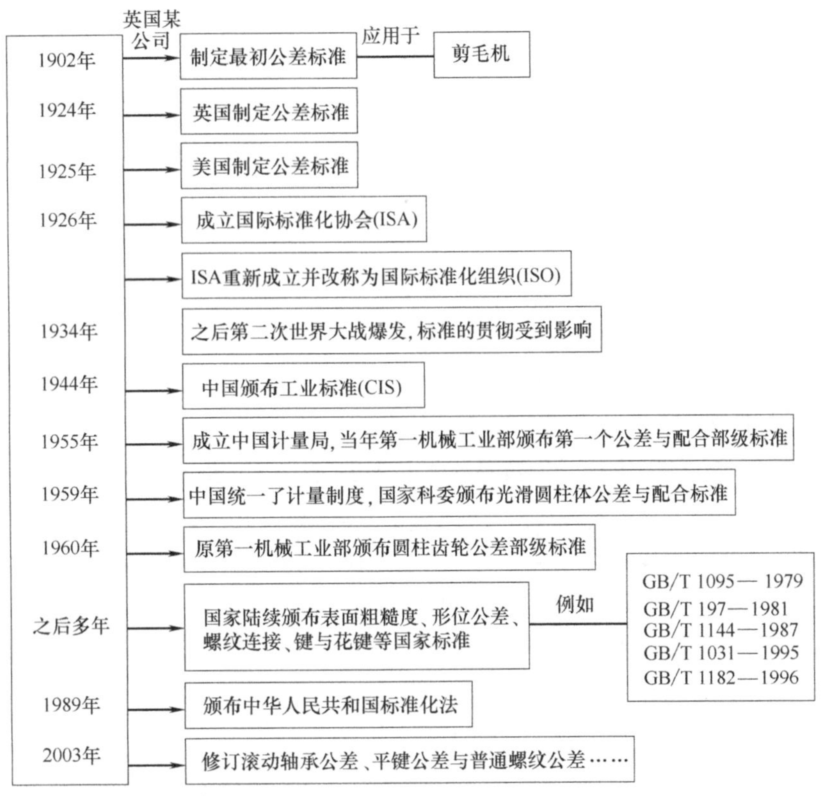

图 1-2　互换性的标准化历程

1.1.3　优先数和优先数系

在制定工业标准的表格以及在进行产品设计时，都会遇到选择数值系列的问题。为了满足不同要求，同一品种的某一参数，从大到小取不同值时(形成不同规格的产品系列)，应该采用一种科学的数值分级制度。人们由此总结了一种科学的、统一的数值标准，即为优先数和优先数系。优先数系中的任一个数值均称为优先数，优先数应适应工程数据的变化特点需要，如具备两倍和十倍关系等。《优先数和优先数系》国家标准(GB/T 321—2005)就是其中最重要的一个标准，要求工业产品设计中尽可能采用它。

优先数系是国际上统一的数值分级制度，是一种无量纲的分级数系，适用于各种量值的分级。在确定产品的参数或参数系列时，应最大限度地采用优先数和优先数系。如机床主轴转速的分级间距、钻头直径尺寸的分类等均符合某一优先数系。

产品(或零件)的主要参数(或主要尺寸)按优先数形成系列，可使产品(或零件)走上系列化，便于分析参数间的关系，减少设计计算的工作量。

优先数的主要优点是：相邻两项的相对差均匀，疏密适中，运算方便，简单易记；在同系列中，优先数的积、商、整数乘方仍为优先数。因此，优先数系得到了广泛应用。

优先数系是在几何级数基础上形成的，但其公比值仍可以是各种各样的。那么，如何确定公比值呢？由生产实践可知，十进制和二进制的几何级数最能满足工程要求。

工程上各种技术参数的简化、协调和统一是标准化的一项重要内容。优先数系由一些十进制等比数列构成，其代号为 Rm，R 是优先数系创始人法国人雷诺(Renard)姓氏的第一个字母，m 代表 5、10、20、40、80 等项数。除 5 外，其他四种都含有倍数系列。5 是为了满足分级更稀的需要而推荐的。5、10、20、40 作为基本系列，80 作为补充系列。系列用国际通用符号 R 表示。

(1) 基本系列：R5、R10、R20、R40 四个系列是常用系列，称为基本系列。

R5 系列的公比为 $q_5=\sqrt[5]{10}\approx 1.6$

R10 系列的公比为 $q_{10}=\sqrt[10]{10}\approx 1.25$

R20 系列的公比为 $q_{20}=\sqrt[20]{10}\approx 1.12$

R40 系列的公比为 $q_{40}=\sqrt[40]{10}\approx 1.06$

(2) 补充系列：R80 称为补充系列。

R80 系列的公比为 $q_{80}=\sqrt[80]{10}\approx 1.03$

GB/T 321—2005 列出的优先数系基本系列的常用值见表 1-1。

表 1-1　优先数系基本系列的常用值(摘自 GB/T321—2005)

R5	R10	R20	R40	R5	R10	R20	R40	R5	R10	R20	R40
1.00	1.00	1.00	1.00			2.24	2.24		5.00	5.00	5.00
			1.06				2.36				5.30
		1.12	1.12	2.50	2.50	2.50	2.50			5.60	5.60
			1.18				2.65				6.00
	1.25	1.25	1.25			2.80	2.80	6.30	6.30	6.30	6.30
			1.32				3.00				6.70
		1.40	1.40		3.15	3.15	3.15			7.10	7.10
			1.50				3.35				7.50
1.60	1.60	1.60	1.60				3.55		8.00	8.00	8.00
			1.70				3.75				8.50
		1.80	1.80	4.00	4.00	4.00	4.00			9.00	9.00
			1.90				4.25				9.50
	2.00	2.00	2.00			4.50	4.50	10.00	10.00	10.00	10.00
			2.12				4.75				

(3) 派生系列：实际应用中，上述五个系列不能满足要求时，还可采用派生系列。派生系列是从某一系列中按一定项差取值所构成的系列，如 R10/3 系列，即在 R10 数列中按每隔 3 项取 1 项的数列，其公比为 R10/3=$(\sqrt[10]{10})^3\approx 2$，如 1,2,4,8,…。

国家标准规定的优先数系分档合理、疏密均匀、简单易记，且使用方便。常见的量值，如长度、直径、转速及功率等分级，基本上都是按优先数系进行的。

优先数系在工程技术领域被广泛地应用，已成为国际上统一的数值制。本书涉及的有关标准中，如尺寸分段、公差分级及表面粗糙度的参数系列等，均采用优先数系。

1.1.4　零件的加工误差与公差

为了实现互换，最好把同一规格的零部件做成“一模一样”，但事实上这是不可能的，也是不必要的。无论设备的精度和操作工人的技术水平多么高，加工零件的尺寸、形状和位置等也不可能做得绝对精确。一般而言，只要将几何参数的误差控制在一定的范围内，就能满足互换性的要求。

1. 加工精度与加工误差

加工精度是指机械加工后，零件几何参数(尺寸、几何要素的形状和相互位置，轮廓的微观不平程度等)的实际值与设计理想值相符合的程度。

加工误差是指实际几何参数对其设计理想值的偏离程度，加工误差越小，加工精度越高。

加工误差包括尺寸误差、形状误差和位置误差等。

1) 尺寸误差

尺寸误差指零件加工后的实际尺寸对理想尺寸的偏离程度。理想尺寸是指图样上标注的最大、最小两极限尺寸的平均值，即尺寸公差带的中心值。

2) 形状误差

形状误差指加工后零件的实际表面形状对于其理想形状的差异(或偏离程度)。形状误差可分为三类：宏观形状误差、微观形状误差和表面波度误差。

3) 位置误差

位置误差指加工后零件的表面、轴线或对称平面之间的相互位置对于其理想位置的差异(或偏离程度)，如同轴度、位置度等。

2. 公差的概念及作用

为了控制加工误差，满足零件功能要求，设计者通过零件图样，提出相应的加工精度要求，这些要求是用几何量公差的标注形式给出的。

零件几何参数允许的变动量称为几何量公差，简称公差。相对于各类加工误差，几何量公差分为尺寸公差、形状公差、位置公差和表面粗糙度指标允许值及典型零件特殊几何参数的公差等。公差是限制误差的，用于保证互换性的实现。

制成后的零件是否满足要求，要通过检测才能判断。检测不仅用来评定产品合格与否，还用于分析产生不合格品的原因，改进生产工艺过程，预防废品产生等。事实证明，产品质量的提高，除了设计和加工精度的提高外，还必须依靠检测精度的提高。

综上所述，合理确定公差标准，采用相应的测量技术措施，是实现互换性的必要条件。

任务实施

自行车设备零部件为批量生产，首先要保证使用性能和互换性，同时要满足生产率和成本要求。在实际应用中，保证产品的使用性能和互换性要求，往往只是对产品零部件的某些关键几何量的精度设计。确切地说，零部件上只是相互结合的表面和工作面起主要作用，决定着产品的使用性和互换性以及制造成本，甚至决定着产品的生命力。从工艺观点看，公差首先对应制造难易，配合还直接对应装配难易。

按照这一观点，决定自行车零部件几何量精度设计的主要内容是：各零部件之间配合部位的配合、几何公差及其他技术要求。对于图 1-1 所示的自行车，只有科学合理地设计、确定各处配合及工作要求的部位和表面精度，才能实现互换性原则。另外，在标准化工作中，我国从 1959 年至今已经多次颁布和修订国家标准，几乎所有参数都是按优先数系确定的，自行车中标准和非标准零部件的装配，大多数影响互换性的尺寸及公差都必须按标准的优先数系确定。

练习与实践

一、判断题(正确的打√，错误的打×)

1. 为使零件的几何参数具有互换性，必须把零件的加工误差控制在给定的范围内。 (　　)
2. 不完全互换性是指一批零件中，一部分零件具有互换性，而另一部分零件必须经过修配才有互换性。 (　　)
3. 只要零件不经挑选或修配，便能装配到机器上，就称该零件具有互换性。 (　　)
4. 机械制造业中的互换性生产必定是大量或成批生产，但大量或成批生产不一定是互换性生产，小批量生产不是互换性生产。 (　　)
5. 产品的经济性是由生产成本唯一决定的。 (　　)
6. 加工误差只有通过测量才能得到，所以加工误差实质上就是测量误差。 (　　)
7. 现代科学技术虽然很发达，但要把两个尺寸做得完全相同是不可能的。 (　　)

二、填空题

1. 互换性按其互换程度可分为__________与__________。
2. 按制定的范围不同，标准分为国际标准、国家标准、__________、__________和企业标准。
3. 实行专业化协作生产必须采用______________原则。
4. 完全互换法一般适用于__________，分组装配法一般适用于__________。
5. 加工误差是指实际几何参数对其设计理想值的偏离程度，加工误差越________，加工精度越________。加工误差包括________、________、________和________等。

三、简答题

1. 什么叫互换性？完全互换与不完全互换有何区别？
2. 互换性在机械制造中有何意义？
3. 什么是优先数和优先数系？其主要优点是什么？R5、R40 系列各表示什么意义？
4. 加工误差、公差、互换性三者的关系是什么？
5. 电动机的转速有：375，750，1500，3000，…试判断它们属于哪个优先数系？公比是多少？

任务 1.2　技术测量与检验

任务提出

在标准温度下，对一轴上某处直径尺寸进行等精度测量 15 次。所得数据依次为40.039、40.043、40.040、40.042、40.041、40.043、40.039、40.040、40.041、40.042、40.041、40.041、40.039、40.043、40.041。假设测量中不存在定值系统误差，试求该处直径尺寸的测量结果。

任务分析

零件的几何量(尺寸、形位误差及表面粗糙度等)只有经过检测才能知道其结果，判断其是否符合设计要求。要完成此任务，我们需要学习技术测量的基本概念、计量器具和测量方法的正确选择和使用、测量数据的误差分析和测量数据处理等相关知识。

知识准备

1.2.1　概述

1．检测的概念

在机械制造中，需要测量加工后的零件的几何参数(尺寸、形位公差及表面粗糙度等)，以确定它们是否符合技术要求和实现互换性。检测是测量和检验的总称。测量就是把被测的量(如长度、角度等)与具有测量单位的标准量进行比较的过程；而检验是指确定零件的几何参数是否在规定的极限范围内，并做出合格性判断，不一定要得出被测量的具体数值。

2．测量的四个要素

一个完整的测量过程应包括以下四个要素。

1) 测量对象

本书涉及的测量对象是几何量，包括长度、角度、表面粗糙度、形状和位置误差等。

2) 测量单位

长度单位有米(m)、毫米(mm)、微米(μm)；角度单位为度(°)、分(′)、秒(″)。机械制造中常用的单位为毫米(mm)。

3) 测量方法

测量方法指测量时所采用的测量原理、计量器具以及测量条件的总和。测量条件是指测量时零件和测量器具所处的环境，如温度、湿度、振动和灰尘等。测量时的标准温度为

20℃。一般计量室的温度应控制在 20℃±(0.05～2)℃，精密计量室的温度应控制在20±(0.03～0.05)℃，同时还要尽可能使被测零件与测量器具在相同温度下进行测量。计量室的相对湿度应控制在 50%～60%为适宜，测量时应远离振动源，保持室内较高的清洁度等。

4) 测量精确度

测量精确度指测量结果与真值的一致程度。测量精确度的高低用测量极限误差或测量不确定度来表示。完整的测量结果应该包括测量值和测量极限误差，不知道测量精确度的测量结果是没有意义的。

测量是互换性生产过程中的重要组成部分，是保证各种公差与配合标准贯彻实施的重要手段，也是实现互换性生产的重要前提之一。为了实现测量的目的，必须使用统一的标准量，采用一定的测量方法，运用适当的测量工具，而且要达到一定的测量精确度，以确保零件的互换性。

1.2.2 计量单位和标准器具

1. 计量单位

在测量中，人们总是用数值和测量单位(在我国又称计量单位)的乘积来表示被测量的量值。所谓计量单位(unit of measurement)，是指为定量表示同种量的大小而约定的定义和采用的特定量。为给定量值按给定规则确定的一组基本单位和导出单位，称为计量单位制。

法定计量单位是指由国家法律承认、具有法定地位的计量单位。而国际单位制是我国法定计量单位的主体，所有国际单位制单位都是我国的法定计量单位。国际单位制是在米制的基础上发展起来的一种一贯单位制，其国际通用符号为“SI”。我们这里探讨的是为了进行长度测量，必须建立统一可靠的长度单位基准，即长度计量单位。目前世界各国所使用的长度单位有米制和英制两种。

1984 年，国务院发布了《关于在我国统一实行法定计量单位的命令》，决定在采用先进的国际单位制的基础上，进一步统一我国的计量单位，并发布了《中华人民共和国法定计量单位》，其中规定长度的基本单位为米(m)。米的最初定义始于 1791 年的法国。随着科学技术的发展，对米的定义不断进行完善。1983 年，第十七届国际计量大会正式通过了米的新定义：米是光在真空中 1/299792458s 时间间隔内所经路径的长度。1985 年，我国用自己研制的碘吸收稳定的 0.633 μm 氦氖激光辐射来复现我国的国家长度基准。

在实际生产和科研中，不便于用光波作为长度基准进行测量，而是采用各种计量器具进行测量。为了保证量值统一，必须把长度基准的量值准确地传递到生产中应用的计量器具和工件上去。因此，必须建立一套从长度的最高基准到被测工件的严密而完整的长度量值传递系统。在技术上，从国家基准谱线开始，长度量值沿着两个平行的系统向下传递(见图 1-3)：一个是端面量具(量块)系统，另一个是线纹量具(刻度尺)系统。其中以量块为媒介的传递系统应用较广。

机械制造中常用的长度单位为毫米(mm)，1mm=0.001m。精密测量时，多采用微米(μm)为单位，1μm=0.001mm。超精密测量时，则用纳米(nm)为单位，1nm=0.001μm。在英制长度单位中，1 英寸(inch,in)=2.54cm=25.4mm。

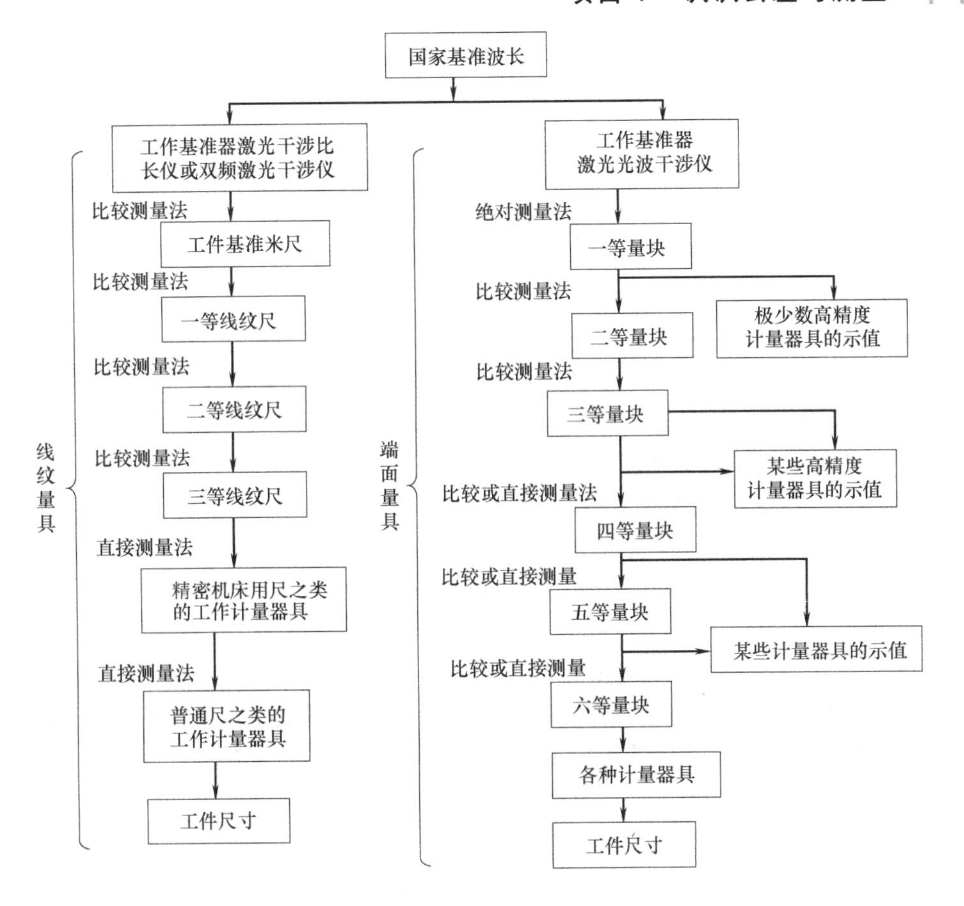

图 1-3　长度量值传递系统

2. 标准量块

1) 量块概述

量块是长度计量中最基本、使用最为广泛的实物量具之一，是长度计量中最重要的计量标准器具之一。量块是没有刻度的、截面为矩形的、平面平行的端面量具。量块用铬锰钢等特殊合金钢制成，具有线胀系数小、不易变形、硬度高、耐磨性好、工作面粗糙度值小以及研合性好等特点。

量块分为长度量块和角度量块，其形状有长方体和圆柱体两种，常用的是长方体。量块的级和等是在量块生产、检定和使用中要掌握的主要概念。量块在生产中是以级来定的，而在检定和使用中是以等来定的。量块在生产和检定中使用不同的精度概念，是根据量块的特点、使用的实际情况并考虑经济原则而制定的。因为在量块的生产中如果要求其尺寸与标称尺寸完全一致，是很难做到的，即使能够做到，也势必加大制作成本。再者，量块在使用过程中会磨损，其长度会发生变化，又会偏离其标称尺寸。

因此，在量块的生产中只要求其按照不同的级别生产就行了，而通过检定给出量块相对于标称尺寸的修正值。使用时，在标称尺寸上加上修正值就可以了。这样就大大降低了生产成本，又能满足使用要求。量块主要是按照量块长度相对于标称长度的偏差来分级的，同时各级量块对量块长度变动量和其他性能也有相应要求。根据量块国家标准的规定，量块分为 K、0、1、2、3 五个级别。量块主要以长度的测量不确定度来分等，同时各等量块对量块长度变动量和其他性能也有相应要求。根据量块国家标准的规定，量块分为 1、2、3、4、5、6 等。量块的级和等虽然是两个不同的概念，但相互间又有一定的关系。从不同级和不同等的量块的技术要求可以看出，它们对长度变动量都有要求，量块的级别或等别越高，对长度变动量的要求也越高，而且要求一定级别的量块与一定等别的量块的长度变动量一一对应。

2) 长度量块

长度量块是单值端面量具，其形状为长方六面体，有两个平行的测量面，其余为非测量面。如图 1-4(a)所示，长度量块上有两个平行的测量面，其表面极为光滑、平整，表面粗糙度 *Ra* 值达 0.012 μm 以上，两测量面之间的距离即为量块的工作长度(标称长度)。另外，长度量块上还有四个非测量面。从量块一个测量面上任意一点 (距边缘 0.5mm 区域除外)到与此量块另一个测量面相研合的面的垂直距离称为量块的实际长度 L_i，从量块一个测量面上的中心点到与此量块另一个测量面相研合的面的垂直距离称为量块的中心长度 L_0，如图 1-4(b)所示。量块上标出的尺寸称为量块的标称长度 L。

标称长度小于 5.5mm 的量块，其公称长度值刻印在上测量面上；标称长度大于 5.5mm 的量块，其公称长度值刻印在上测量面左侧较宽的一个非测量面上。我国常用量块的最小和最大标称长度分别为 0.5mm 和 1000mm。100mm 以下的成套量块常用的有 91 块组、83 块组、46 块组等。100mm 以上的量块习惯上被称为长量块，成套的量块有 8 块组和 5 块组，习惯上称为大 8 块和大 5 块。

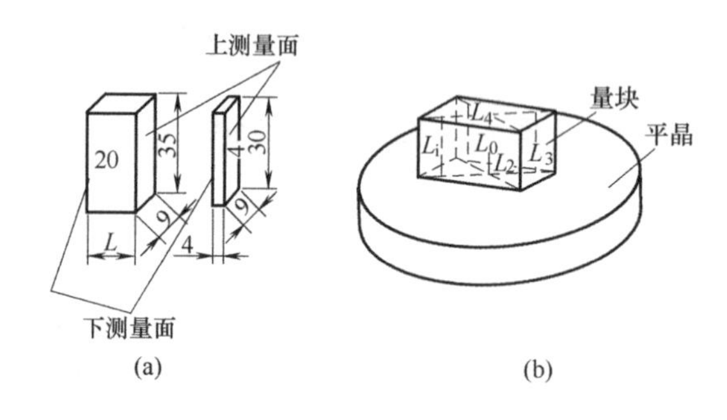

图 1-4　长度量块

为了能用较少的块数组合成所需要的尺寸，量块应按一定的尺寸系列成套生产供应。国家标准共规定了 17 种系列的成套量块。表 1-2 列出了其中两套量块的尺寸系列。

根据不同的使用要求，量块做成不同的精度等级。量块精度的划分有两种规定：按级划分和按等划分。

长度量块按制造精度分级：GB/T 6093－2001 按制造精度将量块分为 00、0、1、2、3 和 K 级共 6 级，其中 00 级精度最高，3 级精度最低，K 级为校准级。级主要是根据量块长度极限偏差、测量面的平面度、粗糙度及量块的研合性等指标来划分的。量块按级使用时，以量块的标称长度为工作尺寸，该尺寸包含了量块的制造误差，并将被引入测量结果中。由于不需要加修正值，故使用较方便。

表 1-2　成套量块的尺寸(摘自 GB6093—1985)

序　号	总块数	级　别	尺寸系列/mm	间隔/mm	块　数
1	83	00,0,1,2,(3)	0.5	—	1
			1	—	1
			1.005	—	1
			1.01,1.02,…,1.49	0.01	49
			1.5,1.6,…,1.9	0.1	5
			2.0,2.5,…,9.5	0.5	16
			10,20,…,100	10	10
2	46	0,1,2	1	—	1
			1.001,1.002,…,1.009	0.001	9
			1.01,1.02,…,1.09	0.01	9
			1.1,1.2,…,1.9	0.1	9
			2,3,…,9	1	8
			10,20,…,100	10	10

注：带括号的等级，根据订货供应。

长度量块按检定精度分等：国家计量局标 JJG 146－2003《量块检定规程》按检定精度将量块分为六等，即 1、2、3、4、5、6 等，其中 1 等精度最高，6 等精度最低。等主要是根据量块中心长度测量的极限偏差和平面平行性允许偏差来划分的。量块按等使用时，不再以标称长度作为工作尺寸，而是用量块经检定后所给出的实测中心长度作为工作尺寸，该尺寸排除了量块的制造误差，仅包含检定时较小的测量误差。

量块的级与等的关系：量块的级和等是从成批制造和单个检定两种不同的角度出发，对其精度进行划分的两种形式。按级使用时，以标记在量块上的标称尺寸作为工作尺寸，该尺寸包含其制造误差。按等使用时，必须以检定后的实际尺寸作为工作尺寸，该尺寸不包含制造误差，但包含了检定时的测量误差。就同一量块而言，检定时的测量误差要比制造误差小得多。所以，量块按等使用时其精度比按级使用要高，并且能在保持量块原有使用精度的基础上延长其使用寿命。

量块在使用时，常常用几个量块组合成所需要的尺寸，一般不超过 4 块。可以从消去尺寸的最末位数开始，逐一选取。例如，使用 83 块一套的量块组，从中选取量块组成 33.625mm。查表 1-2，可按如下步骤选择量块尺寸：

33.625………………………… 量块组合尺寸
−)　1.005………………………… 第一块量块尺寸
32.62……………………………剩余尺寸
−)　1.02………………………… 第二块量块尺寸
31.6…………………………… 剩余尺寸
−)　1.6………………………… 第三块量块尺寸
30………………………… 第四块量块尺寸

1.005+1.02+1.6+30=33.625

量块除了作为长度基准的传递媒介以外，也可以用来检定、校对和调整计量器具，还可以用于精密划线和精密调整机床。

3) 角度单位与量值传递系统

角度是机械制造中重要的几何参数之一，我国法定计量单位规定平面角的角度单位为弧度(rad)及度(°)、分(′)、秒(″)。

1rad 是指在一个圆的圆周上截取与该圆的半径相等的弧长时所对应的中心平面角。1° = (π/180)rad。度、分、秒的关系采用 60 进位制，即 1° =60′，1′=60″。

由于任何一个圆周均可形成封闭的 360° (2πrad)中心平面角，因此，角度不需要和长度一样再建立一个自然基准。但在计量部门，为了工作方便，在高精度的分度中，仍常以多面棱体(见图 1-5)作为角度基准来建立角度传递系统。

多面棱体是用特殊合金或石英玻璃经精加工而成，常见的有 4、6、8、12、24、36、72 等正多面棱体。图 1-5 所示为正八面棱体，在任意轴切面上，相邻两面法线间的夹角为 45°。它可作为 $n\times45°$ 角度的测量基准，其中 n=1,2,3,…。

4) 角度量块

在角度量值传递系统中，角度量块是量值传递媒介，它的性能与长度量块类似。它用于检定和调整普通精度的测角仪器，校正角度样板，也可直接用于检验工件。

角度量块有三角形和四边形两种，如图 1-6 所示。三角形角度量块只有一个工作角，角度值在 10°～79° 范围内。四边形角度量块有四个工作角，角度值在 80°～100° 范围内，并且在短边相邻的两个工作角之和为 180°，即 $\alpha+\delta=\beta+\gamma$。

同成套的长度量块一样，角度量块也由若干块组成一套，以满足不同角度的测量需要。角度量块可以单独使用，也可以在 10°～350° 范围内组合使用。

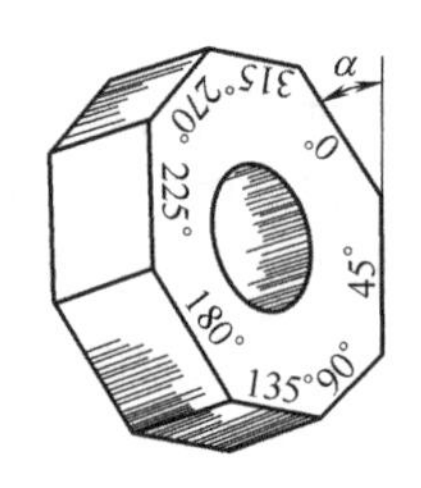

图 1-5 正八面棱体

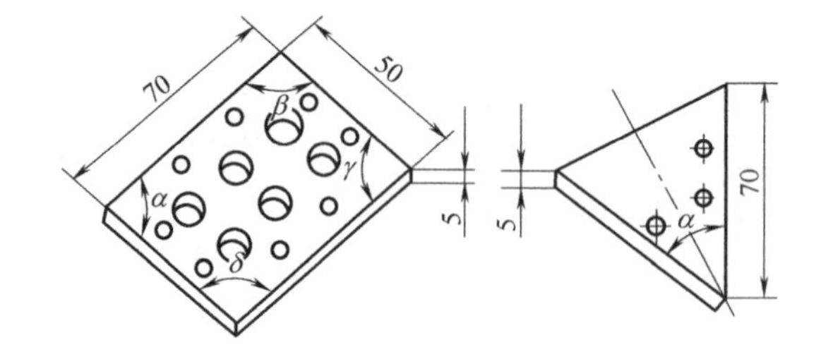

图 1-6 角度量块

1.2.3 计量器具、度量指标及测量方法

1. 计量器具的分类

计量器具可按用途、结构和工作原理分类。

1) 按用途分类

(1) 标准计量器具。标准计量器具是指测量时体现标准量的测量器具，通常用来校正和调整其他计量器具，或作为标准几何量与被测几何量进行比较，如量块、多面棱体等。

(2) 通用计量器具。通用计量器具指通用性大、可用来测量某一范围内各种尺寸(或其他几何量)，并能获得具体读数值的计量器具，如千分尺、千分表、测长仪等。

(3) 专用计量器具。专用计量器具是指用于专门测量某种或某个特定几何量的计量器具，如量规、圆度仪、基节仪等。

2) 按结构和工作原理分类

(1) 机械式计量器具。机械式计量器具是指通过机械结构实现对被测量的感受、传递和放大的计量器具，如机械式比较仪、百分表和扭簧比较仪等。

(2) 光学式计量器具。光学式计量器具是指用光学方法实现对被测量的转换和放大的计量器具，如光学比较仪、投影仪、自准直仪和工具显微镜等。

(3) 气动式计量器具。气动式计量器具是指靠压缩空气通过气动系统的状态(流量或压力)变化来实现对被测量的转换的计量器具，如水柱式和浮标式气动量仪等。

(4) 电动式计量器具。电动式计量器具是指将被测量通过传感器转变为电量，再经变换而获得读数的计量器具，如电动轮廓仪和电感测微仪等。

近年来，由于光栅、磁栅、感应同步器以及激光技术、计算机技术在长度测量中的应用越来越广泛，不仅测量器具的精度有了很大的提高，而且能采用脉冲计数、数字显示、自动记录和打印测量结果等方式，从而有助于实现自动测量和自动控制。

2. 计量器具的基本度量指标

度量指标用来说明计量器具的性能和功用，它是选择和使用计量器具，研究和判断测量方法正确性的依据。基本度量指标如下。

(1) 刻度间距。刻度间距是指计量器具的刻度尺或刻度盘上相邻两刻度线中心之间的距离。为便于目视估计，一般刻度间距为 1～2.5mm。

(2) 分度值。分度值是指计量器具的刻度尺或刻度盘上相邻两刻度线间所代表的被测量的量值，一般长度计量器具的分度值有 0.1mm、0.05mm、0.02mm、0.01mm、0.001mm 等，如千分表的分度值为 0.001mm，百分表的分度值为 0.01mm。一般来说，分度值越小，计量器具的精度越高。

(3) 分辨力。分辨力是指计量器具所能显示的最末一位数所代表的量值。由于在一些计量器具(数显式仪器)中，其读数采用非标尺或非分读盘显示，因此就不能使用分度值这一概念，而将其称作分辨力。例如，国产 JC19 型数显万能工具显微镜的分辨力为 0.5 μm 。

(4) 示值范围。示值范围是指计量器具所能显示或指示的最小值到最大值的范围。例如，光学比较仪的示值范围为±0.1mm。

(5) 测量范围。测量范围是指计量器具所能测量零件的最小值到最大值的范围。例如，某一千分尺的测量范围为 75～100mm，光学比较仪的测量范围为 0～180mm。

(6) 灵敏度。灵敏度是指计量器具对被测量变化的反应能力。若被测量变化为 ΔL，计量器具上相应变化为 ΔX，则灵敏度为

$$S = \frac{\Delta X}{\Delta L} \tag{1-1}$$

当 ΔX 和 ΔL 为同一类量时，灵敏度又称放大比，其值为常数。放大比 K 可用下式来表示：

$$K = \frac{c}{i} \tag{1-2}$$

式中：c 为计量器具的刻度间距；i 为计量器具的分度值。

(7) 测量力。测量力是指计量器具的测头与被测表面之间的接触力。在接触测量中，要求计量器具要有一定的恒定测量力。测量力太大会使零件或测头产生变形，测量力不恒定会使示值不稳定。

(8) 示值误差。示值误差是指计量器具上的示值与被测量真值的代数差。

(9) 示值变动。示值变动是指在测量条件不变的情况下，用计量器具对被测量多次测量(一般为 5～10 次)所得示值的最大差值。

(10) 回程误差。回程误差是指在相同条件下，对同一被测量进行往返两个方向测量时，计量器具示值的最大变动量。

(11) 不确定度。不确定度是指由于测量误差的存在而对被测量值不能肯定的程度。不确定度是对被测量值不能肯定的误差范围的一种评定，不确定度越小，测量结果的可信度越高。不确定度用极限误差表示，它是一个综合指标，包括示值误差、回程误差等。如分度值为 0.01mm 的千分尺，在车间条件下测量一个尺寸小于 50mm 的零件时，其不确定度为±0.004mm。

3. 测量方法的分类

测量方法可以从不同角度进行分类。

(1) 按实测量是否为被测量，测量方法可分为直接测量和间接测量。

直接测量是指直接从计量器具获得被测量量值的测量方法。如用游标卡尺、千分尺或比较仪器测量轴径。

间接测量是指测量与被测量有一定函数关系的量，然后通过函数关系算出被测量量值的测量方法。

为减少测量误差，一般都采用直接测量，必要时才采用间接测量。

(2) 按示值是否为被测几何量的整个量值，测量方法可分为绝对测量和相对测量。

绝对测量是指被测量的全值从计量器具的读数装置直接读出。如用测长仪测量零件，其尺寸由刻度尺上直接读出。

相对测量是指计量器具的示值仅表示被测量对已知标准量的偏差(是被测量的部分量)，而被测量的量值为计量器具的示值与标准量的代数和。如用比较仪测量时，先用量块调整仪器零位，然后测量被测量，所获得的示值就是被测量相对量块尺寸的偏差。

一般来说，相对测量的测量精度比绝对测量的测量精度高。

(3) 按零件上同时被测参数的多少，测量方法可分为单项测量和综合测量。

单项测量是指分别测量工件各个参数的测量。如分别测量螺纹的中径、螺距和牙型半角。

综合测量是指同时测量工件上某些相关几何量的综合结果，以判断综合结果是否合格。如用螺纹通规检验螺纹的单一中径、螺距和牙型半角实际值的综合结果，即作用中径。

单项测量的效率比综合测量低，但单项测量的结果便于工艺分析。

(4) 按被测工件表面与计量器具之间是否有机械作用的测量力，测量方法可分为接触测量和非接触测量。

接触测量是指计量器具在测量时，其测头与被测表面直接接触的测量。如用卡尺、千分尺测量工件。

非接触测量是指计量器具在测量时，其测头与被测表面不接触的测量。如用气动量仪测量孔径和用显微镜测量工件的表面粗糙度。

接触测量有测量力，会引起被测表面和计量器具有关部分的弹性变形，因而影响测量精度；非接触测量则无此影响。

(5) 按测量在机械加工过程中所处的地位，测量方法可分为在线测量和离线测量。

在线(online)测量是指在加工过程中对工件的测量，其测量结果可用来控制工件的加工过程，决定是否要继续加工或调整机床，可及时防止废品的产生。

离线(offline)测量是指在加工后对工件进行的测量，主要用来发现并剔除废品。

在线测量使检测与加工过程紧密结合，可保证产品质量，因而是检测技术的发展方向。

(6) 按决定测量精度的全部因素或条件是否改变，测量方法可分为等精度测量和不等精度测量。

等精度测量是指在测量过程中，决定测量精度的全部因素或条件都不变的测量。如由同一人员、使用同一台仪器，在同样的条件下，以同样的方法和测量精度，同样仔细地测量同一个量的测量。

不等精度测量是指在测量过程中，决定测量精度的全部因素或条件可能完全改变或部分改变的测量。如在上述测量中改变其中之一或几个甚至全部条件或因素的测量。

一般情况下都采用等精度测量。不等精度测量的数据处理比较麻烦，只运用于重要科研实验中的高精度测量。

1.2.4　测量误差与数据处理

1．测量误差的概念

任何测量过程，由于受到计量器具和测量条件的影响，不可避免地会产生测量误差。每一个实际测得值往往只是在一定程度上接近被测几何量的真值。所谓测量误差，是指实际测得值与其被测几何量的真值之差。测量误差可以用绝对误差和相对误差来表示。

1) 绝对误差

绝对误差δ，是指实际测得值x与其被测几何量的真值x_0之差。即

$$\delta = x - x_0 \tag{1-3}$$

由式(1-3)所表达的测量误差，反映了测得值偏离真值的程度。由于测得值 x 可能大于或小于真值 x_0，因此测量误差可能是正值或负值。若不计其符号正负，则可用绝对值表示，有

$$|\delta| = |x - x_0|$$

这样，真值x_0可表示为

$$x_0 = x \pm \delta \tag{1-4}$$

式(1-4)表明，可用测量误差来说明测量的精度。测量误差的绝对值越小，说明测得值越接近真值，测量精度也越高；反之，测量精度就越低。但这一结论只适用于测量尺寸相同的情况下。因为测量精度不仅与绝对误差的大小有关，而且还与被测量的尺寸大小有关。为了比较不同尺寸的测量精度，可应用相对误差的概念。

2) 相对误差

相对误差ε是指绝对误差的绝对值$|\delta|$与被测量的真值 x_0 之比，由于被测量的真值 x_0

是不知道的，故实际中常以被测量的测得值 x 替代，即

$$\varepsilon=\frac{|\delta|}{x_0}\approx\frac{|\delta|}{x}\times100\% \tag{1-5}$$

相对误差是一个无量纲的数值，通常用百分数(%)表示。例如，某两个轴径的测得值分别为 x_1=500mm，x_2=50mm；$\delta_1=\delta_2$=0.005mm，则其相对误差分别为 ε_1=0.005/500×100%=0.001%，ε_2=0.005/50×100%=0.01%。由此可看出前者的测量精度要比后者高。

2. 测量误差的来源

为了提高测量精度，分析与估算测量误差的大小，就必须了解测量误差产生的原因及其对测量结果的影响。显然，产生测量误差的因素是很多的，归纳起来主要有以下几个方面。

1) 计量器具误差

计量器具误差是指计量器具本身在设计、制造和使用过程中造成的各项误差。

设计计量器具时，为了简化结构而采用近似设计，或者设计的计量器具不符合阿贝原则等因素，都会产生测量误差。例如，杠杆齿轮比较仪中测杆的直线位移与指针的角位移不成正比，而表盘标尺却采用等分刻度，由于采用了近似设计，测量时就会产生误差。

阿贝原则是指“在设计计量器具或测量工件时，将被测长度与基准长度沿测量轴线成直线排列”。例如，千分尺的设计是符合阿贝原则的，即被测两点间的尺寸线与标尺(基准长度)在一条线上，从而提高了测量精度。而游标卡尺的设计则不符合阿贝原则。如图 1-7 所示，被测长度与基准刻线尺相距 s 平行配置，在测量过程中，卡尺活动量爪倾斜一个角度 φ，此时，产生的测量误差为

$$\delta=x-x'=s\tan\varphi\approx s\varphi \tag{1-6}$$

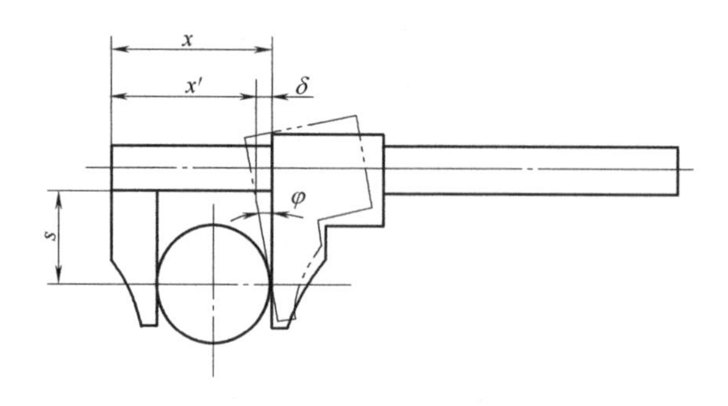

图 1-7　用游标卡尺测量轴颈

计量器具零件的制造和装配误差也会产生测量误差。如游标卡尺刻线不准确、指示盘刻度线与指针的回转轴的安装有偏心等。

计量器具的零件在使用过程中的变形、滑动表面的磨损等，也会产生测量误差。

此外，相对测量时使用的标准器具，如量块、线纹尺等的制造误差，也将直接反映到测量结果中。

2) 测量方法误差

测量方法误差是指测量方法不完善所引起的误差，包括计算公式不准确、测量方法选择不当、测量基准不统一、工件安装不合理以及测量力等引起的误差。例如，测量大圆柱

的直径 D，先测量周长 L，再按 $D=L/\pi$ 计算直径，若取 $\pi=3.14$，则计算结果会代入 π 取近似值的误差。

3) 测量环境误差

测量环境误差是指测量时的环境条件不符合标准条件所引起的误差。环境条件是指湿度、温度、振动、气压和灰尘等。其中，温度对测量结果的影响最大。在长度计量中，规定标准温度为 20℃。若不能保证在标准温度 20℃条件下进行测量，则引起的测量误差为

$$\Delta L = L\left[\alpha_2(t_2-20)-\alpha_1(t_1-20)\right] \tag{1-7}$$

式中：ΔL 为测量误差；L 为被测尺寸；t_1、t_2 分别为计量器具和被测工件的温度，单位为℃；α_1、α_2 分别为计量器具和被测工件的线胀系数。

4) 人为误差

人为误差是指测量人员的主观因素(如技术熟练程度、分辨能力、思想情绪等)引起的误差。如测量人员眼睛的最小分辨能力和调整能力、量值估读错误等。

总之，造成测量误差的因素很多，有些误差是不可避免的，有些误差是可以避免的。测量时应采取相应的措施，设法减小或消除测量误差对测量结果的影响，以保证测量的精度。

3．测量误差的分类及处理方法

测量误差按其性质可分为系统误差、随机误差(偶然误差)和粗大误差(过失或反常误差)。

1) 系统误差

系统误差是指在一定测量条件下，多次测量同一量值时，误差的大小和符号均不变或按一定规律变化的误差。可见，系统误差有定值系统误差和变值系统误差两种。例如，在立式光较仪上用相对法测量工件直径，调整仪器零点所用量块的误差，对每次测量结果的影响都相同，属于定值系统误差；在测量过程中，若温度产生均匀变化，则引起的误差为线性系统变化，属于变值系统误差。

从理论上讲，当测量条件一定时，系统误差的大小和符号是确定的，因而，也是可以被消除的。但实际工作中，系统误差不一定能够完全消除，只能减少到一定的限度。根据系统误差被掌握的情况，可将其分为已定系统误差和未定系统误差两种。

已定系统误差是符号和绝对值均已确定的系统误差。对于已定系统误差应予以消除或修正，即将测得值减去已定系统误差作为测量结果。例如，0～25mm 千分尺两测量面合拢时读数不对准零位，而是+0.005mm，用此千分尺测量零件时，每个测得值都将大 0.005mm。此时可用修正值-0.005mm 对每个测量值进行修正。

未定系统误差是指符号和绝对值未经确定的系统误差。对未定系统误差，应在分析原因、发现规律或采用其他手段的基础上，估计误差可能出现的范围，并尽量减少并消除之。

在精密测量技术中，误差补偿和修正技术已成为提高仪器测量精度的重要手段之一，并越来越广泛地被采用。

2) 随机误差

随机误差是指在一定测量条件下，多次测量同一量值时，其数值大小和符号以不可预定方式变化的误差。它是由于测量中的不稳定因素综合形成的，是不可避免的。例如，测量过程中温度的波动、振动、测量力的不稳定、量仪的示值变动、读数不一致等。随机误

差对于某一次测量结果无规律可循，但如果进行大量、多次重复测量，则随机误差分布服从统计规律。

大量实验表明，随机误差通常服从正态分布规律。因此，可以利用概率论和数理统计的一些方法来掌握随机误差的分布特征，估计误差范围，对测量结果进行处理。

(1) 随机误差的分布规律及特性。

在某一条件下，对某一个工件的同一部位用同一方法进行 150 次重复测量，得到 150 个测得值，这一系列测得值通常为测量列。为了描述随机误差的分布规律，假设测得值中的系统误差已消除，同时也不存在粗大误差，然后将 150 个测得值按尺寸的大小分为 11 组，每组间隔 0.001mm，统计出每组的频数(工件尺寸的次数)n_i，计算出每组的频率 n_i/N(频数 n_i 与测量次数 N 之比)，见表 1-3。

表 1-3 测量数据统计表

组 号	测得值分组区间/mm	区间中心值 x_i/mm	频数 n_i	频率 n_i/N
1	7.1305～7.1315	x_1=7.131	n_1=1	0.007
2	7.1315～7.1325	x_2=7.131	n_2=3	0.020
3	7.1325～7.1335	x_3=7.131	n_3=8	0.053
4	7.1335～7.1345	x_4=7.131	n_4=18	0.120
5	7.1345～7.1355	x_5=7.131	n_5=28	0.187
6	7.1355～7.1365	x_6=7.131	n_6=34	0.227
7	7.1365～7.1375	x_7=7.131	n_7=29	0.193
8	7.1375～7.1385	x_8=7.131	n_8=17	0.113
9	7.1385～7.1395	x_9=7.131	n_9=9	0.060
10	7.1395～7.1405	x_{10}=7.131	n_{10}=2	0.013
11	7.1405～7.1415	x_{11}=7.131	n_{11}=1	0.007
测得值的平均值为 7.136			$N=\sum n_i=150$	$\sum(n_i/N)=1$

再以测得值 x_i 为横坐标，以频率 n_i/N 为纵坐标，画出频率直方图。连接每个直方块上部的中点，得到一条折线，这条折线称为实际分布曲线，如图 1-8(a)所示。若将上部试验次数 N 无限增大，而分组间隔 Δx 区间趋于无限小，则该折线就变成一条光滑的曲线，称为理论分布曲线。

如果横坐标用测量的随机误差 δ 代替测得尺寸 x_i，纵坐标用表示对应各随机误差的概率密度 y 代替频率 n_i/N，那么就得到随机误差的正态分布曲线，如图 1-8(b)所示。

从图 1-8 中可以看出，随机误差具有以下四个分布特性。

① 对称性。绝对值相等的正误差与负误差出现的概率相等。

② 单峰性。绝对值小的随机误差比绝对值大的随机误差出现的概率大，曲线有最高点。

③ 有界性。在一定的测量条件下，随机误差的绝对值不会超越某一确定的界限。

④ 抵偿性。随着测量次数的增加，随机误差的算术平均值趋近于零。

(2) 随机误差的评定指标。

由概率论可知，正态分布曲线可用其分布密度进行描述，即

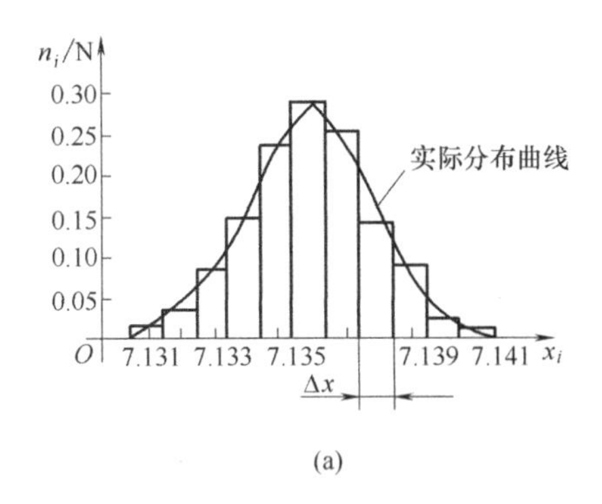

(a)

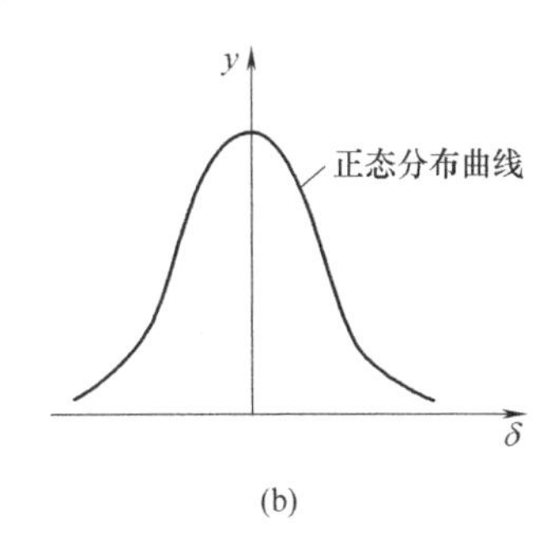

(b)

图 1-8　频率直方图与正态分布曲线

$$y=\frac{1}{\sigma\sqrt{2\pi}}\mathrm{e}^{\frac{\delta^2}{2\sigma^2}} \tag{1-8}$$

式中：y 为随机误差的概率分布密度；δ 为随机误差；σ 为标准偏差；e 为自然对数的底(e=2.71828)。

由式(1-8)可知，概率分布密度 y 与随机误差 δ 及标准偏差 σ 有关。当 $\delta=0$ 时，概率分布密度最大，$y_{\max}=\frac{1}{\sigma\sqrt{2\pi}}$。概率分布密度的最大值 $y_{\max}$ 与标准偏差 σ 成反比。图 1-9 所示为不同标准偏差的正态分布曲线，其中 $\sigma_1<\sigma_2<\sigma_3$，$y_{\max1}>y_{\max2}>y_{\max3}$。标准偏差 σ 表示随机误差的离散(分散)程度。可见，σ 越小，$y_{\max}$ 越大，分布曲线越陡峭，测得值越集中，即测量精度越高；反之，σ 越大，$y_{\max}$ 越小，分布曲线越平坦，测得值越分散，即测量精度越低。

按照误差理论，随机误差的标准偏差 σ 的计算公式为

$$\sigma=\sqrt{\frac{\sum_{i=1}^{n}\delta_i^2}{n}} \tag{1-9}$$

式中：n 为测量次数；δ_i 为随机误差，即各次测得值与真值之差。

(3) 随机误差的极限值。

由随机误差的有界性可知，随机误差不会超出某一范围。随机误差的极限值是指测量极限误差，也就是测量误差可能出现的极限值。

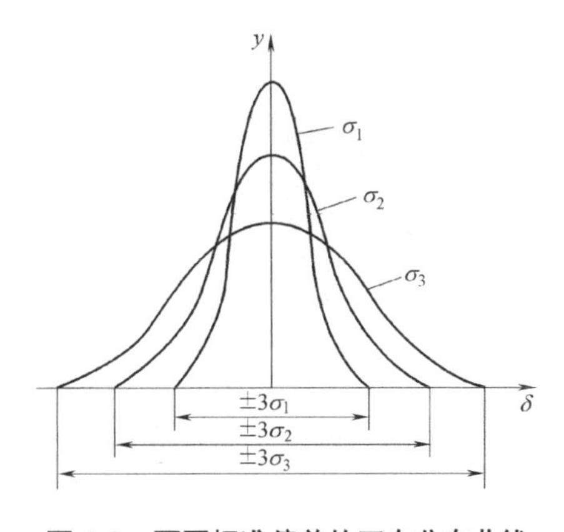

图 1-9　不同标准偏差的正态分布曲线

由概率论可知，全部随机误差的概率之和为 1，即

$$P=\int_{-\infty}^{+\infty} y\mathrm{d}\delta=\frac{1}{\sigma\sqrt{2\pi}}\int_{-\infty}^{+\infty} \mathrm{e}^{\frac{\delta^2}{2\sigma^2}}\mathrm{d}\delta=1$$

随机误差出现在区间$(-\delta,+\delta)$内的概率为

$$P=\frac{1}{\sigma\sqrt{2\pi}}\int_{-\delta}^{+\delta} \mathrm{e}^{\frac{\delta^2}{2\sigma^2}}\mathrm{d}\delta=1$$

若令$t=\dfrac{\delta}{\sigma}$，则$\mathrm{d}t=\dfrac{\mathrm{d}\delta}{\sigma}$，将其代入上式得

$$P=\frac{1}{\sqrt{2\pi}}\int_{-t}^{+t} \mathrm{e}^{\frac{t^2}{2}}\mathrm{d}t=\frac{2}{\sqrt{2\pi}}\int_{0}^{t}\mathrm{e}^{\frac{t^2}{2}}\mathrm{d}t$$

又写成如下形式：

$$P=2\Phi(t)$$

$\Phi(t)$称为拉普拉斯函数，也称概率积分。当 t 已知时，在拉普拉斯函数表中可查得函数$\Phi(t)$的值。

例如，当t=1，即$\delta=\pm\sigma$时，$2\Phi(t)$=68.26%；当t=2，即$\delta=\pm2\sigma$时，$2\Phi(t)$=95.44%；当 t=3，即$\delta=\pm3\sigma$时，$2\Phi(t)$=99.73%；超出$\pm3\sigma$的概率只有 0.27%，因此可将随机误差的极限值取作$\pm3\sigma$，即$\delta_{\lim}=\pm3\sigma$，如图 1-10 所示。

随机误差δ_i是指消除系统误差后的各测量值x_i与其真值x_0之差，即

$$\delta_i=x_i-x_0(i=1,2,\cdots,n) \tag{1-10}$$

但在实际测量工作中，被测量的真值x_0是未知的，当然δ_i也是未知的，因此无法根据式(1-9)求得标准偏差δ。

在消除系统误差的条件下，对被测几何量进行等精度、有限次测量，若测量列为 x_1，x_2，…，x_n，则其算术平均值为

$$\overline{x}=\frac{1}{n}\sum_{i=1}^{n}x_i \tag{1-11}$$

式中：$\overline{x}$是被测量真值x_0的最佳估计值。

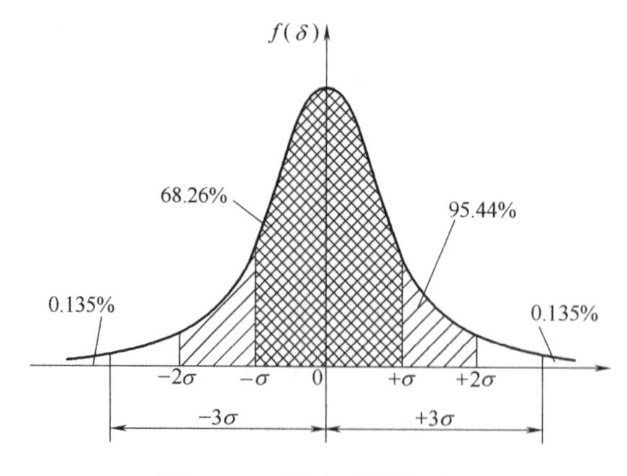

图 1-10　随机误差的极限误差

测得值 x_i 与算术平均值 $\overline{x}$ 之差称为残余误差(简称残差)，记作

$$v_i = x_i - \overline{x} \ (i=1,2,\cdots,n) \tag{1-12}$$

由于随机误差 δ_i 是未知的，所以在实际应用中，采用贝赛尔(Bessel)公式计算标准偏差 σ 的估算值 S，即

$$S = \sqrt{\frac{\sum_{i=1}^{n} v_i^2}{n-1}} \tag{1-13}$$

按式(1-13)计算出标准偏差的估计值 S 之后，若只考虑随机误差的影响，则单次测量结果可表示为

$$d_i = x_i \pm 3S \tag{1-14}$$

这表明被测量真值 x_0 在 $x_i \pm 3S$ 中的概率是 99.73%。

若在相同条件下，对同一被测量值重复进行若干组的 n 次测量，虽然每组测量的算术平均值不会完全相同，但这些算术平均值的分布范围要比单次测量值(一组测量)的分布范围小得多。算术平均值 $\overline{x}$ 的分散程度可用算术平均值的标准偏差 $\sigma_{\overline{x}}$ 来表示，$\sigma_{\overline{x}}$ 与单次测量的标准偏差 σ 存在下列关系：

$$\sigma_{\overline{x}} = \frac{\sigma}{\sqrt{n}} \tag{1-15}$$

在正态分布情况下，测量列算术平均值的极限误差可取作

$$\delta_{\overline{x}\lim} = \pm 3\sigma_{\overline{x}} \tag{1-16}$$

总之，为减少随机误差的影响，可用多次重复测得值的算术平均值 $\overline{x}$ 作为最终测量结果；而用标准偏差 σ 或极限误差 $\delta_{\lim}$ 表示随机误差对单次系列测得值的影响，即用以评定这些测得值的精密度；用算术平均值的标准偏差 $\overline{x}$ 或算术平均值的极限误差 $\delta_{\overline{x}\lim}$ 表示随机误差对算术平均值的影响，即用以评定测量列的算术平均值的精密度。

3) 粗大误差

粗大误差(gross error)是指由于主观疏忽大意或客观条件发生突然变化而产生的误差。在正常情况下，一般不会产生这类误差。例如，由于操作者的粗心大意，在测量过程中看错、读错、记错以及突然的冲击振动而引起的测量误差。通常情况下，这类误差的数值都比较大。

判断是否存在粗大误差，可用随机误差的分布范围为依据，凡超出规定范围的误差，就可视为粗大误差。3σ 准则又称为拉依达准则。当测量列服从正态分布时，在 $\pm 3\sigma$ 外的残差的概率仅有 0.27%，因此，在有限次测量时，凡残余误差超过 $3S$，即 $|v_i| > 3S$ 时，则认为该残余误差对应的测得值含有粗大误差，应予以剔除。当测量次数小于或等于 10 次时，不得使用拉依达准则。

4．测量精度

测量精度是指测得值与真值的接近程度。精度是误差的相对概念。由于误差分为系统误差和随机误差，此笼统的精度概念不能反映上述误差的差异，从而引出如下概念。

(1) 精密度。精密度表示测量结果中随机误差大小的程度，简称为“精度”。它体现了测量结果的重复性、测量数据的弥散程度，因而测量精密度是测量偶然误差的反映。

(2) 正确度。正确度表示测量结果中系统误差大小的程度，是所有系统误差的综合。

(3) 精确度。精确度指测量结果受系统误差与随机误差综合影响的程度，也就是说，它表示测量结果与真值的一致程度。精确度亦称为准确度。

在具体的测量过程中，精密度高，正确度不一定高；正确度高，精密度不一定也高。精密度和正确度都高，则精确度就高。

1.2.5 常用量具及使用方法

在实际生产中，尺寸的测量方法和使用的计量器具种类很多，本节主要介绍以下几种常用的计量器具。

1. 游标类量具

游标类量具是利用游标读数原理制成的一种常用量具，它具有结构简单、使用方便、测量范围大等特点。

游标类量具的主体是一个刻有刻度的尺身，沿尺身滑动的尺框上装有游标，将尺身刻度$(n-1)$格的宽度等于游标刻度 n 格的宽度，使游标一个刻度间距与尺身一个刻度间距相差一个读数值。

游标类量具的分度值有 0.1mm、0.05mm、0.02mm 三种，其中常用的分度值是0.02mm，见图 1-11(a)。尺身上 49 格对齐游标上 50 格，尺身上一格为 1mm，游标上一格为$\frac{49}{50}$mm，因此游标上一格与尺身上一格相差$\left(1-\frac{49}{50}\right)=0.02\text{mm}$。

读数时首先以游标零刻度线为准在尺身上读取毫米整数。然后看游标上第几条刻度线与尺身的刻度线对齐，如游标上第 6 条刻度线与尺身刻度线对齐，则小数部分即为(游标的读数值×格数 6)毫米(若没有正好对齐的线，则取最接近对齐的线进行读数)。如有零误差，则一律用上述结果加(减)去零误差，读数结果为 L=整数部分+小数部分±零误差。

判断游标上哪条刻度线与尺身刻度线对齐，可用下述方法：选定相邻的三条线，如左侧的线在尺身对应线之右，右侧的线在尺身对应线之左，则中间那条线便可以认为是对齐了。

常用的游标类量具有游标卡尺(见图 1-11(a))、深度游标尺(见图 1-11(b))、高度游标尺(见图 1-11(c))，它们的读数原理相同，所不同的主要是测量面的位置不同。

为了读数方便，有的游标卡尺上装有测微表头，如图 1-12 所示。它是通过机械传动装置，将测量爪的相对移动转变为指示表的回转运动，并借助尺身刻度和指示表，对两测量爪相对移动所分隔的距离进行读数。

图 1-13 所示为电子数显卡尺，它具有非接触性电容式测量系统，由液晶显示器显示测量结果，读数更加方便。

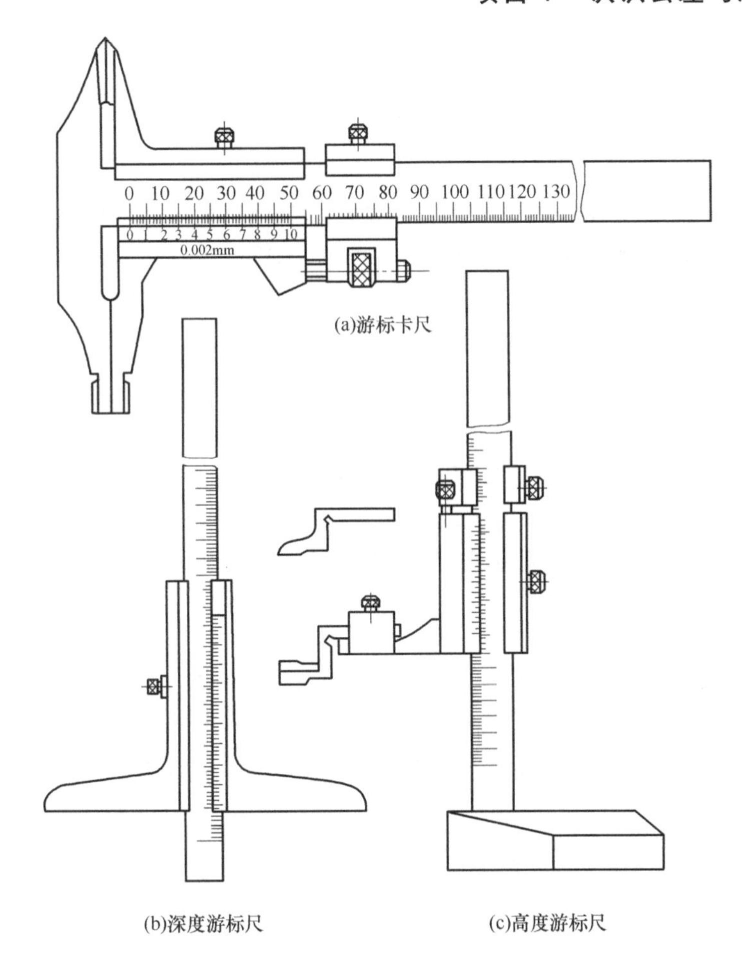

(a)游标卡尺

(b)深度游标尺　　(c)高度游标尺

图 1-11　游标量具

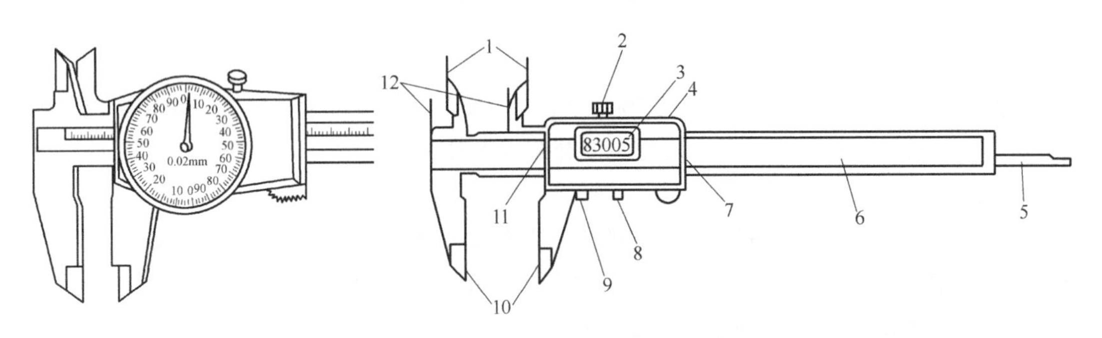

图 1-12　带表游标卡尺

图 1-13　电子数显卡尺

1—内测量爪；2—紧固螺钉；3—液晶显示器；
4—数据输出端口；5—深度尺；6—尺身；
7，11—防尘板；8—置零按钮；9—米/英制转换按钮；
10—外测量爪；11—台阶测量面

2. 螺旋测微类量具

螺旋测微类量具是利用螺旋副运动原理进行测量和读数的一种测微量具，可分为外径千分尺、内径千分尺、深度千分尺。

千分尺是应用螺旋副的传动原理，将角位移变为直线位移。测量螺杆的螺距是 0.5mm 时，固定套筒上的刻度间距也是 0.5mm，微分筒的圆锥面上刻有 50 等分的圆周刻线。将微分筒旋转一圈时，测微螺杆轴向位移 0.5mm，当微分筒转过一格时，测微螺杆位移为 0.5mm/50=0.01mm。由此可见，千分尺的分度值为 0.01mm。

读数时，先以微分筒的端面为准线，读出固定套管下刻度线的分度值(只读出以毫米为单位的整数)，再以固定套管上的水平横线作为读数准线，读出可动刻度上的分度值，读数时应估读到最小刻度的十分之一，即 0.001mm。如果微分筒的端面与固定刻度的下刻度线之间无上刻度线，测量结果即为下刻度线的数值加可动刻度的值；如果微分筒的端面与下刻度线之间有一条上刻度线，测量结果应为下刻度线的数值加上 0.5mm，再加上可动刻度的值，如图 1-14 所示。

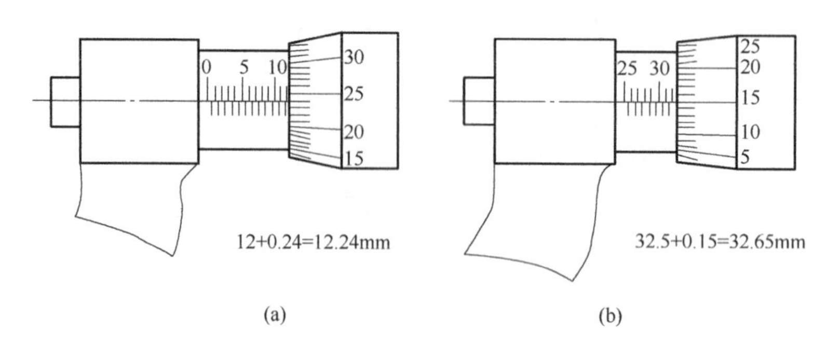

图 1-14 千分尺读数举例

3. 机械量仪

机械量仪是利用机械结构将直线位移经传动、放大后，通过读数装置表示出来的一种测量器具。机械量仪的种类很多，这里主要介绍以下几种。

1) 百分表

百分表是应用最广的机械量仪，它的外形及传动如图 1-15 所示。百分表的分度值为 0.01mm，表盘圆周刻有 100 条等分刻线。百分表的齿轮传动系统是测量杆移动 1mm，指针回转一圈。百分表的示值范围有 0～3mm、0～5mm、0～10mm 三种。

2) 内径百分表

内径百分表是一种用相对测量法测量孔径的常用量仪，它可测量 6～1000mm 的内尺寸，特别适合于测量深孔。内径百分表的结构如图 1-16 所示。它主要由百分表和表架组成。

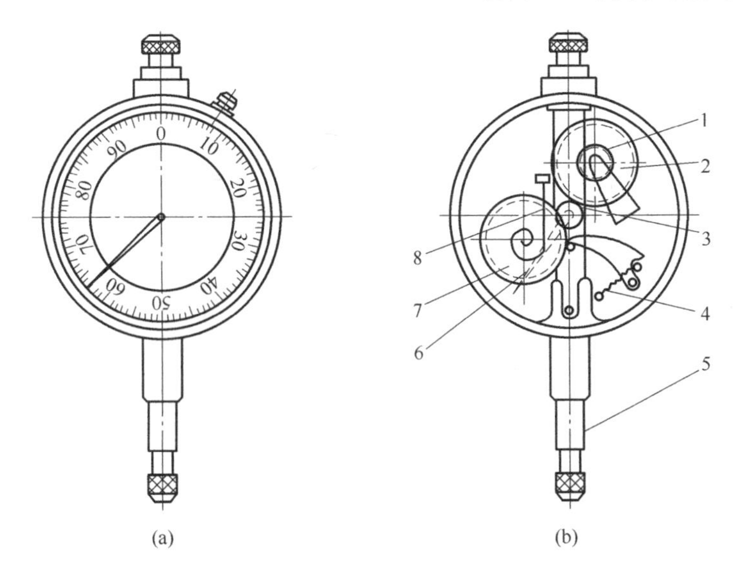

图 1-15　百分表

1—小齿轮；2，7—大齿轮；3—中间齿轮；4—弹簧；5—测量杆；6—指针；8—游丝

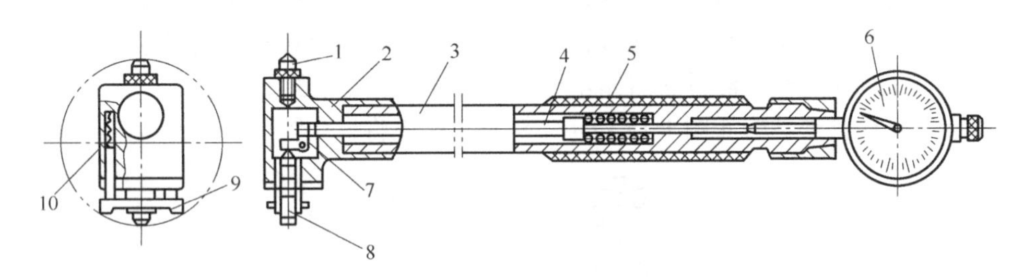

图 1-16　内径百分表

1—可换测头；2—测量套；3—测杆；4—传动杆；5—测力弹簧；6—百分表；7—杠杆；
8—活动测头；9—定位装置；10—定位弹簧

在内径百分表的结构中，由于杠杆 7 是等臂的，测量时，活动测头移动 1mm，传动杆也移动 1mm，推动百分表指针回转一圈。因此，活动测头的移动量可以在百分表上读出来。内径百分表活动测头的位移量很小，它的测量范围是由更换或调整可换测头的长度而达到的。

3) 杠杆百分表

杠杆百分表又称靠表，其分度值为 0.01mm，示值范围一般为±0.4mm。图 1-17 所示为杠杆百分表的外形与传动原理。它由杠杆、齿轮传动机构等组成。杠杆百分表的测量杆方向是可以改变的，同时体积又小，在校正工件和测量工件时都很方便。尤其对于小孔的校正和在机床上校正零件时，由于空间限制，百分表放不进去，这时，使用杠杆百分表就显得比较方便。

4) 光学量仪

光学量仪是利用光学原理制成的量仪，在长度测量中应用较广泛的有光学计、测长仪等。

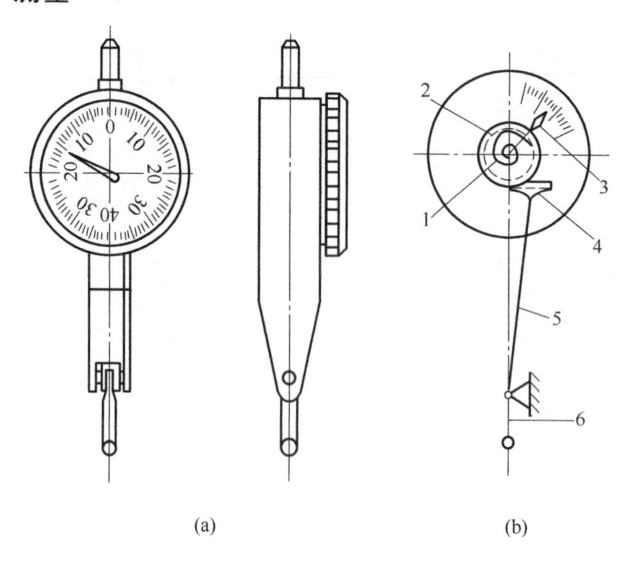

图 1-17　杠杆百分表

1—小齿轮；2—大齿轮；3—指针；4—扇形齿轮；5—杠杆；6—测量杆

立式光学计是利用光学杠杆放大作用将测量杆的直线位移转换为反射镜的偏转，使反射光线也发生偏转，从而得到标尺影像的一种光学量仪。用相对测量法测量长度时，以量块或标准件与工件相比较来测量它的偏差尺寸，故又称立式光学比较仪。

立式光学计的外形结构如图 1-18 所示。测量时，先将量块置于工作台上，调整仪器使

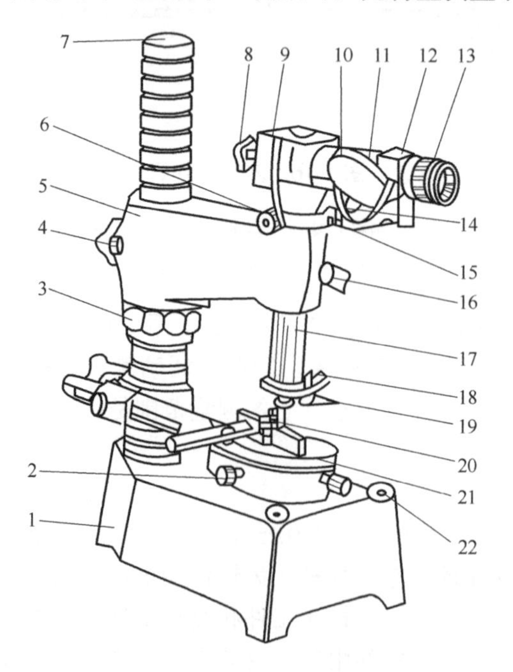

图 1-18　立式光学计

1—底座；2—调整螺钉；3—升降螺母；4，8，15，16—固定螺钉；5—横臂；6—微动手轮；7—立柱；9—插孔；10—进光反射镜；11—连接座；12—目镜座；13—目镜；14—调节手轮；17—光学计管；18—螺钉；19—提升器；20—测帽；21—工作台；22—基础调整螺钉

反射镜与主光轴垂直，然后换上被测工件。由于工件和量块尺寸的差异而使测杆产生位移。测量时测帽与被测件相接触，通过目镜读数。测帽有球形、平面形和刀口形三种，根据被测零件表面的几何形状来选择，使被测件与测帽表面尽量满足点接触，所以测量平面或圆柱面工件时，选用平面形测帽；测量球面工件时，选用球形测帽，测量小于 10mm 的圆柱面工件时，选用刀口形测帽。

立式光学计的分度值为 0.001mm，示值范围为±0.1mm，测量高度时范围为 0～180mm，测量直径时范围为 0～150mm。

1.2.6　计量中应用的新技术

随着科学技术的迅速发展，测量技术已从应用机械原理和几何光学原理发展到应用更多新的物理原理，引用最新的技术成就，如光栅、激光、感应同步器、磁栅以及射线技术。特别是计算机技术的发展和应用，使得计量仪器的发展跨越到一个新的领域。三坐标测量机和计算机完美的结合，使之成为一种越来越引人注目的高效率、新颖的几何精密测量设备。

这里主要简单介绍三坐标测量机、光栅技术和激光技术。

1. 三坐标测量机

1) 三坐标测量机的发展概述

三坐标测量机(Coordinate Measuring Machine，CMM)是 20 世纪 60 年代发展起来的一种新型高效三维尺寸的精密测量仪器。简单地说，三坐标测量机就是在三个相互垂直的方向上有导向机构、测长元件、数显装置，有一个能够放置工件的工作台(大型和巨型不一定有)，测头可以以手动或机动方式轻快地移动到被测点上，由读数设备和数显装置把被测点的坐标值显示出来的一种测量设备，主要用于零部件尺寸、形状和相互位置的检测。

1956 年世界上出现了英国 Ferranti 公司开发的首台用光栅作为长度基准，并用数字显示的现代意义上的三坐标测量机。1962 年，FIAT 汽车公司质量控制工程师 Fraorinco Sartorio，在意大利都灵市创建了 DEA(Digital Electronic Automation)公司，成为世界上第一家专业制造坐标测量设备的公司。进入 20 世纪 80 年代后，以 Zeiss、Leitz、DEA、LK、三丰、SIP、Ferranti、Moore 等为代表的众多公司不断推出新产品，使得 CMM 的发展速度加快。现代 CMM 不仅能在计算机控制下完成各种复杂测量，而且可以通过与数控机床交换信息，实现对加工的控制，并且还可以根据测量数据，实现反求工程。

目前，CMM 主要用于机械、汽车、航空、军工、家具、工具原型、机器等中小型配件、模具等行业中的箱体、机架、齿轮、凸轮、蜗轮、蜗杆、叶片、曲线、曲面等的测量，还可用于电子、五金、塑胶等行业中，可以对工件的尺寸、形状和形位公差进行精密检测，从而完成零件检测、外形测量、过程控制等任务。

2) 三坐标测量机的分类

三坐标测量机主要有以下四种分类方法：①按 CMM 的技术水平分类，可以分为数字显示及打印型、带有计算机进行数据处理型和计算机数字控制型。②按 CMM 的测量范围分类，可以分为小型坐标测量机(这类 CMM 在其最长一个坐标轴方向上的测量范围为

500mm 以内)、中型坐标测量机(这类 CMM 在其最长一个坐标轴方向上的测量范围为500～2000mm)和大型坐标测量机(这类 CMM 在其最长一个坐标轴方向上的测量范围大于2000mm)。③按 CMM 的精度分类，可以分为精密型 CMM、中精度 CMM 和低精度CMM。④按 CMM 的结构形式分类，可以分为移动桥式、固定桥式、龙门式、悬臂式、立柱式等。

3) 三坐标测量机的测量原理和机械结构

三坐标测量机是典型的机电一体化设备，是由机械系统和电子系统两大部分组成。三坐标测量机是由三个正交的直线运动轴构成的，采点发信装置是测头，在沿 x、y、z 三个轴的方向装有光栅尺和读数头。其测量过程就是当测头接触工件并发出采点信号时，由控制系统去采集当前机床三轴坐标相对于机床原点的坐标值，再由计算机系统对数据进行处理和输出。因此测量机可以用来测量直接尺寸，也可以获得间接尺寸和形位公差及各种相关关系，还可以实现全面扫描和一定的数据处理功能，为加工提供数据和测量结果。图 1-19 所示为小型三坐标测量机。

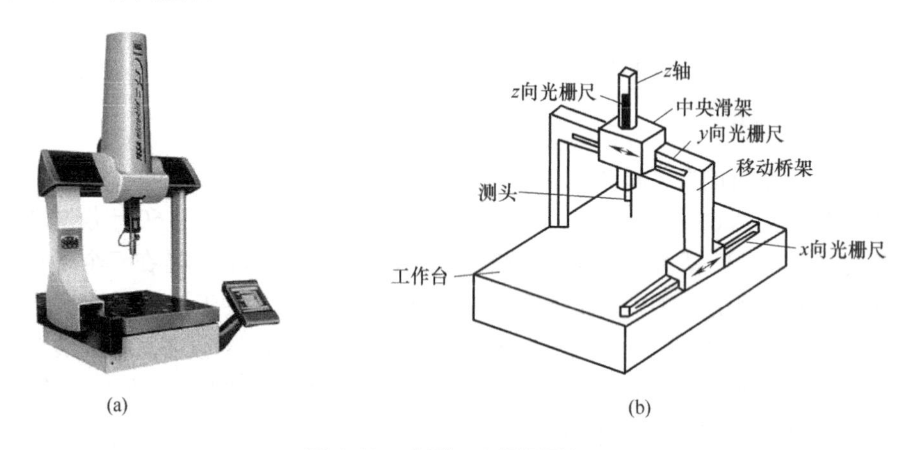

图 1-19 小型三坐标测量机

三坐标测量机一般都具有相互垂直的三个测量方向，水平纵向运动方向为 x 方向(又称 x 轴)，水平横向运动方向为 y 方向(又称 y 轴)，垂直运动方向为 z 方向(又称 z 轴)。其结构类型如图 1-20 所示。

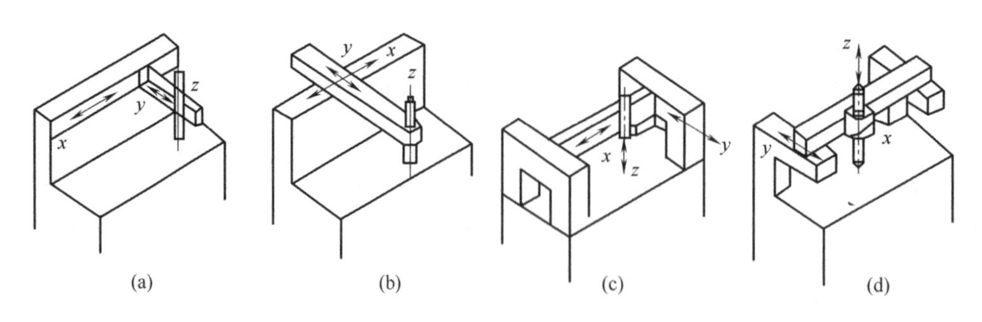

图 1-20 三坐标测量机的结构类型

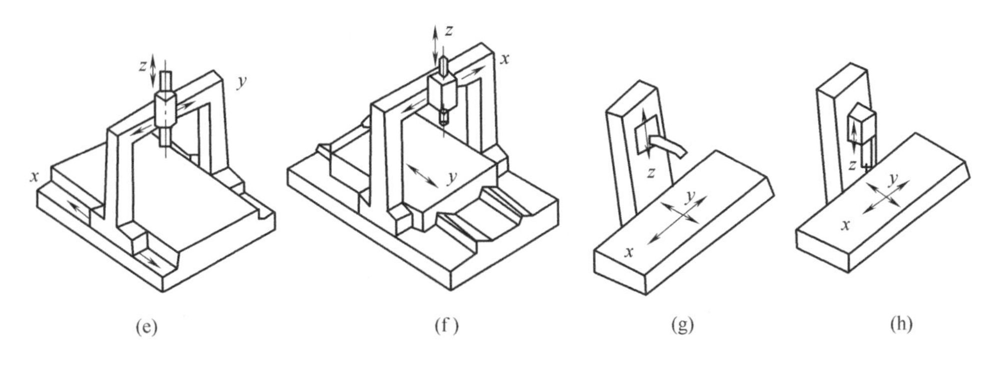

图 1-20　三坐标测量机的结构类型(续)

(1) 悬臂结构(见图 1-20(a)、(b))的特点是左右方向开阔，操作方便，具有很好的敞开性。图 1-20(a)所示为悬臂式 z 轴移动，但因 z 轴在悬臂 y 轴上移动，易引起 y 轴挠曲，使 y 轴的测量范围受到限制(一般不超过 500mm)。图 1-20(b)所示为悬臂在 y 轴移动，特点是 z 轴固定在悬臂 y 轴上，随 y 轴一起前后移动，有利于工件的装卸。但悬臂在 y 轴方向移动，重心的变化较明显，故测量精度不高，一般用于测量精度要求不太高的小型测量机。

(2) 桥式(框架)结构(见图 1-20(c)、(d))以桥框作为导向面，x 轴能沿 y 轴方向移动。它的结构刚性好，开敞性比较好，视野开阔，上下零件方便，精度比较高。采用这种结构的大、中、小型测量机都有。

(3) 龙门结构(见图 1-20(e)、(f))，图 1-20(e)、(f)为龙门移动式和龙门固定式两种，龙门移动式的特点是结构简单，结构刚性好，承重能力大，工件重量对测量机的动态性能没有影响，但 x 向的驱动在一侧进行，单边驱动，扭摆大，容易产生扭摆误差，测量空间受框架影响。而龙门固定式的特点是结构稳定，整机刚性强，中央驱动，偏摆小，x、y 方向运动相互独立，相互影响小，但被测对象由于放置在移动工作台上，降低了机动的移动速度，承载能力较小，且操作空间不如龙门移动式开阔。

(4) 卧式镗床结构(见图 1-20(g)、(h))是在卧式镗床或坐标镗床的基础上发展起来的三坐标测量机，这种形式的精度较高，但结构复杂。

4) 三坐标测量机的测量系统

三坐标测量机的测量系统由标尺系统和测头系统构成，它们是三坐标测量机的关键组成部分，决定着三坐标测量机测量精度的高低。

(1) 标尺系统。

标尺系统是用来度量各轴的坐标数值的。目前三坐标测量机上使用的标尺系统种类很多，它们与在各种机床和仪器上使用的标尺系统大致相同，按其性质可以分为机械式标尺系统(如精密丝杠加微分鼓轮、精密齿条及齿轮、滚动直尺)、光学式标尺系统(如光学读数刻线尺、光学编码器、光栅、激光干涉仪)和电气式标尺系统(如感应同步器、磁栅)。根据对国内外生产三坐标测量机所使用的标尺系统的统计分析可知，使用最多的是光栅，其次是感应同步器和光学编码器。有些高精度三坐标测量机的标尺系统采用了激光干涉仪。

(2) 测头系统。

三坐标测量机是用测头来拾取信号的，因而测头的性能直接影响测量精度和测量效率，在三坐标测量机上使用的测头，按结构原理可分为机械式、光学式和电气式等；而按测量方法又可分为接触式和非接触式两类。非接触式测头分为光学测头与激光测头，主要用于软材料表面、难以接触到的表面以及窄小的棱面的非接触测量；接触式测头分为硬测头与软测头两种，硬测头多为机械测头，主要用于手动测量与精度要求不高的场合，现代的三坐标测量机较少使用这种测头。而软测头是目前三坐标测量机普遍使用的测量头。软测头主要有触发式测头和三维模拟测头两种，前者多用于生产型三坐标测量机，计量型三坐标测量机则大多数使用电感式三维测头。

为了扩大测头功能、提高测量效率以及探测各种零件的不同部位，常需为测头配置各种附件，如测端、探针、连接器、测头回转附件等。

5) 三坐标测量机的控制系统

(1) 控制系统的功能。

控制系统是三坐标测量机的关键组成部分之一。其主要功能是：读取空间坐标值，控制测量瞄准系统对测头信号进行实时响应与处理，控制机械系统实现测量所必需的运动，实时监控坐标测量机的状态以保障整个系统的安全性与可靠性等。

(2) 控制系统的结构。

按自动化程度分类，坐标测量机分为手动型、机动型和 CNC(计算机数字控制)型。早期的坐标测量机以手动型和机动型为主，其测量是由操作者直接手动或通过操纵杆完成各个点的采样，然后在计算机中进行数据处理。随着计算机技术及数控技术的发展，CNC 型控制系统变得日益普及，它是通过程序来控制坐标测量机自动进给和进行数据采样，同时在计算机中完成数据处理。

(3) 测量进给控制。

手动型以外的坐标测量机是通过操纵杆或 CNC 程序对伺服电机进行速度控制，以此来控制测头和测量工作台按设定的轨迹做相对运动，从而实现对工件的测量。三坐标测量机的测量进给与数控机床的加工进给基本相同，但其对运动精度、运动平稳性及响应速度的要求更高。三坐标测量机的运动控制包括单轴伺服控制和多轴联动控制。单轴伺服控制较为简单，各轴的运动控制由各自的单轴伺服控制器完成。但当要求测头在三维空间按预定的轨迹相对于工件运动时，则需要 CPU 控制三轴按一定的算法联动来实现测头的空间运动，这样的控制由上述单轴伺服控制及插补器共同完成。

(4) 控制系统的通信。

控制系统的通信包括内通信和外通信。内通信是指主计算机与控制系统两者之间相互传送命令、参数、状态与数据等，这些是通过连接主计算机与控制系统的通信总线实现的。外通信则是指当三坐标测量机作为 FMS(柔性制造系统)或 CIMS(计算机集成制造系统)中的组成部分时，控制系统与其他设备间的通信。目前用于坐标测量机通信的主要有串行 RS-232 标准与并行 IEEE-488 标准。

2．光栅技术

1) 计量光栅概述

在长度计量测试中应用的光栅称为计量光栅。它一般是由很多间距相等的不透光刻线和刻线间的透光缝隙构成。光栅尺的材料有玻璃和金属两种。

计量光栅一般可分为长光栅和圆光栅。长光栅的刻线密度有每毫米 25、50、100 和

250 条等。圆光栅的刻线数有 10800 条和 21600 条两种。

2) 光栅的莫尔条纹的产生

如图 1-21(a)所示，将两块具有相同栅距(W)的光栅的刻线面平行地叠合在一起，中间保持 0.01～0.1mm 间隙，并使两光栅刻线之间保持一很小夹角(θ)。于是在 a—a 线上，两块光栅的刻线相互重叠，而缝隙透光(或刻线间的反射面反光)，形成一条纹；而在 b—b 线上，两块光栅的刻线彼此错开，缝隙被遮住，形成一条暗条纹，由此产生的一系列明暗相间的条纹称为莫尔条纹，如图 1-21(b)所示。图中莫尔条纹近似地垂直于光栅刻线，故称为横向莫尔条纹。两亮条纹或暗条纹之间的宽度 B 称为条纹间距。

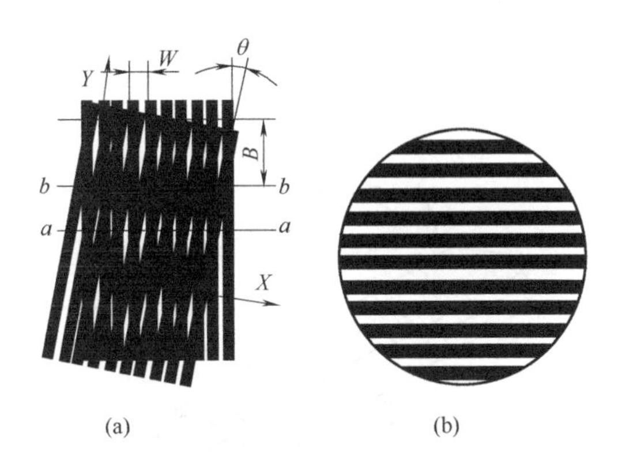

图 1-21　莫尔条纹

3) 莫尔条纹的特征

(1) 对光栅距的放大作用。

根据图 1-21(a)所示的几何关系可知，当两光栅的交角 θ 很小时，有

$$B \approx W/\theta \tag{1-17}$$

式中，θ 是以弧度为单位。此式说明，适当调整夹角 θ，可使条纹间距 B 比光栅栅距 W 放大几百倍甚至更大，这对莫尔条纹的光电接收非常有利。

(2) 对光栅刻线误差的平均效应。

由图 1-21(a)可以看出，每条莫尔条纹都是由许多光栅刻线的交点组成的，对个别光栅刻线的误差有平均作用。设 δ_0 为光栅刻线误差，n 为光电接收器所接受的刻线数，则这个区域中所包含的所有刻度线的综合栅距误差为

$$\delta = \delta_0/\sqrt{n} \tag{1-18}$$

由于刻线数 n 一般可以达到几百，所以莫尔条纹的平均效应可使系统测量精度提高很多。

(3) 莫尔条纹运动与光栅副运动的对应性。

在图 1-21(a)中，当两块光栅尺沿 X 方向相对移动一个栅距 W 时，莫尔条纹在 Y 方向也随之移动一个莫尔条纹间距 B，即保持运动周期的对应性；当光栅尺的移动方向相反时，莫尔条纹的移动方向也随之相反，即保持运动方向的对应性。利用这个特性，可实现数字式的光电读数和判别光栅副的相对运动方向。

4) 光栅传感器的工作原理

光栅传感器可分为线位移传感器和角位移传感器。图 1-22 所示为测量长度的线位移式传感器的原理图。

当主光栅 3 相对于指示光栅 4 移过一个光栅栅距 *W* 时，由光栅副产生的莫尔条纹也移动一个条纹间距 *B*，从光电接收器 5 输出的光电转换信号也完成一个周期。光电接收器 5 由四个硅光电池组成，分别输出相邻相位差为 90° 的四路信号，经电路放大、整形，后经处理成计数脉冲，并用电子计数器计数，最后由显示器显示光栅移动的位移，从而实现数字化的自动测量。光栅传感器的电路原理框图如图 1-23 所示。

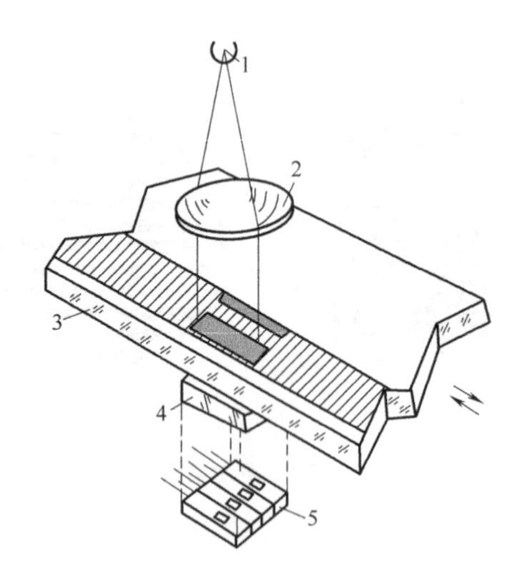

图 1-22　线位移式传感器原理图

1—光源；2—照明系统；3—主光栅；4—指示光栅；5—光电接收器

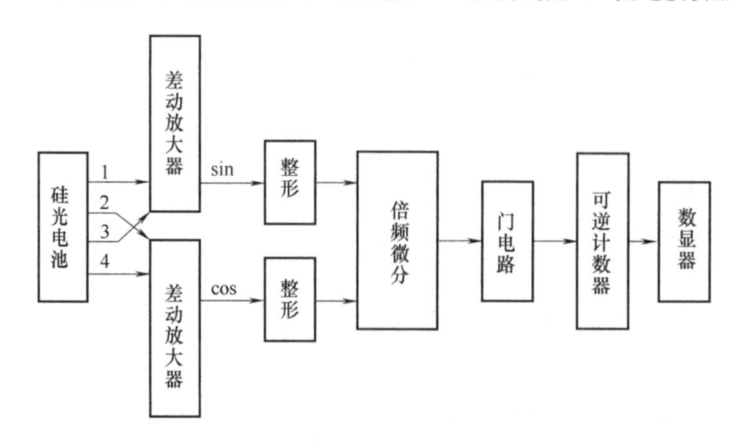

图 1-23　光栅传感器的电路原理框图

3. 激光技术

激光是一种新型的光源，它具有其他光源无法比拟的优点，即很好的单色性、方向性、相干性和能量高度集中性，所以一出现很快就在科学研究、工业生产、医学、国防等许多领域中获得广泛的应用。

现在，激光技术已成为建立长度计量基准和精密测试的重要手段。它不但可以用干涉法测量线位移，还可以用双频激光干涉法测量小角度，环形激光测量圆周分度，以及用激光准直技术来测量直线度误差等。这里主要介绍应用广泛的激光干涉测长仪的基本原理。

将激光和迈克尔逊干涉仪相结合，可得到激光干涉测长仪。测量时，干涉仪的一臂不动，另一臂从被测长度的起点移动到终点，记录下相应干涉条纹变化的数目，就可以计算出长度值。常见的激光测长仪实质上就是以激光作为光源的迈克尔逊干涉仪，如图 1-24 所示。从激光器发出的激光束，经透镜 L、L_1 和光阑 P_1 组成的准直光管扩束成一束平行光，经分光镜 M 分成两路，分别被角隅棱镜 M_1 和 M_2 反射到 M 重叠，被透镜 L_2 聚集到光电计数器 PM 处。当工作台带动棱镜 M_2 移动时，在光电计数处由于两路光束聚集产生干涉，形成明暗条纹，通过计数就可以计算出工作台移动的距离 $S=N\lambda/2$ (式中，N 为干涉条纹数，λ 为激光波长)。

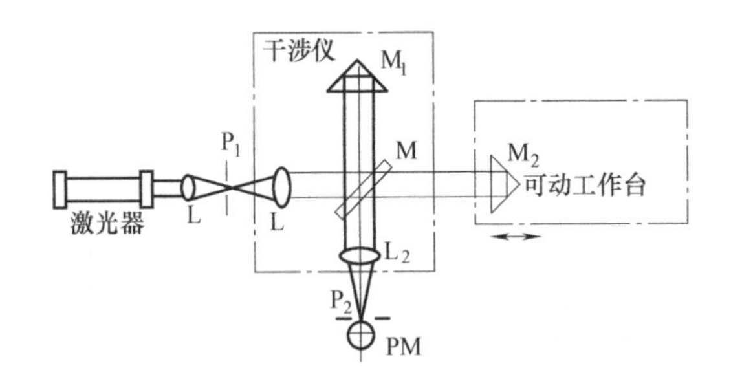

图 1-24　激光干涉测长仪原理图

由于激光的单色性，即相干性很好，可精密测量的长度非常长，可达几十米至几百米。并且激光的波长较短，测量的精度非常高，可达 0.1 μm 。目前激光测长仪已被广泛用于进行各种精密长度测量，例如长度基准——米尺的精确测量。中国利用激光测长仪进行测量，误差小于 0.2 μm ，达到了国际水平。在大规模集成电路生产中，要求制作的误差小于 1 μm 。用普通机械精密丝杠定位，误差为 4～5 μm ，不能满足要求。激光测长仪的精度较高，将激光测长仪的传动装置改装成快动和微动相结合的运动系统，就构成一台激光微定位仪，可以满足超大规模集成电路的生产要求。激光干涉测长仪的电路原理框图如图 1-25 所示。

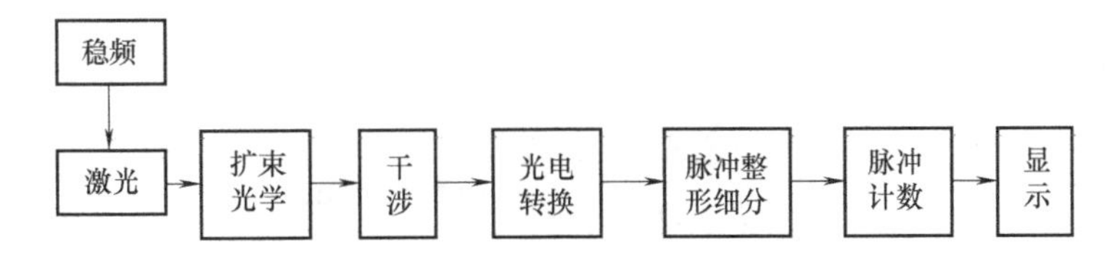

图 1-25　激光干涉测长仪的电路原理框图

任务实施

(1) 将测量的数据按顺序列表，放在表 1-4 的第二列内。

表 1-4　测量数据及其处理

序　号	系列测得值 x_i/mm	残余误差 $v_i(=x_i-\bar{x})$/μm	残余误差的平方 v_i^2/μm
1	40.039	−2	4
2	40.043	+2	4
3	40.040	−1	1
4	40.042	+1	1
5	40.041	0	0
6	40.043	+2	4
7	40.039	−2	4
8	40.040	−1	1
9	40.041	0	0
10	40.042	+1	1
11	40.041	0	0
12	40.041	0	0
13	40.039	−2	4
14	40/043	+2	4
15	40.041	0	0
	算术平均值 $\bar{x}$=40.041	$\sum_{i=1}^{15} v_i=0$(无系统误差)	$\sum_{i=1}^{15} v_i^2=28$

(2) 求出算术平均值，有

$$\bar{x}=\frac{1}{n}\sum_{i=1}^{n}x_i=\frac{1}{15}\sum_{i=1}^{15}x_i=\frac{600.615}{15}\text{mm}=40.041\text{ mm}$$

(3) 求出残余误差平方和，有

$$\sum_{i=1}^{15}v_i=0,\quad \sum_{i=1}^{15}v_i^2=28\ \mu\text{m}$$

(4) 判断变值系统误差：根据残差观察法判断，测量列中的残差大体上呈正、负相间，无明显规律的变化，所以认为不存在变值系统误差。

(5) 按式(1-13)计算标准偏差的估算值，有

$$S=\sqrt{\frac{\sum_{i=1}^{n}v_i^2}{n-1}}=\sqrt{\frac{28}{15-1}}\mu\text{m}=1.41\mu\text{m}$$

(6) 判断粗大误差：由标准偏差，可求得粗大误差的界限$|v_i|<3\sigma=4.23\ \mu\text{m}$，故不存在粗大误差。

(7) 求任一测得值的极限误差，有

$$\delta_{\lim}=\pm3\sigma=\pm4.23\ \mu\text{m}$$

(8) 按式(1-15)求测量列算术平均值的标准偏差，有

$$\sigma_{\bar{x}} = \frac{\sigma}{\sqrt{n}} = \frac{1.41\mu m}{\sqrt{15}} = 0.36\ \mu m$$

(9) 按式(1-16)求算术平均值的测量极限误差，有

$$\delta_{\bar{x}\lim} = \pm 3\sigma_{\bar{x}} = \pm 3 \times 0.36\mu m = \pm 1.08\mu m \approx 1\mu m$$

测量结果为

$$x_0 = \bar{x} \pm \delta_{\bar{x}\lim} = 40.041 \pm 0.001mm(P = 99.73\%)$$

练习与实践

一、判断题(正确的打√，错误的打×)

1. 直接测量必为绝对测量。　　(　　)
2. 为减少测量误差，一般不采用间接测量。　　(　　)
3. 为提高测量的准确性，应尽量选用高等级量块作为基准进行测量。　　(　　)
4. 使用的量块数越多，组合出的尺寸越准确。　　(　　)
5. 0～25mm 千分尺的示值范围和测量范围是一样的。　　(　　)
6. 用多次测量的算术平均值表示测量结果，可以减少示值误差数值。　　(　　)
7. 测量精度是指测得值与真值的接近程度。　　(　　)
8. 精确度指测量结果受系统误差与绝对误差综合影响的程度。　　(　　)
9. 测量过程中产生随机误差的原因可以一一找出，而系统误差是测量过程中所不能避免的。　　(　　)
10. 对一被测值进行大量重复测量时，其产生的随机误差完全服从正态分布规律。　　(　　)

二、选择题

1. 测量误差可以用(　　)表示。

   A. 绝对误差和偏置误差　　B. 绝对误差和增量误差

   C. 绝对误差和相对误差　　D. 增量误差和相对误差

2. 测量的四个要素是(　　)。

   A. 测量对象　　B. 测量单位　　C. 测量方法

   D. 测量精确度　　E. 测量稳定性

3. 对某一尺寸进行系列测量得到一列测得值，测量精度明显受到环境温度的影响，此温度误差为(　　)。

   A. 系统误差　　B. 随机误差　　C. 粗大误差

4. 用比较仪测量零件时，调整仪器所用量块的尺寸误差，按性质为(　　)。

   A. 系统误差　　B. 随机误差　　C. 粗大误差

5. 游标卡尺主尺的刻线间距为(　　)。

   A. 1mm　　B. 0.5mm　　C. 2mm

6. 公称尺寸为 100mm 的量块，若其实际尺寸为 100.001mm，用此量块作为测量的基

准件，将产生0.001mm的测量误差，此误差性质是(　　)。

A. 随机误差　　B. 系统误差　　C. 粗大误差

7. 精度是表示测量结果中(　　)影响的程度。

A. 系统误差大小　　B. 随机误差大小　　C. 粗大误差大小

8. 下列有关标准偏差σ的论述中，正确的有(　　)。

A. σ的大小表征了测量值的离散程度

B. σ越大，随机误差分布越集中

C. σ越小，测量精度越高

D. 一定条件下，某台仪器的σ值通常为常数

E. 多次等精度测量后，其平均值的标准偏差$\sigma_{\bar{x}}=\sigma/n$

9. 从高测量精度的目的出发，应选用的测量方法有(　　)。

A. 直接测量　　B. 间接测量　　C. 绝对测量

D. 相对测量　　E. 非接触测量

10. 下列论述正确的有(　　)。

A. 测量误差δ往往未知，残余误差v_i可知

B. 常用残余误差分析法发现变值系统误差

C. 残余误差的代数和应趋于零

D. 当$|v_i|>3\sigma$时，该项误差即为粗大误差

E. 随机误差影响测量正确度，系统误差影响测量精密度

三、填空题

1. 在测量中，人们总是用_____和______(在我国，又称为计量单位)的乘积来表示被测量的量值。

2. 机械制造中常用的长度单位为毫米(mm)，1mm=_____m。精密测量时，多采用微米(μm)为单位，1μm=_____mm。

3. 测量误差产生的原因可归纳为__________、__________、___________和__________。

4. 随机误差通常服从正态分布规律。具有以下基本特性：________________、________________、_____________、_______________。

5. 系统误差可用_______________、_______________等方法消除。

6. 被测量的真值一般是不知道的，在实际测量中，常用________________代替。

7. 测量器具的分度值是指___________，千分尺的分度值是______________。

8. 测量器具的测量范围是指______________，测量直径为ϕ33mm的轴径所用外径千分尺的测量范围是___________mm。

9. 在实际使用中，量块按级使用时，量块的尺寸为标称尺寸，忽略其___________；按等使用时，量块的尺寸为实际尺寸，仅忽略了检定时的______________。

四、简答题

1. 测量的实质是什么？一个完整的测量过程包括哪几个要素？

2. 什么是尺寸传递系统？为什么要建立尺寸传递系统？

3. 量块分等、分级的依据是什么？按级使用和按等使用量块有何不同？

4. 试从 83 块一套的量块中同时组合下列尺寸(单位为 mm)：29.875、48.98、40.79。

5. 测量误差分哪几类？产生各类测量误差的因素有哪些？

6. 举例说明随机误差、系统误差和粗大误差的特性和不同。如何进行处理？

五、计算题

用立式光学计对某轴径的同一位置重复顺次测量 10 次，记录如下(单位：mm)，假设已消除常值系统误差，试求测量结果。

30.454	30.459	30.459	30.454	30.458
30.459	30.454	30.458	30.458	30.455

项目 2　光滑圆柱公差配合及其检测

学习目标

- 掌握公差配合的基本术语及其定义。
- 掌握标准公差、基本偏差的概念及其查表方法。
- 掌握公差、偏差、极限间隙和过盈的计算，公差带图的绘制。
- 了解线性尺寸的一般公差。
- 掌握选择配合制、公差等级和配合方法的方法。
- 掌握验收极限的确定和普通计量器具的选择原则。
- 理解光滑极限量规的设计原理和要求。
- 掌握光滑工件验收仪器的选择和验收范围的确定。

任务 2.1　孔、轴的尺寸测量及公差与配合

任务提出

在机械制造中，经常会加工齿轮、带轮、凸轮、轴承等套类零件，这些套类零件是安装在轴上工作的，这就要求套类零件的内表面要达到一定的精度要求。如图 2-1 所示的套筒零件图，其中尺寸 $\phi15_{0}^{+0.07}$ 、 $\phi30_{0}^{+0.052}$ 、 $\phi45_{-0.039}^{0}$ 等表示的含义是什么？它们的基本尺寸、极限尺寸、极限偏差、公差分别是多少？当我们按照图纸要求加工出该套筒时，该套筒的内孔尺寸、轴的外径尺寸及长度如何测量？测量数据如何处理？孔径及轴径是否合格？如何判断？

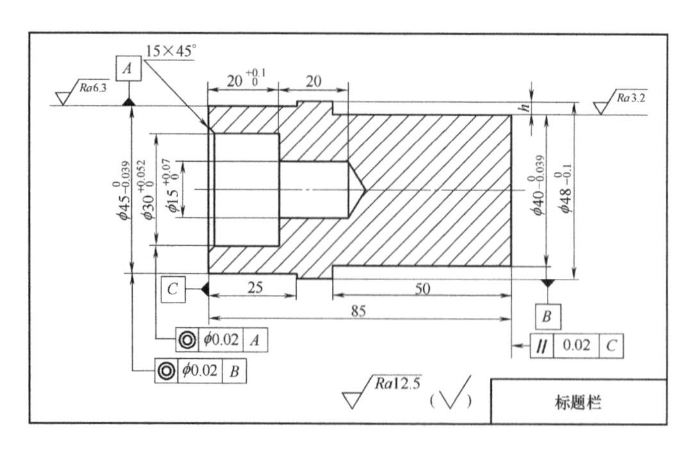

图 2-1　套筒零件图

任务分析

内孔孔径和轴的外径的尺寸是控制孔和轴不同配合形式的重要指标，为了使加工后的孔和轴能够根据设计要求很好配合，而且达到一定的精度要求，我们必须具备孔和轴公差与配合的相关知识以及掌握测量工具和测量方法的使用，学会对测量的数据进行正确的分析处理。

知识准备

2.1.1　极限与配合的基本术语及定义

1. 孔和轴的定义及特点

1) 孔

孔通常指工件的圆柱形内表面，也包括非圆柱形内表面(由两平行平面或切平面形成的包容面)并由单一尺寸确定的部分，如图 2-2 所示。

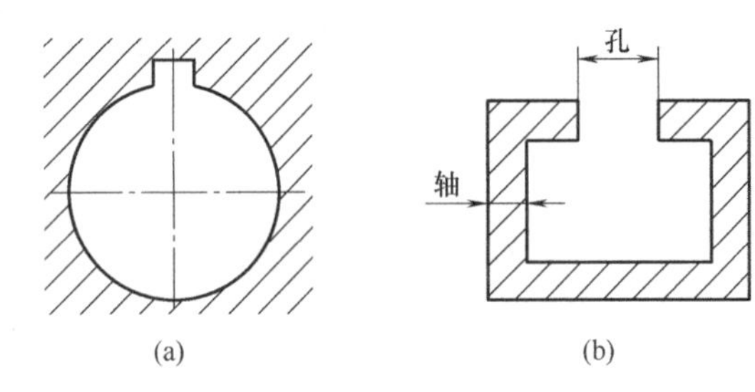

图 2-2　孔

孔的特点是：装配后孔是包容面；加工过程中，零件的实体材料变少，而孔的尺寸由小变大。

2) 轴

轴通常指工件的圆柱形外表面，也包括非圆柱形外表面(由两平行平面或切平面形成的被包容面)并由单一尺寸确定的部分，如图 2-3 所示。

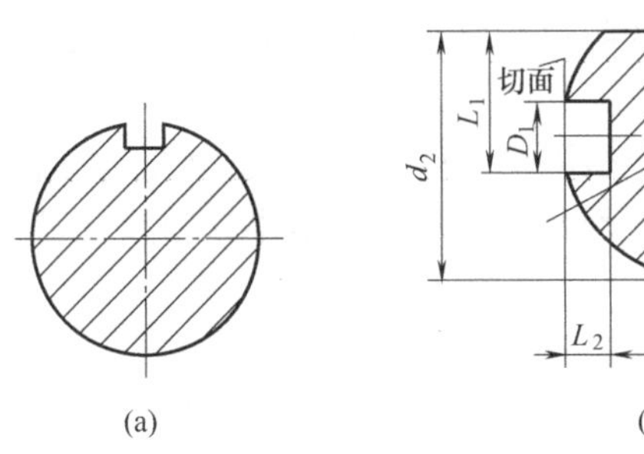

(b)

图 2-3　轴

轴的特点是：装配后轴是被包容面；加工过程中，零件的实体材料变少，而轴的尺寸由大变小。

2. 尺寸的定义及尺寸之间的关系

尺寸是以特定单位表示线性尺寸值的数值，通常分为线性尺寸和角度尺寸。尺寸由数字和长度单位两部分组成，用以表示零件几何形状的大小，包括长度、直径、半径、宽度、高度、深度、厚度和中心距等。在机械制造业中一般常用毫米(mm)为特定单位，在图样上或标注尺寸时，通常不标注单位，只标数值。

尺寸一般分为基本尺寸、实际尺寸、极限尺寸和最大、最小实体尺寸，尺寸关系示意图如图 2-4 所示。

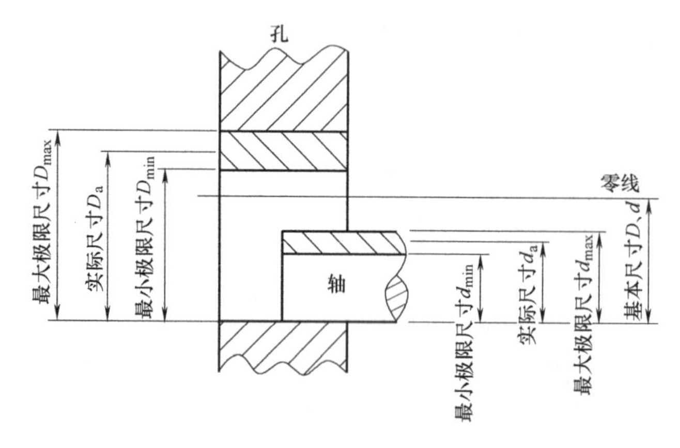

图 2-4　尺寸关系示意图

1) 基本尺寸

基本尺寸是设计时根据零件的强度、刚度、结构和工艺性等要求确定的。基本尺寸可以是整数或小数，如 40mm、10.25mm、2.5mm 等。设计时应尽量把基本尺寸圆整成标准直径或标准尺寸。基本尺寸也称为公称尺寸或名义尺寸。

孔的基本尺寸用 D 表示，轴的基本尺寸用 d 表示，其他的基本尺寸一般用 L 表示。

2) 实际尺寸

实际尺寸是通过实际测量所得到的尺寸。由于测量误差的存在，零件的实际尺寸并不是零件尺寸的真值。从理论上讲，尺寸的真值是难以得到的，但随着量具精度的提高，测量尺寸就越来越接近零件的实际尺寸。

孔的实际尺寸用 D_a 表示，轴的实际尺寸用 d_a 表示，非孔、非轴的实际尺寸用 L_a 表示。

3) 极限尺寸

极限尺寸指允许尺寸变化的两个极限值。两个极限尺寸中较大的一个称为最大极限尺寸，较小的一个称为最小极限尺寸。最大极限尺寸和最小极限尺寸是控制加工后的两个尺寸界线。

孔的最大极限尺寸和最小极限尺寸分别用 D_{max} 和 D_{min} 表示；轴的最大极限尺寸和最小极限尺寸分别用 d_{max} 和 d_{min} 表示；非孔、非轴的最大极限尺寸和最小极限尺寸分别用 L_{max}/l_{max} 和 L_{min}/l_{min} 表示。

对于一个合格的零件来说，实际尺寸和极限尺寸之间的关系如下：

孔

$$D_{max} \geqslant D_a \geqslant D_{min}$$

轴

$$d_{max} \geqslant d_a \geqslant d_{min}$$

4) 最大实体尺寸和最小实体尺寸

最大实体尺寸(MMS)指孔或轴在尺寸公差范围内，允许材料为最多时的极限尺寸；反之，孔或轴允许材料为最少时的极限尺寸为最小实体尺寸(LMS)。即孔、轴的最大实体尺寸为 D_{min}、d_{max}；孔、轴的最小实体尺寸为 D_{max}、d_{min}。

3. 尺寸偏差和尺寸公差的定义

1) 尺寸偏差

尺寸偏差(简称偏差)指某一尺寸减去其基本尺寸所得到的代数差，分为实际偏差和极限偏差。

(1) 实际偏差是实际尺寸减去其基本尺寸所得的代数差。

(2) 极限偏差是极限尺寸减去其基本尺寸所得的代数差。其中最大极限尺寸与基本尺寸之差称为上偏差(ES、es)；最小极限尺寸与基本尺寸之差(EI、ei)称为下偏差，如图 2-5 所示。

上下偏差统称为极限偏差，根据定义，上、下偏差用公式表示如下：

孔

$$\text{上偏差 } ES=D_{max}-D \quad (2\text{-}1)$$
$$\text{下偏差 } EI=D_{min}-D$$

轴

$$\text{上偏差 } es=d_{max}-d \quad (2\text{-}2)$$
$$\text{下偏差 } ei=d_{min}-d$$

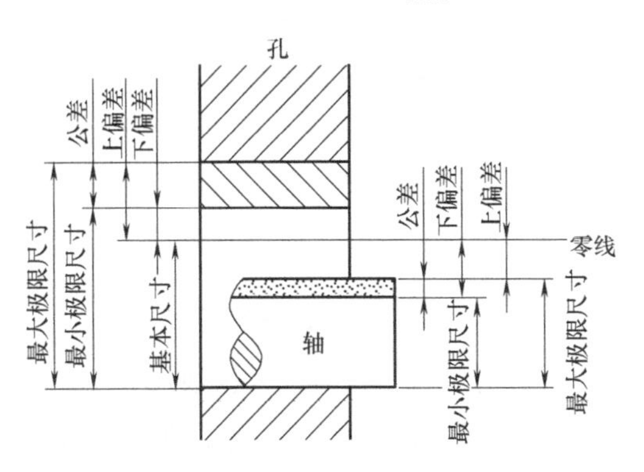

图 2-5　极限尺寸、公差与偏差示意图

由于要满足孔与轴配合的不同松紧要求，极限尺寸可能大于、小于或等于其基本尺寸。因此，极限偏差的数值可能是正值、负值或零值。故在偏差值的前面，除零值外，应标上相应的“+”号或“−”号。此外，“0”偏差不能省略。

偏差的标注为：上偏差标在基本尺寸右上角，下偏差标在基本尺寸右下角。

2) 尺寸公差

尺寸公差(简称公差)指允许尺寸的变动量或者是上偏差与下偏差代数差的绝对值，用

T 表示。其公式表示如下：

孔 $$T_h = |D_{max} - D_{min}| = |ES - EI| \quad (2\text{-}3)$$

轴 $$T_s = |d_{max} - d_{min}| = |es - ei| \quad (2\text{-}4)$$

由上可知，公差和偏差是两个不同的概念。从数值上看，极限偏差是代数值，正、负或零值是有意义的；而公差是允许尺寸的变动范围，是没有正负号的绝对值，也不能为零(零值意味着加工误差不存在，是不可能的)。实际计算时由于最大极限尺寸大于最小极限尺寸，故可省略绝对值符号。从作用上讲，公差影响配合的精度；极限偏差用于控制实际偏差，影响配合的松紧程度。从工艺上看，对某一具体零件，公差大小反映加工的难易程度，即加工精度的高低，它是制定加工工艺的主要依据；而极限偏差则是调整机床决定切削工具与工件相对位置的依据。

4. 尺寸公差带与公差带图

1) 尺寸公差带

尺寸公差带代表上、下偏差或最大极限尺寸与最小极限尺寸的两条直线所限定的一个区域，简称公差带。尺寸公差带有两项特征：大小和位置。公差带的大小由尺寸公差来确定(此值由标准公差确定)，公差带的位置由极限偏差(上偏差或下偏差)相对零线的位置来确定。大小相同而位置不同的公差带，精度要求是相同的，而对尺寸的大小要求不同。

2) 公差带图

由于公差与偏差的数值与尺寸数值相比差别很大，不便用同一比例尺表示，故采用公差与配合图解，简称公差带图，在公差带图中，代表基本尺寸的基准直线称为零偏差线(简称零线)，正偏差位于零线上方，负偏差位于零线下方，如图 2-6 所示。

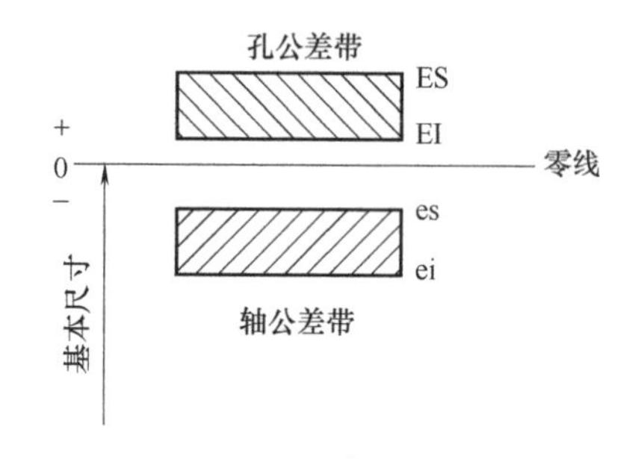

图 2-6　公差带图

例 2-1　基本尺寸为 $\phi 30$ 的孔和轴。孔的最大极限尺寸 D_{max}=30.21mm，孔的最小极限尺寸 D_{min}=30.05mm。轴的最大极限尺寸 d_{max}=29.90mm，轴的最小极限尺寸 d_{min}=29.75mm。求孔与轴的极限偏差、公差，并画出公差带图。

解： (1) 孔的极限偏差为

$ES=D_{max}-D=(30.21-30)\text{mm}=+0.210\text{mm}$

$EI=D_{min}-D=(30.05-30)\text{mm}=+0.050\text{mm}$

轴的极限偏差为

$es=d_{max}-d=(29.90-30)\text{mm}=-0.100\text{mm}$

$ei=d_{min}-d=(29.75-30)\text{mm}=-0.250\text{mm}$

(2) 孔的公差为

T_h=ES−EI=(0.21−0.05)mm=0.160mm

轴的公差为

T_s=es−ei=[−0.100−(−0.250)]mm=0.150mm

(3) 尺寸公差带图如图 2-7 所示。

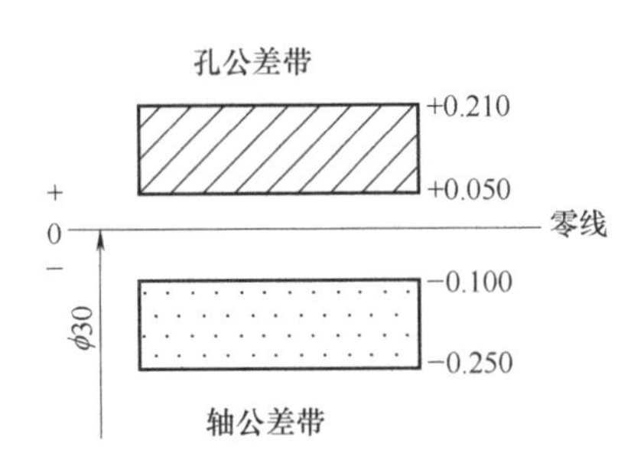

图 2-7　公差带图解法

5. 配合的术语及定义

1) 间隙或过盈

在孔与轴的配合中，孔的尺寸减去相配合的轴的尺寸所得的代数差为正时称为间隙，用 X 表示；为负时称为过盈，用 Y 表示。间隙的大小决定两个相配件的相对运动的活动程度，过盈的大小则决定两个相配件连接的牢固程度。

注意： 间隙数值前必标“+”号，如+0.025mm。过盈数值前必标“−”号，如−0.020mm。“+”，“−”号在配合中仅代表间隙与过盈的意思，不可与一般数值大小相混。

2) 配合

配合是指基本尺寸相同、相互结合的孔和轴公差带之间的关系。它反映了相互结合零件之间的松紧程度。

3) 配合的种类

根据孔、轴公差带之间的关系，配合分为间隙配合、过盈配合和过渡配合三大类。

(1) 间隙配合。

间隙配合指具有间隙(包括最小间隙为零)的配合。此时，孔的公差带在轴的公差带之上，如图 2-8 所示。

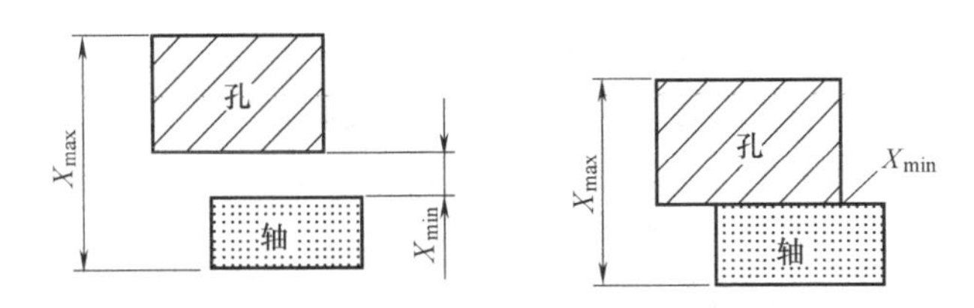

图 2-8　间隙配合

特征参数用公式表示如下：

$$\left.\begin{array}{ll}\text{最大间隙} & X_{max}=D_{max}-d_{min}=ES-ei>0 \\ \text{最小间隙} & X_{min}=D_{min}-d_{max}=EI-es\geqslant 0 \\ \text{平均间隙} & X_{av}=(X_{max}+X_{min})/2>0\end{array}\right\} \quad (2\text{-}5)$$

间隙的作用主要在于：储存润滑油；补偿温度引起的尺寸变化；补偿弹性变形及制造与安装误差。

(2) 过盈配合。

过盈配合指具有过盈(包括最小过盈等于零)的配合。此时，孔的公差带在轴的公差带之下，如图 2-9 所示。

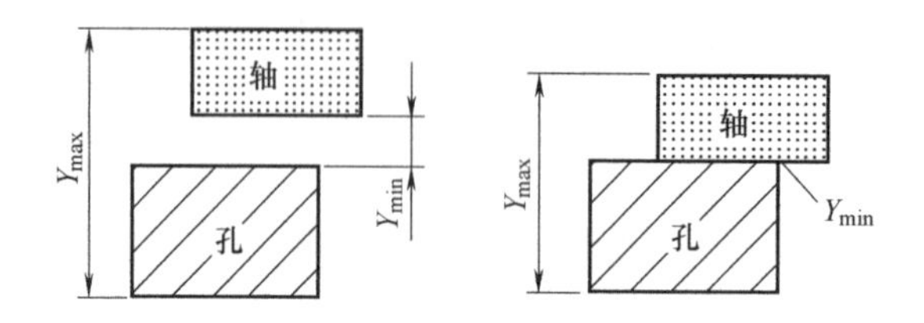

图 2-9　过盈配合

特征参数用公式表示如下。

$$\left.\begin{array}{ll}\text{最大过盈} & Y_{max}=D_{min}-d_{max}=EI-es<0 \\ \text{最小过盈} & Y_{min}=D_{max}-d_{min}=ES-ei\leqslant 0 \\ \text{平均过盈} & Y_{av}=(Y_{max}+Y_{min})/2=EI-es>0\end{array}\right\} \quad (2\text{-}6)$$

过盈的作用主要用于紧固连接及确定如何装配。

(3) 过渡配合。

过渡配合指可能具有间隙或过盈的配合。此时，孔的公差带与轴的公差带相互交叠，如图 2-10 所示。它是介于间隙配合与过盈配合之间的一类配合，但其间隙或过盈都不大。

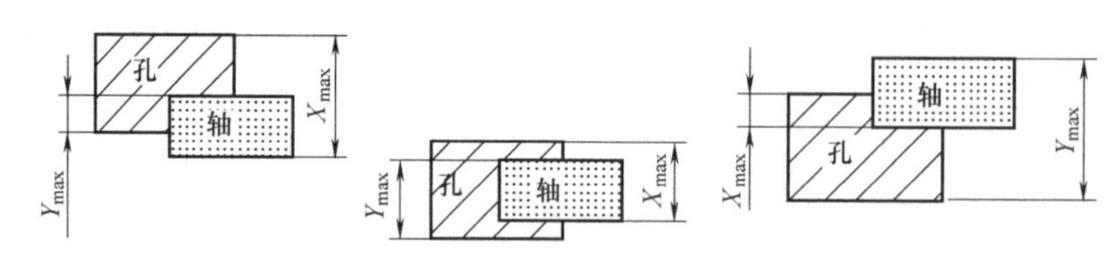

图 2-10　过渡配合

特征参数用公式表示如下：

$$\left.\begin{array}{ll}\text{最大间隙} & X_{max}=D_{max}-d_{min}=ES-ei \\ \text{最大过盈} & Y_{max}=D_{min}-d_{max}=EI-es \\ \text{平均间隙或过盈} & X_{av}(Y_{av})=(X_{max}+Y_{max})/2\end{array}\right\} \quad (2\text{-}7)$$

其值为“+”时，表示 X_{av}；为“−”时，表示 Y_{av}。

过渡配合主要用于孔、轴间的定位连接(既要求装拆方便，又要求对中性好)。

注意： (对一批零件而言)对一个具体的实际零件进行装配时，只能得到间隙(或过盈)，只能得其一。

4) 配合公差

允许间隙或过盈的变动量，用 T_f 表示，是一个没有符号的绝对值。配合公差反映装配后的配合精度，是评定配合质量的一个重要综合指标。它的大小等于最大间隙或最小过盈与最小间隙或最大过盈代数差的绝对值，如下：

$$\left.\begin{aligned}&\text{间隙配合}\quad T_f=|X_{max}-X_{min}|=T_h+T_s\\&\text{过盈配合}\quad T_f=|Y_{min}-Y_{max}|=T_h+T_s\\&\text{过渡配合}\quad T_f=|X_{max}-Y_{max}|=T_h+T_s\end{aligned}\right\}\tag{2-8}$$

注意： 对于各类配合，其配合公差等于相互配合的孔公差和轴公差之和；$T_f=T_h+T_s$ 说明了配合精度的高低是由相互配合的孔和轴精度所决定的。配合公差反映配合精度，配合种类反映配合性质。

5) 基准制

从前述三类配合的公差带图可知，通过改变孔、轴公差带的相对位置可以实现各种不同性质的配合。为了设计和制造上的方便，以两个相配的零件中的一个为基准件，并选定公差带，而改变另一个零件(非基准件)的公差带位置，从而形成各种配合的一种制度，称为基准制。

国家标准中规定了两种等效的基准制：基孔制和基轴制。

1) 基孔制

基孔制是基本偏差为一定的孔的公差带与不同基本偏差的轴的公差带形成各种配合的一种制度，如图 2-11(a)所示。

国家标准规定，基孔制中的孔称为基准孔，用基本偏差 H 表示，它是配合的基准件，而轴为非基准件。基准孔以下偏差为基本偏差，且 EI=0，它的公差带位于零线上方。

2) 基轴制

基轴制是基本偏差为一定的轴的公差带与不同基本偏差的孔的公差带形成各种配合的一种制度，如图 2-11(b)所示。

国家标准规定，基轴制中的轴称为基准轴，用基本偏差 h 表示，它是配合的基准件，而孔为非基准件。基准轴以上偏差为基本偏差，且 es=0，它的公差带位于零线下方。

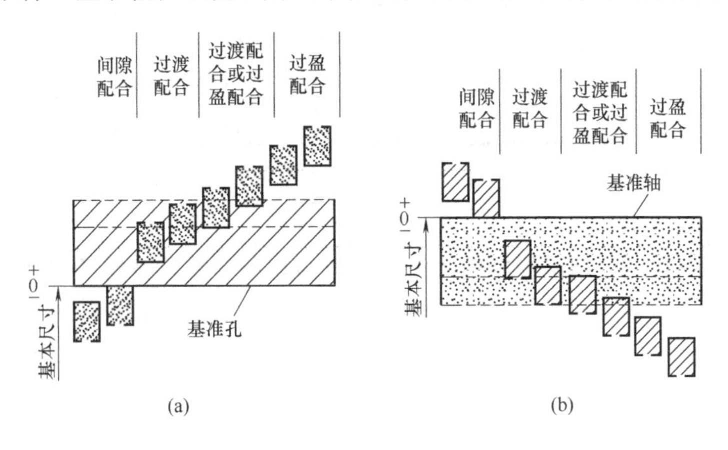

图 2-11　基孔制和基轴制配合公差带

由图 2-11 可知，孔、轴公差带相对位置不同，两种基准制都可以形成间隙、过盈和过渡三种不同的配合性质。图中水平实直线代表孔和轴的基本偏差，而水平虚线代表另一极限偏差，表示公差带的大小是可以变化的，与它们的公差等级有关。

2.1.2 公差与配合的国家标准

1. 标准公差系列

公差值的大小确定了尺寸允许变化的变动量，即公差带的宽窄，它反映了尺寸的精度和加工的难易程度。极限与配合标准已对公差值进行标准化，标准中所规定的任一公差称为标准公差。由若干标准公差所组成的系列称为标准公差系列，它以表格形式列出，称为标准公差数值表，如表 2-1 所示。标准公差的数值与标准公差等级和基本尺寸分段有关。

表 2-1　标准公差值(基本尺寸小于 500mm)(摘自 GB/T1800.4—1999)

基本尺寸/mm	公差等级																			
	IT01	IT0	IT1	IT2	IT3	IT4	IT5	IT6	IT7	IT8	IT9	IT10	IT11	IT12	IT13	IT14	IT15	IT16	IT17	IT18
	μm														mm					
≤3	0.3	0.5	0.8	1.2	2	3	4	6	10	14	25	40	60	100	0.14	0.25	0.40	0.60	1.0	1.4
>3～6	0.4	0.6	1	1.5	2.5	4	5	8	12	18	30	48	75	120	0.18	0.30	0.48	0.75	1.2	1.8
>6～10	0.4	0.6	1	1.5	2.5	4	6	9	15	22	36	58	90	150	0.22	0.36	0.58	0.90	1.5	2.2
>10～18	0.5	0.8	1.2	2	3	5	8	11	18	27	43	70	110	180	0.27	0.43	0.70	1.10	1.8	2.7
>18～30	0.6	1	1.5	2.5	4	6	9	13	21	33	52	84	130	210	0.33	0.52	0.84	1.30	2.1	3.3
>30～50	0.6	1	1.5	2.5	4	7	11	16	25	39	62	100	160	250	0.39	0.62	1.00	1.60	2.5	3.9
>50～80	0.8	1.2	2	3	5	8	13	19	30	46	74	120	190	300	0.46	0.74	1.20	1.90	3.0	4.6
>80～120	1	1.5	2.5	4	6	10	15	22	35	54	87	140	220	350	0.54	0.87	1.40	2.20	3.5	5.4
>120～180	1.2	2	3.5	5	8	12	18	25	40	63	100	160	250	400	0.63	1.00	1.60	2.50	4.0	6.3
>180～250	2	3	4.5	7	10	14	20	29	46	72	115	185	290	460	0.72	1.15	1.85	2.90	4.6	7.2
>250～315	2.5	4	6	8	12	16	23	32	52	81	130	210	320	520	0.81	1.30	2.10	3.20	5.2	8.1
>315～400	3	5	7	9	13	18	25	36	57	89	140	230	360	570	0.89	1.40	2.30	3.60	5.7	8.9
>400～500	4	6	8	10	15	20	27	40	63	97	155	250	400	630	0.97	1.55	2.50	4.00	6.3	9.7

注：基本尺寸小于 1mm 时，无 IT4～IT18。尺寸大于 500mm 的 IT1～IT5 的标准值为试行。

1) 标准公差等级及其代号

公差等级是指确定尺寸精确程度的等级。规定和划分公差等级的目的是简化和统一对公差的要求，使规定的等级既满足不同的使用要求，又能大致代表各种加工方法的精度，从而既有利于设计，又有利于制造。

标准公差分为 20 个等级，由公差代号 IT 和公差等级数字组成的代号表示，分别为 IT01、IT0、IT1、IT2、…、IT18。其中，IT01 等级最高，然后依次降低，IT18 最低。而相应的公差数值依次增大，精度越低，加工越容易。

2) 标准公差因子

标准公差因子(单位：μm)是计算标准公差的基本单位，也是制定标准公差数值表的基础。对于基本尺寸≤500mm 的尺寸段，标准公差因子按下式计算：

$$i=0.45\sqrt[3]{D}+0.001D \tag{2-9}$$

式中：D 为基本尺寸段的几何平均值，单位为 mm。

3) 标准公差值

标准公差值是指允许尺寸误差变动的范围，与加工方法、零件的基本尺寸等有关。其公式为

$$IT=\alpha i=\alpha(0.45\sqrt[3]{D}+0.001D) \tag{2-10}$$

式中：D 为基本尺寸；i 为标准公差因子；α 为公差等级系数。

标准公差 IT01～IT4 的公差值主要是受测量误差等影响，可通过标准公差计算公式(见表 2-2)求得；IT5～IT18 的公差等级系数，在实际生产中不需要计算，查表 2-3 即可。

表 2-2　IT01～IT4 标准公差计算公式(基本尺寸≤500mm)

标准公差等级	标准公差计算公式/μm	标准公差等级	标准公差计算公式/μm
IT01	$0.3+0.008D$	IT2	$IT1\times(IT5/IT1)^{1/4}$
IT0	$0.5+0.012D$	IT3	$IT1\times(IT5/IT1)^{1/2}$
IT1	$0.8+0.020D$	IT4	$IT1\times(IT5/IT1)^{3/4}$

注：D 为基本尺寸段的几何平均值。

表 2-3　IT5～IT18 公差等级系数(基本尺寸≤3150mm)

公差等级	IT5	IT6	IT7	IT8	IT9	IT10	IT11	IT12	IT13	IT14	IT15	IT16	IT17	IT18
α	7	10	16	25	40	64	100	160	250	400	640	1000	1600	2500

在实际应用中，标准公差值可直接查表 2-1，不必另行计算。

4) 基本尺寸分段

根据标准公差计算公式，每有一个基本尺寸就应该有一个相对应的公差值，这会使公差表格非常庞大，既不实用，也无必要。为了简化公差表格，便于使用，国家标准对基本尺寸进行了分段。如表 2-1 所示，国家标准将常用尺寸(≤500)分成 13 个尺寸段，在同一尺寸分段内，公差等级相同的所有尺寸，其标准公差因子都相同。

在标准公差中，基本尺寸(D)一律以所属尺寸段内的首尾两个尺寸(D_n，D_{n+1})的几何平均值进行计算，即

$$D=\sqrt{D_n D_{n+1}} \tag{2-11}$$

2. 基本偏差系列

1) 基本偏差的定义

基本偏差是用来确定公差带相对于零线位置的上偏差或下偏差，一般指最靠近零线的

那个偏差。当公差带位于零线上方时，其基本偏差为下偏差；当公差带位于零线下方时，其基本偏差为上偏差。为了满足各种不同配合的需要，满足生产标准化的要求，必须设置若干基本偏差并将其标准化，标准化的基本偏差组成基本偏差系列。

2) 基本偏差代号及其特点

GB/T1800.4—1999 对孔和轴分别规定了 28 种基本偏差，其代号用拉丁字母表示，大写字母代表孔，小写字母代表轴。在 26 个字母中，除去易与其他含义混淆的 I、L、O、Q、W(i、l、o、q、w)5 个字母外，再加上 7 个双字母 CD、EF、FG、ZA、ZB、ZC、JS(cd、ef、fg、za、zb、zc、js)组成基本偏差代号。这 28 种基本偏差代号反映了 28 种公差带的位置，构成了基本偏差系列，如图 2-12 所示。

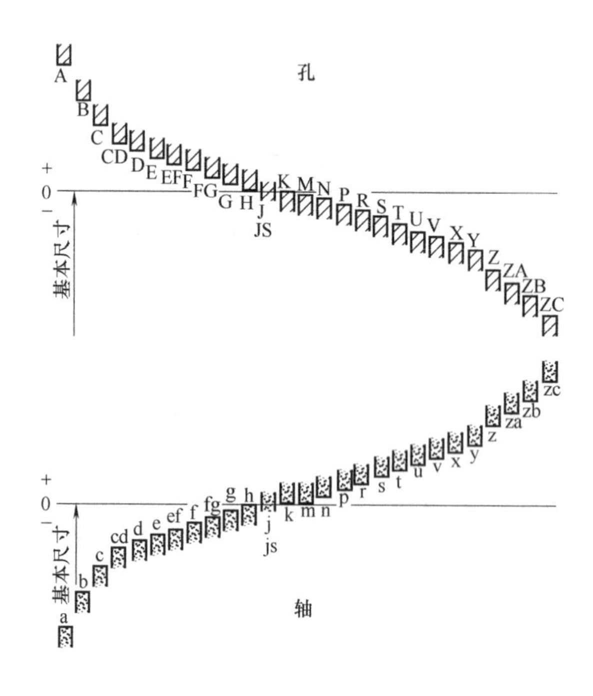

图 2-12　基本偏差系列

由图 2-12 可知，基本偏差系列具有以下特点。

(1) 孔的基本偏差中，A～G 的基本偏差为下偏差 EI，并且为正值，其绝对值逐渐依次减少；H 的基本偏差 EI=0，是基准孔；J～ZC 的基本偏差为 ES，并且为负值(J 除外)，其绝对值逐渐依次增大；代号为 JS 的公差带相对于零线对称分布，因此其基本偏差可以为上偏差 $ES=+\frac{IT}{2}$ 或下偏差 $EI=-\frac{IT}{2}$。

(2) 轴的基本偏差中，a～g 的基本偏差为上偏差 es，并且为负值，其绝对值逐渐依次减少；h 的基本偏差 es=0，是基准轴；j～zc 的基本偏差为 ei，并且为正值(j 除外)，其绝对值逐渐依次增大；代号为 js 的公差带相对于零线对称分布，因此其基本偏差可以为上偏差 $es=+\frac{IT}{2}$ 或下偏差 $ei=-\frac{IT}{2}$。

(3) 在基本偏差系列图中只画出了公差带属于基本偏差的一端，另一端是开口，它取决于各级标准公差的宽窄。当基本偏差确定后，按公差等级确定标准公差 IT，另一极限偏差即可按如下关系式计算：

孔　　$ES=EI+IT$　或　$EI=ES-IT$　　(2-12)

轴　　$es=ei+IT$　或　$ei=es-IT$　　(2-13)

3) 基本偏差的数值

(1) 轴的基本偏差数值。

基本尺寸≤500mm 轴的基本偏差是以基孔制配合为基础，按照各种配合要求，再根据生产实践经验和统计分析结果得出的一系列公式，并经计算圆整尾数而得出列表值，如表 2-4 所示。

(2) 孔的基本偏差数值。

基本尺寸≤500mm 孔的基本偏差数值都是由相应代号轴的基本偏差数值按一定规则换算得到的。换算的原则是：基本偏差字母代号同名的孔和轴，分别组成的基轴制与基孔制的配合，在相应公差等级的条件下，其配合性质必须相同，即具有相同的极限间隙或极限过盈。如 H9/g9 与 G9/h9、H7/r6 与 R7/h6。

在实际生产中，由于孔比轴难加工，因此国家标准规定，为使孔和轴在工艺上等价，在较高精度等级的配合中，孔比轴的公差等级低一级；在较低精度等级的配合中，孔与轴采用相同的公差等级。

根据上述原则，孔的基本偏差按以下两种规则换算。

① 通用规则。同名代号的孔、轴的基本偏差的绝对值相等，而符号相反。即对于 A～H，有

$$EI=-es$$

对于 J～N(＞IT8)和 P～ZC(＞IT7)，有

$$ES=-ei$$

② 特殊规则。同名代号的孔、轴的基本偏差的绝对值相差一个 $\varDelta$ 值，而符号相反。即对于 J～N(≤IT8)和 P～ZC(≤IT7)，有

$$ES=-ei+\varDelta,\quad \varDelta=IT_{n}-IT_{n-1}=T_{h}-T_{s}$$

式中：IT_n 为孔的标准公差；IT_{n-1} 为轴的标准公差。

按照两个规则换算的孔的基本偏差数值见表 2-5。孔的基本偏差换算规则如图 2-13 所示，其中图 2-13(a)所示为通用规则，图 2-13(b)所示为特殊规则。

表 2-4　尺寸≤500mm 的轴基本偏差数值(摘自 GB/T1800.4—1999)

基本尺寸/mm	基本偏差/μm																														
	上偏差(es)												下偏差(ei)																		
	a	b	c	cd	d	e	ef	f	fg	g	h	js	j			k		m	n	p	r	s	t	u	v	x	y	z	za	zb	zc
	所有公差等级												5~6	7	8	4~7	≤3 >7	所有公差等级													
≤3	-270	-140	-60	-34	-20	-14	-10	-6	-4	-2	0	偏差等于±IT/2	-2	-4	-6	0	0	+2	+4	+6	+10	+14	—	+18	—	+20	—	+26	+32	+40	+60
>3~6	-270	-140	-70	-46	-30	-20	-14	-10	-6	-4	0		-2	-4	—	+1	0	+4	+8	+12	+15	+19	—	+23	—	+28	—	+35	+42	+50	+80
>6~10	-280	-150	-80	-56	-40	-25	-18	-13	-8	-5	0		-2	-5	—	+1	0	+6	+10	+15	+19	+23	—	+28	—	+34	—	+42	+52	+67	+97
>10~14	-290	-150	-95	—	-50	-32	—	-16	—	-6	0		-3	-6	—	+1	0	+7	+12	+18	+23	+28	—	+33	—	+40	—	+50	+64	+90	+130
>14~18																									+39	+45	—	+60	+77	+108	+150
>18~24	-300	-160	-110	—	-65	-40	—	-20	—	-7	0		-4	-8	—	+2	0	+8	+15	+22	+28	+35	—	+41	+47	+54	+63	+73	+98	+136	+188
>24~30																							+41	+48	+55	+64	+75	+88	+118	+160	218
>30~40	-310	-170	-120	—	-80	-50	—	-25	—	-9	0		-5	-10	—	+2	0	+9	+17	+26	+34	+43	+48	+60	+68	+80	+94	+112	+148	200	274
>40~50	-320	-180	-130																				+54	+70	+81	+97	+114	+136	+180	242	325
>50~65	-340	-190	-140	—	-100	-60	—	-30	—	-10	0		-7	-12	—	+2	0	+11	+20	+32	+41	+53	+66	+87	+102	+122	+144	+172	+226	300	405
>65~80	-360	-200	-150																		+43	+59	+75	+102	+120	+146	+174	+210	+274	360	480
>80~100	-380	-220	-170	—	-120	-72	—	-36	—	-12	0		-9	-15	—	+3	0	+13	+23	+37	+51	+71	+91	+124	+146	+178	+214	+258	+335	445	585
>100~120	-410	-240	-180																		+54	+79	+104	+144	+172	+210	+256	+310	+400	525	690
>120~140	-460	-260	-200	—	-145	-85	—	-43	—	-14	0		-11	-18	—	+3	0	+15	+27	+43	+63	+92	+122	+170	+202	+248	+300	+365	+470	620	800
>140~160	-520	--280	-210																		+65	+100	+134	+190	+228	+280	+340	+415	+535	700	900
>160~180	-580	-310	-230																		+68	+108	+146	+210	+252	+310	+380	+465	+600	780	1000
>180~200	-660	--340	-240	—	-170	-100	—	-50	—	-15	0		-13	-21	—	+3	0	+17	+31	+50	+77	+122	+166	+236	+284	+350	+425	+520	+670	880	1150
>200~225	-740	-380	-260																		+80	+130	+180	+258	+310	+385	+470	+575	+740	960	1250
>225~250	-820	-420	-280																		+84	+140	+196	+284	+340	+425	+520	+640	+820	1050	1350
>250~280	-920	-480	-300	—	-190	-110	—	-56	—	-17	0		-16	-26	—	+4	0	+20	+34	+56	+94	+158	+218	+315	+385	+475	+580	+710	+920	1200	1550
>280~315	-1050	-540	-330																		+98	+170	+240	+350	+425	+525	+650	+790	+1000	1300	1700
>315~355	-1200	-600	-360	—	-210	-125	—	-62	—	-18	0		-18	-28	—	+4	0	+21	+37	+62	+108	+190	+268	+390	+475	+590	+730	+900	+1150	1500	1900
>355~400	-1350	-680	-400																		+114	+208	+294	+435	+530	+660	+820	+1000	+1300	1650	2100
>400~450	-1500	-760	-440	—	-230	-135	—	-68	—	-19	0		-20	-32	—	+5	0	+23	+40	+68	+126	+232	+330	+490	+595	+740	+920	+1100	+1450	1850	2400
>450~500	-1650	-840	-480																		+132	+252	+360	+540	+600	+820	+1000	+1250	+1600	2100	2600

注：① 基本尺寸小于 1mm 时，各级的 a 和 b 均不采用。

② 对 IT7～IT11，若 IT 的数值(μm)为奇数，则取 js=±(IT−1)/2。

表 2-5　尺寸≤500mm 的孔基本偏差数值(摘自 GB/T1800.4—1999)

基本尺寸/mm	基本偏差/μm																																		Δ/μm					
	下偏差(EI)												上偏差(ES)																											
	A	B	C	CD	D	E	EF	F	FG	G	H	JS	J			K		M		N		P～ZC	P	R	S	T	U	V	X	Y	Z	ZA	ZB	ZC						
	所有公差等级												6	7	8	≤8	>8	≤8	>8	≤8	>8	≤7	>7												3	4	5	6	7	8
≤3	+270	+140	+60	+34	+20	+14	+10	+6	+4	+2	0	偏差等于±IT/2	+2	+4	+6	0	—	—	-2	-4	4	在>7级的相应数值上增加一个	-6	-10	-14	—	-18	—	-20	—	-26	-32	-40	-60	0					
>3～6	+270	+140	+70	+46	+30	+20	+14	+10	+6	+4	0		+5	+6	+10	-1+Δ	—	-4+Δ	-4	-8+Δ	0		-12	-15	-19	—	-23	—	-28	—	-35	-42	-50	-80	1	2	1	3	4	6
>6～10	+280	+150	+80	+56	+40	+25	+18	+13	+8	+5	0		+5	+8	+12	-1+Δ	—	-6+Δ	-6	-10+Δ	0		-15	-19	-23	—	-28	—	-34	—	-42	-52	-67	-97	1	2	2	3	6	7
>10～14	+290	+150	+95	—	+50	+32	—	+16	—	+6	0		+6	+10	+15	-1+Δ	—	-7+Δ	-7	-12+Δ	0		-18	-23	-28	—	-33	—	-40	—	-50	-64	-90	-130	1	2	3	3	7	9
>14～18																												-39	-45	—	-60	-77	-108	-150						
>18～24	+300	+160	+110	—	+65	+40	—	+20	—	+7	0		+8	+12	+20	-2+Δ	—	-8+Δ	-8	-15+Δ	0		-22	-28	-35	—	-41	-47	-54	-63	-73	-98	-136	-188	2	2	3	4	8	12
>24～30																										-41	-48	-55	-64	-75	-88	-118	-160	-218						
>30～40	+310	+170	+120	—	+80	+50	—	+25	—	+9	0		+10	+14	+24	-2+Δ	—	-9+Δ	-9	-17+Δ	0		-26	-34	-43	-48	-60	-68	-80	-94	-112	-148	-200	-274	2	3	4	5	9	14
>40～50	+320	+180	+130																							-54	-70	-81	-97	-114	-136	-180	-242	-325						
>50～65	+340	+190	+140	—	+100	+60	—	+30	—	+10	0		+13	+18	+28	-2+Δ	—	-11+Δ	-11	-20+Δ	0		-32	-41	-53	-66	-87	-102	-122	-144	-172	-226	-300	-405	2	3	5	5	11	16
>65～80	+360																							-43	-59	-75	-102	-120	-146	-174	-210	-274	-360	-480						
>80～100	+380	+220	+170	—	+120	+72	—	+36	—	+12	0		+16	+22	+34	-3+Δ	—	-13+Δ	-13	-23+Δ	0		-37	-51	-71	-91	-124	-146	-178	-214	-258	-335	-445	-585	2	4	5	7	13	19
>100～120	+410																							-54	-79	-104	-144	-172	-210	-256	-310	-400	-525	-690						
>120～140	+460	+260	+200																					-63	-92	-122	-170	-202	-248	-300	-365	-470	-620	-800						
>140～160	+520	+280	+210	—	+145	+85	—	+43	—	+14	0		+18	+26	+41	-3+Δ	—	-15+Δ	-15	-27+Δ	0		-43	-65	-100	-134	-190	-228	-280	-340	-415	-535	-700	-900	3	4	6	7	15	23
>160～180	+580	+310	+230																					-68	-108	-146	-210	-252	-310	-380	-465	-600	-780	-1000						
>180～200	+660	+340	+240																					-77	-122	-166	-236	-284	-350	-425	-520	-670	-880	-1150						
>200～225	+740	+380	+260	—	+170	+100	—	+50	—	+15	0		+22	+30	+47	-4+Δ	—	-17+Δ	-17	-31+Δ	0		-50	-80	-130	-180	-258	-310	-385	-470	-575	-740	-960	-1250	3	4	6	9	17	26
>225～250	+820	+420	+280																					-84	-140	-196	-284	-340	-425	-520	-640	-820	-1050	-1350						
>250～280	+920	+480	+300	—	+190	+110	—	+56	—	+17	0		+25	+36	+55	-4+Δ	—	-20+Δ	-20	-34+Δ	0		-56	-94	-158	-218	-315	-385	-475	-580	-710	-920	-1200	-1550	4	4	7	9	20	29
>280～315	+1050	+540	+330																					-98	-170	-240	-350	-425	-525	-650	-790	-1000	-1300	-1700						
>315～355	+1200	+600	+360	—	+210	+125	—	+62	—	+18	0		+29	+39	+60	-4+Δ	—	-21+Δ	-21	-37+Δ	0		-62	-108	-190	-268	-390	-475	-590	-730	-900	-1150	-1500	-1900	4	5	7	11	21	32
>355～400	+1350	+680	+400																					-114	-208	-294	-435	-530	-660	-820	-1000	-1300	-1650	-2100						
>400～450	+1500	+760	+440	—	+230	+135	—	+68	—	+20	0		+33	+43	+66	-5+Δ	—	-23+Δ	-23	-40+Δ	0		-68	-126	-232	-330	-490	-595	-740	-920	-1100	-1450	-1850	-2400	5	5	7	13	23	34
>450～500	+1650	+840	+480																					-132	-252	-360	-540	-660	-820	-1000	-1250	-1600	-2100	-2600						

注：① 基本尺寸小于 1mm 时，各级的 A 和 B 及大于 8 级的 N 级均不采用。

② 对 IT7～IT11，若 IT 的数值(μm)为奇数，则取 JS=±(IT-1)/2。

③ 特殊情况，当基本尺寸大于 250～315mm 时，M6 的 ES 等于-9(不等于-11)。

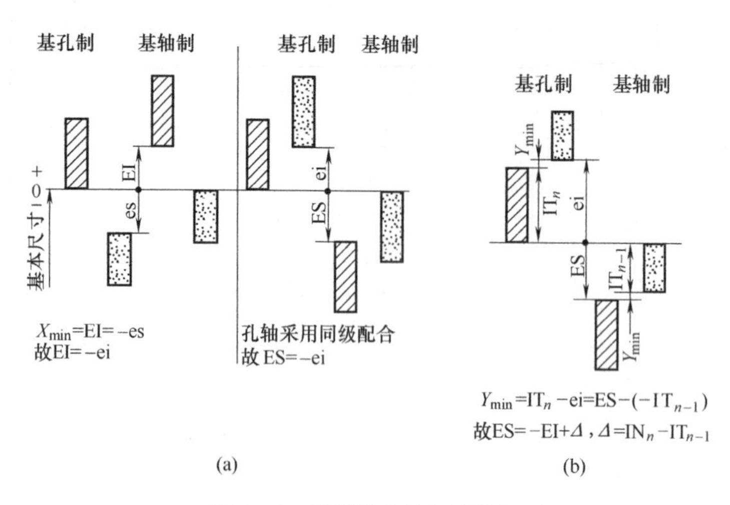

图 2-13　孔的基本偏差换算规则

例 2-2　试查表确定轴 ϕ30g6、孔 ϕ45P8、孔 ϕ45P6 的基本偏差和另一极限偏差。

解：(1) 查表确定轴、孔的标准公差。

由表 2-1 查得，基本尺寸为 30mm 的 IT6=13 μm；基本尺寸为 45mm 的 IT6=16 μm，IT8=39 μm。

(2) 查表确定轴、孔的基本偏差。

查表 2-4 得，ϕ30g6 的基本偏差 es=−7 μm；

查表 2-5 得：ϕ45P8 的基本偏差 ES= −26 μm，ϕ45P6 的基本偏差 ES= −26+ $\varDelta$ = (−26+5) μm = −21 μm。

(3) 确定轴、孔的另一极限偏差。

根据式(2-12)得，ϕ45P8 的另一极限偏差为

$$EI=ES-IT8=(-26-39)\ \mu m=-64\ \mu m$$

ϕ45P6 的另一极限偏差为

$$EI=ES-IT6=(-21-16)\ \mu m=-37\ \mu m$$

根据式(2-13)得，ϕ30g6 的另一极限偏差为

$$ei=es-IT6=(-7-13)\ \mu m=-20\ \mu m$$

3. 公差与配合代号及标注

1) 公差带代号与配合代号

(1) 公差带代号。

国家标准规定：孔、轴公差带由基本尺寸、基本偏差代号与公差等级代号组成，并且采用同一号大小字体书写。如孔公差带代号 H7、G8，轴公差带代号 h6、m7 等。

(2) 配合代号。

配合代号由相配合的孔、轴公差带代号组成，写成分数形式。分子为孔的公差带代号，分母为轴的公差带代号，如 ϕ50H7/g6 或 $\phi 50\dfrac{H7}{g6}$。

2) 公差与配合在图样上的标注

(1) 零件图上的标注。

零件图上一般有三种标注方法，如图 2-14 所示。

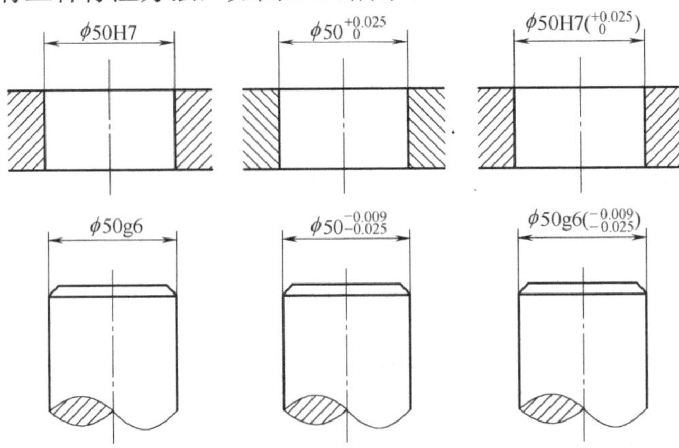

图 2-14　孔、轴公差带在零件图上的三种标注方法

① 在基本尺寸后标注所要求的公差带，如 ϕ50H7、ϕ50g6 等。

② 在基本尺寸后标注所要求的公差带对应的偏差值，如 $\phi 50^{+0.025}_{0}$ 、$\phi 50^{-0.009}_{-0.025}$ 等。

③ 在基本尺寸后标注所要求的公差带和对应的偏差值，如 $\phi 50H7^{+0.025}_{0}$ ，$\phi 50g6(^{-0.009}_{-0.025})$ 等。

标注时应注意以下几点。

① 上、下偏差的字体要比基本尺寸字体小一号。上偏差注在基本尺寸的右上方；下偏差注在基本尺寸的右下方，下偏差的数字必须与基本尺寸数字处在同一底线上。

② 当上、下偏差的数字相同时，在基本尺寸后面标注“±”符号，其后只写一个偏差数值。

③ 上或下偏差为零时，必须标出数值“0”。

④ 上、下偏差的小数点必须对齐。

⑤ 标注的公差带代号与基本尺寸数字采用同一号字体书写；同时标注公差带代号和偏差值时，应把上、下偏差值加上圆括号。

(2) 装配图上的标注。

装配图上的标注也有三种标注方法，如 $\phi 50\dfrac{H7}{g6}$，$\phi 50\dfrac{H7(^{-0.025}_{0})}{g6(^{-0.009}_{-0.025})}$ 等，如图 2-15 所示。

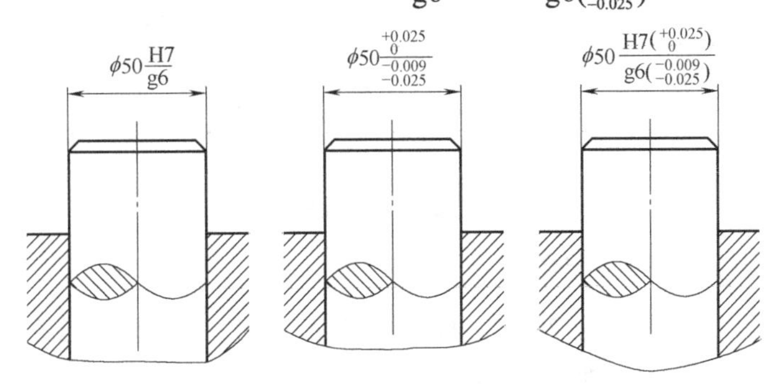

图 2-15　孔和轴公差带在装配图上的三种标注方法

说明：

① 在基本尺寸后面标注配合代号，这样标注便于判断配合性质和公差等级。

② 在基本尺寸后面标注极限偏差，这样标注，数字直接清晰，便于判断配合的松紧程度，方便生产。

例 2-3 查表确定$\phi 25\frac{H7}{r6}$和$\phi 25\frac{R7}{h6}$两种配合的孔、轴的极限偏差，计算极限过盈，并画出公差带图。

解：(1) 查表确定ϕ25H7/r6 配合中的孔、轴的极限偏差。

查表 2-1 得，IT6=13 μm，IT7=21 μm。

对于$\phi 25\frac{H7}{r6}$，ϕ25H7 为 7 级基准孔，EI=0，ES=EI+IT7=(0+21) μm =21 μm；ϕ25r6 基本偏差为下偏差，查表 2-4 得，ei=+28 μm，es=ei+IT6=(28+13) μm =41 μm。

由此可得，ϕ25H7=$\phi 25^{+0.021}_{0}$，ϕ25g6=$\phi 25^{+0.041}_{+0.028}$。

(2) 查表确定ϕ25R7/h6 配合中的孔、轴的极限偏差。

对于$\phi 25\frac{R7}{h6}$，ϕ25R7 基本偏差为上偏差，查表 2-5 得，ES=(−28+Δ) μm =(−28+8) μm = −20 μm，EI=ES−IT7=(−20−21) μm = −41 μm；ϕ25h6 为 6 级基准轴，es=0，ei=es−IT6=(0−13) μm =−13 μm。

由此可得，ϕ25R7=$\phi 25^{-0.020}_{-0.041}$，$\phi$25h6=$\phi 25^{0}_{-0.013}$。

(3) 计算ϕ25H7/r6 和ϕ25R7/h6 配合的极限过盈。

对于ϕ25R7/h6，由式(2-6)得

$$Y_{min}=ES-ei=[-20-(-13)]\ \mu m=-7\ \mu m$$

$$Y_{max}=EI-es=(-41-0)\ \mu m=-41\ \mu m$$

由于$\phi 25\frac{H7}{r6}$和$\phi 25\frac{R7}{h6}$是同名配合，所以配合性质相同，即极限过盈相同。

公差带图如图 2-16 所示。

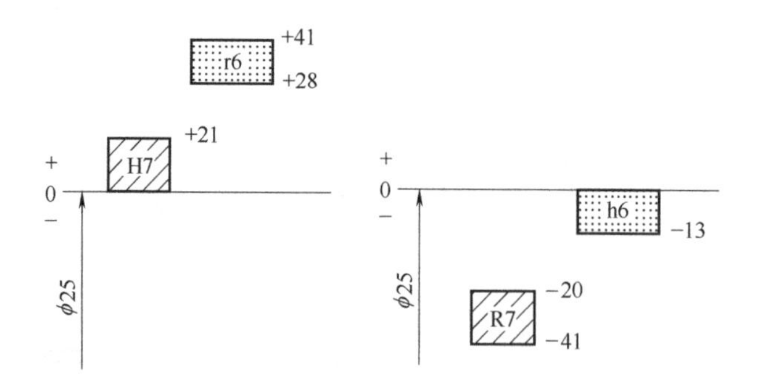

图 2-16 公差带图

4. 优先、常用公差带及配合

国家标准规定了基本偏差 28 种，标准公差 20 级，它们可组成多种公差带，孔有 20×27+3(J6、J7、J8)=543 种，轴有 20×27+4(j5、j6、j7、j8)=544 种。这些公差带又可组成近 30 万种配合。如果不加以限制，任意选用这些公差与配合，将不利于生产。为了减少零

件、定值刀具、量具等工艺装备的品种及规格，国家标准(GB/T1801—1999)在尺寸≤500mm 的范围内，规定了优先、常用和一般公差带，如图 2-17 和图 2-18 所示。

一般公差主要用于精度等级较低的非配合尺寸。当零件的功能要求允许有一个比一般公差大的公差，而该公差比一般公差更经济时，应在基本尺寸后直接注出具体的极限偏差值。

一般公差适用于金属切削加工以及一般冲压加工的尺寸。对于非金属材料和其他工艺方法加工的尺寸也可参照使用。

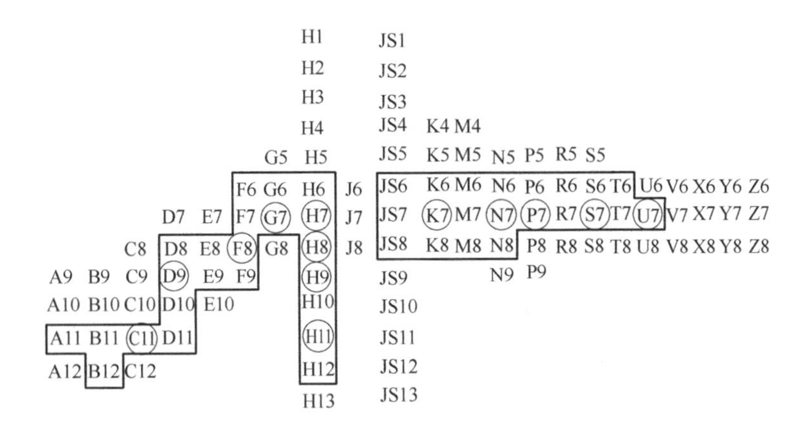

图 2-17　优先、常用和一般用途的孔公差带

注：孔规定了 105 种一般用途公差带，其中 44 种为常用公差带(方框内)，13 种为优先公差带(圆圈内)。

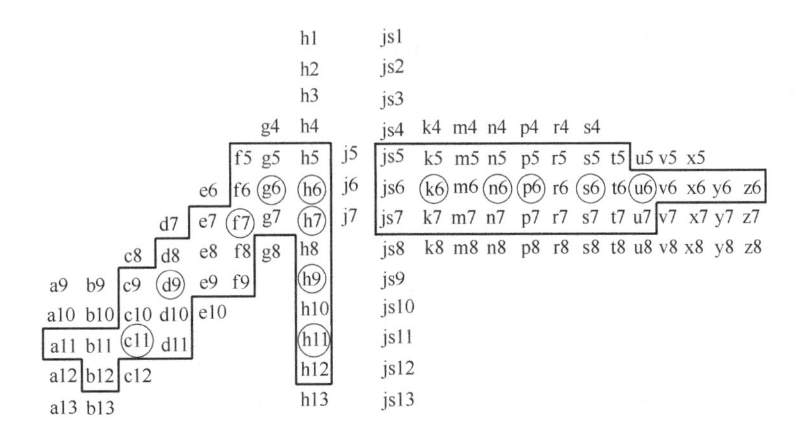

图 2-18　优先、常用和一般用途的轴公差带

注：轴规定了 119 种一般用途公差带，其中 59 种为常用公差带(方框内)，13 种为优先公差带(圆圈内)。

常用尺寸段内，国家标准又规定基孔制常用配合 59 种，其中优先配合 13 种，见表 2-6；基轴制常用配合 47 种，其中优先配合 13 种，见表 2-7。

表 2-6　基轴制优先、常用配合(摘自 GB /T1801—1999)

基准轴	孔																				
	A	B	C	D	E	F	G	H	JS	K	M	N	P	R	S	T	U	V	X	Y	Z
	间隙配合								过渡配合			过盈配合									
h5						F6/h5	G6/h5	h6/h5	JS6/h5	K6/h5	M6/h5	N6/h5	P6/h5	R6/h5	S6/h5	T6/h5					
h6						F7/h6	◤G7/h6	◤H7/h6	JS7/h6	◤K7/h6	M7/h6	◤N7/h6	◤P7/h6	R7/h6	◤S7/h6	T7/h6	◤U7/h6				
h7					E8/h7	◤F8/h7		◤H8/h7	JS8/h7	K8/h7	M8/h7	N8/h7									
h8				D8/h8	E8/h8	F8/h8		H8/h8													
h9				◤D9/h9	E9/h9	F9/h9		◤H9/h9													
h10				D10/h10				D10/h10													
h11	A11/h11	B11/h11	◤C11/h11	D11/h11				◤H11/h11													
h12		B12/h12						H12/h12													

注：① $\frac{H6}{n5}$、$\frac{H7}{p6}$ 在基本尺寸小于或等于 3mm 和 $\frac{H8}{r7}$ 在基本尺寸小于或等于 100mm 时，为过渡配合。

② 标注◤的配合为优先配合。

表 2-7　基孔制优先、常用配合

基准孔	轴																				
	a	b	c	d	e	f	g	h	js	k	m	n	p	r	s	t	u	v	x	y	z
	间隙配合								过渡配合			过盈配合									
H6						H6/f5	H6/g5	H6/h5	H6/js5	H6/k5	H6/m5	H6/n5	H6/p5	H6/r5	H6/s5	H6/t5	H6/u5				
H7						H7/f6	◤H7/g6	◤H7/h6	H7/js6	◤H7/k6	H7/m6	◤H7/n6	◤H7/p6	H7/r6	◤H7/s6	H7/t6	◤H7/u6	H7/v6	H7/x6	H7/y6	H7/z6
H8					H8/e7	◤H8/f7	H8/g7	◤H8/h7	H8/js7	H8/k7	H8/m7	H8/n7	H8/p7	H8/r7	H8/s7	H8/t7	H8/u7				
				H8/d8	H8/e8	H8/f8		H8/h8													
H9			◤H9/c9	H9/d9	H9/e9	H9/f9		◤H9/h9													
H10			H10/c10	H10/d10				H10/h10													
H11	H11/a11	H11/b11	◤H11/c11	H11/d11				◤H11/h11													
H12		H12/b12						H12/h12													

注：标注◤的配合为优先配合。

选用公差带或配合时，应按优先、常用、一般公差带的顺序选取。若上述标准不能满足某些特殊需要，则国家标准允许采用两种基准以外的非基准制配合，如 M8/f7 等。

5. 一般公差

在零件图上只标注基本尺寸而不标注极限偏差的尺寸称为未注公差尺寸，这类尺寸主要用于某些非配合尺寸。未注公差尺寸同样是有公差要求的，国标 GB/T1804—2000 对这类尺寸的极限偏差做了较简明的规定，我们把这类公差称为一般公差。一般公差是普通工艺条件下的经济加工精度。

采用一般公差的尺寸，在车间正常生产能保证的条件下，一般可不检验，而主要由工艺装配和加工者自行控制。应用一般公差可简化制图，节省图样设计时间，明确可由一般工艺水平保证的尺寸，突出图样上注出公差的尺寸。

GB/T1804—2000 对线性尺寸的一般公差规定了四个公差等级，即精密级、中等级、粗糙级和最粗级，分别用字母 f、m、c、v 表示，而对尺寸也采用了大的分段，具体数值见表 2-8。这四个公差等级相当于 IT12、IT14、IT16、IT17。

表 2-8　一般公差的线性尺寸的极限偏差数值表

公差等级	尺寸分段/mm							
	0.5～3	＞3～6	＞6～30	＞30～120	＞120～400	＞400～1000	＞1000～2000	＞2000～4000
f(精密级)	±0.05	±0.05	±0.1	±0.15	±0.2	±0.3	±0.5	—
m(中等级)	±0.1	±0.1	±0.2	±0.3	±0.5	±0.8	±1.2	±2
c(粗糙级)	±0.2	±0.3	±0.5	±0.8	±1.2	±2	±3	±4
v(最粗级)	—	±0.5	±1	±1.5	±2.5	±4	±6	±8

GB/T1804—2000 还对倒圆半径和倒角高度尺寸这两种常用的特定线性尺寸的一般公差作了规定，见表 2-9。由表可见，其公差等级也分为 f、m、c、v 四个等级，而尺寸分段只有 0.5～3mm，＞3～6mm，＞6～30mm 和＞30mm 四段。其极限偏差亦为对称分布，即上、下偏差大小相等，符号相反。

表 2-9　一般公差的倒圆半径与倒角高度尺寸的极限偏差数值表

<table>
<tr><th rowspan="2">公差等级</th><th colspan="4">尺寸分段/mm</th></tr>
<tr><th>0.5～3</th><th>＞3～6</th><th>＞6～30</th><th>＞30</th></tr>
<tr><td>f(精密级)</td><td rowspan="2">±0.2</td><td rowspan="2">±0.5</td><td rowspan="2">±1</td><td rowspan="2">±2</td></tr>
<tr><td>m(中等级)</td></tr>
<tr><td>c(粗糙级)</td><td rowspan="2">±0.4</td><td rowspan="2">±1</td><td rowspan="2">±2</td><td rowspan="2">±4</td></tr>
<tr><td>v(最粗级)</td></tr>
</table>

一般公差尺寸在图形上不注明公差，是为了突出标注公差的重要尺寸，以保证图样的清晰，但在技术要求中应进行说明。例如，某零件上线性尺寸一般公差选用“中等级”时，应在零件图的技术要求中做如下说明：“线性尺寸的一般公差为 GB/T1804—m”。

2.1.3 公差带与配合的选用

尺寸公差与配合的选用是机械设计与制造中的一项重要工作，它是在基本尺寸已经确定的情况下进行的尺寸精度设计。合理地选用公差与配合，不但能促使互换性生产，而且有利于提高产品质量，降低生产成本。

在设计工作中，公差与配合的选用依据主要包括确定基准制、公差等级与配合种类。

1. 基准制的选用

基准制的确定要从零件的加工工艺、装配工艺和经济性等方面考虑。也就是说所选择的基准制应当有利于零件的加工、装配和降低制造成本。

1) 优先选用基孔制

基孔制和基轴制是两种平行的配合制。基孔制配合能满足要求的，用同一偏差代号按基轴制形成的配合，也能满足使用要求。所以，基准制的选择主要从经济方面考虑，同时兼顾到功能、结构、工艺条件和其他方面的要求。一般情况下，应优先选用基孔制，因为同一公差等级的孔比轴的加工和测量都要困难些，而且所有的刀、量具尺寸规格也多些。采用基孔制，可大大缩减定值刀、量具的规格和数量，降低成本，提高加工的经济性。由于加工轴的刀具多不是定值的，所以改变轴的尺寸不会增加刀具和量具的数目。

2) 选用基轴制的应用场合

(1) 当所用配合的公差等级要求不高时(一般不小于 IT8)，如轴直接采用冷拉棒料(一般尺寸不太大)，不比对轴加工，此时采用基轴制较为经济合理。

(2) 加工尺寸小于 1mm 的精密轴比同级孔要困难，因此在仪器制造、钟表生产、无线电工程中，常使用经过光轧成形的钢丝直接作轴，这时采用基轴制较经济。

(3) 根据结构上的需要，在同一基本尺寸的轴上装配有不同要求的几个孔时应采用基轴制。例如，发动机的活塞销轴与连杆衬套孔和活塞销孔之间的配合如图 2-19(a)所示，根据工作需要及装配性，活塞销轴与活塞销孔之间采用过渡配合，与连杆衬套孔采用间隙配合。若采用基孔制配合，如图 2-19(b)所示，销轴将做成阶梯状。而采用基轴制配合，如图 2-19(c)所示，销轴可做成光轴。这种选择不仅有利于轴的加工，并且能够保证它们在装配中配合质量。

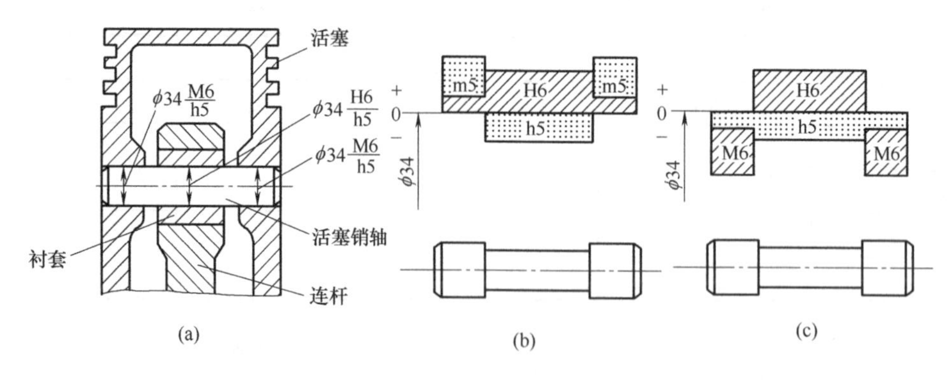

图 2-19 活塞连杆机构

3) 根据标准件选择基准制

当设计的零件与标准件相配时，基准制的选择应依标准件而定。例如，在箱体孔中装配有滚动轴承和轴承端盖，轴与滚动轴承配合时，因滚动轴承是标准件，所以滚动轴承内圈与轴的配合采用基孔制，滚动轴承外圈与箱体孔的配合采用基轴制，如图 2-20 所示。

4) 特殊情况下采用非基准制的配合

非基准制的配合是指相配合的两个零件既无基准孔 H，又无基准轴 h 的配合。当一个孔与几个轴配合或一个轴与几个孔配合，其配合要求各不相同时，有的配合要出现非基准制的配合，如图 2-20 所示。在箱体孔中装配有滚动轴承和轴承端盖，由于滚动轴承是标准件，它与箱体孔的配合是基轴制配合，箱体孔的公差带代号为 J7，这时如果端盖与箱体孔的配合也要用基轴制，则配合为 J/h，属于过渡配合。但轴承端盖要经常拆卸，显然这种配合过于紧密，而应选择用间隙配合为好，端盖公差带不能用 h，只能选择非基轴制公差带，考虑到端盖的性能要求和加工的经济性，最后选择端盖与箱体孔之间的配合为 J7/f9。

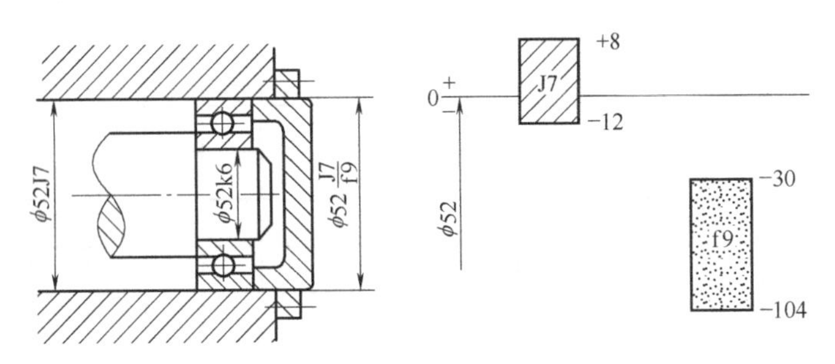

图 2-20　箱体孔与端盖定位的配合

2. 公差等级的选用

公差等级选用的基本原则是：在满足使用要求的前提下，尽量选用较低的公差等级，以利于加工和降低成本。在确定公差等级时，要注意以下几点。

1) 工艺等价性

工艺等价性是指孔和轴的加工难易程度相同。在常用尺寸段内，当间隙和过渡配合公差等级≤IT8、过盈配合公差等级≤IT7 时，由于孔比轴难加工，故采用孔比轴低一级的配合，如 H8/g7、H7/u6 等，使孔、轴工艺等价；当间隙和过渡配合公差等级＞IT8、过盈配合公差等级＞IT7 时，采用孔、轴同级配合，如 H9/C9 等。

2) 配合性质

过渡、过盈配合的公差等级不宜太低，一般孔的公差等级≤IT8，轴的公差等级≤IT7；对间隙配合，间隙小的公差等级应较高，间隙大的公差等级可低些，例如，选用 H6/f5 和 H11/b11 比较适合，而选用 H11/f11 和 H6/b5 是不合适的。

3) 相配合零部件的精度要匹配

在齿轮的基准孔与轴的配合中，该孔与轴的公差等级取决于齿轮的精度等级。与滚动轴承配合的箱体孔和轴的公差等级取决于滚动轴承的公差等级。

4) 非基准制配合的特殊情况

在非基准制配合中，有的零件精度要求不高，可与相配合零件的公差等级差 2～3 级。

各种加工方法可能达到的公差等级见表 2-10，公差等级的应用见表 2-11，公差等级的主要应用实例见表 2-12。

表 2-10　各种加工方法可能达到的公差等级

加工方法	公差等级(IT)																			
	01	0	1	2	3	4	5	6	7	8	9	10	11	12	13	14	15	16	17	18
研磨	—	—	—	—	—	—	—													
衍						—	—	—	—											
圆磨							—	—	—	—										
平磨							—	—	—	—										
金刚石车							—	—	—											
金刚石镗							—	—	—											
拉削							—	—	—	—										
铰孔								—	—	—	—	—								
车									—	—	—	—	—							
镗									—	—	—	—	—							
铣										—	—	—	—							
刨、插												—	—							
钻												—	—	—	—					
滚压、挤压												—	—							
冲压												—	—	—	—					
压铸													—	—	—	—				
粉末冶金成型								—	—	—										
粉末冶金烧结									—	—	—	—								
砂型铸造、气割																		—	—	—
锻造																	—	—		

表 2-11　公差等级的应用

应　用			公差等级(IT)																			
			01	0	1	2	3	4	5	6	7	8	9	10	11	12	13	14	15	16	17	18
量块			—	—	—																	
量规	高精度量块				—	—	—	—														
量规	低精度量块								—	—	—											
配合尺寸	特别重要精密的配合	孔					—	—	—													
配合尺寸	特别重要精密的配合	轴				—	—	—														
配合尺寸	精密配合	孔								—	—	—										
配合尺寸	精密配合	轴							—	—	—											
配合尺寸	中等精度的配合	孔											—	—								
配合尺寸	低等精度的配合														—	—	—					
非配合尺寸																—	—	—	—	—	—	—
原材料尺寸											—	—	—	—	—	—						

表 2-12　公差等级的主要应用实例

公差等级	主要应用实例
IT01～IT1	一般用于精密标准量块。IT1 也用于检验 IT6、IT7 级轴用量规的校对量规
IT2～IT7	用于检验工件 IT5～IT6 的量规的尺寸公差
IT3～IT5 (孔为 IT6)	用于精度要求很高的重要配合，如机床主轴与精密滚动轴承的配合、发动机活塞销与连杆孔和活塞孔的配合。 配合公差很小，对加工要求很高，应用很少
IT6 (孔为 IT7)	用于机床、发动机和仪表中的重要配合，如机床传动机构中的齿轮与轴的配合，轴与轴承的配合，发动机中活塞与汽缸、曲轴与轴承、气门杆与导套等的配合。 配合公差很小，对加工要求很高，应用很少
IT7、IT8	用于机床和发动机中的次要配合上，也用于重型机械、农业机械、纺织机械，机车车辆等的重要配合上，如机床上操纵杆的支撑配合、发动机中活塞环与活塞槽的配合、农业机械中齿轮与轴的配合等。 配合公差中等，加工易于实现，在一般机械中广泛应用
IT9、IT10	用于一般要求或长度精度要求较高的配合，是某些非配合尺寸的特殊要求。例如，飞机机身外壳尺寸，由于重要限制，要求达到 IT9 或 IT10
IT11、IT12	用于不重要的配合处，多用于各种没有严格要求，只要求连接的配合，如螺栓和螺孔、铆钉和孔等的配合
IT12～IT18	用于未注公差的尺寸和粗加工的工序尺寸上，如手柄的直径、壳体的外形、壁厚尺寸、端面之间的距离等

3. 配合的选用

正确选择配合，对保证机器正常工作、延长使用寿命和降低成本都起着重要作用，故需要考虑多种因素进行综合分析。

1) 根据使用要求确定配合的类别

配合类别有间隙、过渡和过盈三大类。应选的配合类别，应根据孔、轴配合具体的使用要求，参照表 2-13 确定。

表 2-13　配合类别选择

使用要求				配合类型
无相对运动	要传递力矩	精确同轴	永久结合	过盈配合
			可拆结合	过盈配合或基本偏差为 H(h)①的间隙配合加紧固件②
		不需要精确同轴		间隙配合加紧固件②
	不要传递力矩			过渡配合或过盈较小的过盈配合
有相对运动	只有移动			基本偏差为 H(h)、G(g)①等间隙配合
	转动或转动和移动复合运动			基本偏差为 A～F(a～f)①等间隙配合

注：① 指非基准件的基本偏差代号。

② 紧固件指键、销钉和螺钉等。

确定配合类别后，应尽可能地选用优先配合，其次是常用配合，再次是一般配合。

2) 配合种类选择的基本方法

配合种类选择的基本方法通常有计算法、试验法和类比法。

(1) 计算法。根据零件的材料、结构和功能要求，按照一定的理论公式和计算结果来选择配合的方法。用计算法选择配合时，关键是确定所需的极限间隙或极限过盈。由于影响间隙和过盈的因素很多，理论的计算也是近似的，因此在实际应用中还需经过试验来确定。一般情况下，很少使用计算法。

(2) 试验法。通过模拟试验和分析来选择配合的方法。该方法主要用于特别重要的、关键性的场合。试验法比较可靠，但成本较高，也很少用。

(3) 类比法。参照同类型机器或机构中经过生产实践验证的配合的实际情况，通过分析对比来确定配合的方法，此方法应用最为广泛。

用类比法选择配合种类，首先要掌握各种配合的特征和应用场合，应尽量采用国家标准所规定的常用与优先配合。尺寸≤500mm 基孔制常用和优先配合的特征及应用如表 2-14 所示。其次还应考虑结合件工作时的相对运动状态、承受负载情况、润滑条件、温度变化以及材料的物理力学性能等对间隙或过盈的影响。表 2-15 所示为不同工作情况对过盈或间隙的影响。

表 2-14　尺寸≤500mm 基孔制常用和优先配合的特征及应用

配合类别	配合种类	配合代号	应　用
间隙配合	特大间隙	$\frac{H11}{a11}$ $\frac{H11}{b11}$ $\frac{H12}{b12}$	用于高温或工作时要求大间隙的配合
	很大间隙	$\left(\frac{H11}{c11}\right)$ $\frac{H11}{d11}$	用于工作条件较差、受力变形或为了便于装配而需要大间隙的配合和高温工作的配合
	较大间隙	$\frac{H9}{c9}$ $\frac{H10}{c9}$ $\frac{H8}{a8}$ $\left(\frac{H19}{d9}\right)$ $\frac{H10}{d10}$ $\frac{H8}{e7}$ $\frac{H8}{e8}$ $\frac{H9}{e9}$	用于高速重载的滑动轴承或大直径的滑动轴承，也可用于大跨距或多支承点转轴与轴承的配合
	一般间隙	$\frac{H6}{f5}$ $\frac{H7}{f6}$ $\left(\frac{H8}{f7}\right)$ $\frac{H8}{f8}$ $\frac{H9}{f9}$	用于一般转速的动配合，当温度影响不大时，广泛应用于普通润滑油润滑的支承处
	较小间隙	$\left(\frac{H7}{g6}\right)$ $\frac{H8}{g7}$	用于精密滑动零件或缓慢间歇回转零件的配合部位
	很小间隙和零间隙	$\frac{H6}{g5}$ $\frac{H6}{h5}$ $\left(\frac{H7}{h6}\right)$ $\left(\frac{H8}{h7}\right)$ $\frac{H8}{h8}$ $\left(\frac{H9}{h9}\right)$ $\frac{H10}{h10}$ $\left(\frac{H11}{h11}\right)$ $\frac{H12}{h12}$	用于不同精度要求的一般定位配合或加紧固件后可传递一定静载荷的配合

续表

配合类别	配合种类	配合代号	应　用
过渡配合	绝大部分有微小间隙	$\frac{H6}{js5}$ $\frac{H7}{js6}$ $\frac{H8}{js7}$	用于易于装拆的定位配合或加紧固件后可传递一定静载荷的配合
	大部分有微小间隙	$\frac{H6}{k5}$ $\left(\frac{H7}{k6}\right)$ $\frac{H8}{k7}$	用于稍有振动的定位配合。加紧固件可传递一定载荷。装拆方便，可用木槌敲入
	大部分有微小过盈	$\frac{H6}{m5}$ $\frac{H7}{m6}$ $\frac{H8}{m6}$	用于定位精度较高且能抗震的定位配合。加键可传递较大载荷。可用铜锤敲入或小压力压入
	绝大部分有微小过盈	$\left(\frac{H7}{n6}\right)$ $\frac{H8}{n7}$	用于精确定位或紧密组合件的配合。加键能传递大力或冲击性载荷。只在大修时拆卸
	绝大部分有较小过盈	$\frac{H8}{p7}$	加键后能传递很大力矩，且承受振动和冲击的配合。装配后不再拆卸
过盈配合	轻型	$\frac{H6}{n5}$ $\frac{H6}{p5}$ $\left(\frac{H7}{p6}\right)$ $\frac{H6}{r5}$ $\frac{H7}{r6}$ $\frac{H8}{r7}$	用于精确地定位配合。不能靠过盈传递力矩，要传递力矩尚需加紧固件
	中型	$\frac{H6}{s5}$ $\left(\frac{H7}{s6}\right)$ $\frac{H8}{s7}$ $\frac{H6}{t5}$ $\frac{H7}{t6}$ $\frac{H8}{t7}$	不需要加紧固件就能传递较小力矩和轴向力。加紧固件后能承受较大载荷和动载荷
	重型	$\left(\frac{H6}{u5}\right)$ $\frac{H8}{u7}$ $\frac{H7}{v6}$	不需要加紧固件就可传递和承受大的力矩和动载荷的配合。要求零件材料有高强度
	特重型	$\left(\frac{H7}{x5}\right)$ $\frac{H7}{y7}$ $\frac{H7}{z6}$	能传递和承受很大力矩和动载荷的配合。需要经过试验后方可应用

注：① 括号内的配合为优先配合。

② 国标规定的 44 种基轴制配合的应用与本表中的同名配合相同。

表 2-15　工作情况对过盈或间隙的影响

具体情况	过盈量	间隙量	具体情况	过盈量	间隙量
材料强度低	减	—	装配时可能歪斜	减	增
经常拆卸	减	—	旋转速度增高	增	增
有冲击载荷	增	减	有轴向运动	—	增
工作时孔温高于轴温	增	减	润滑油黏度增大	—	增
工作时轴温高于孔温	减	增	表面趋向粗糙	增	减
配合长度增大	减	增	单件生产相对于成批生产	减	增
配合面形位误差增大	减	增			

3) 各类配合的特征及实际应用

为了便于在设计中用类比法合理地选用配合，下面以基孔制为例，举例说明一些配合在实际中的应用，以供参考。

(1) 间隙配合的选用。

a～h 共 11 种轴基本偏差与基准孔 H 形成间隙配合，其中，H/a 的配合间隙最大，间隙依次减少，H/h 的配合间隙最小，其最小间隙为零。

① H/a、H/b、H/c 配合：这三种配合的间隙很大，不常使用。其适用于高温下工作的间隙配合及工作条件较差、受力变形大，或为了便于装配的缓慢、松弛的大间隙配合。例如，内燃机的排气阀和导管，如图 2-21 所示。

② H/d、H/e 配合：这两种配合的间隙较大，适用于松的间隙配合和一般的转动配合。例如，滑轮与轴的配合，如图 2-22 所示。

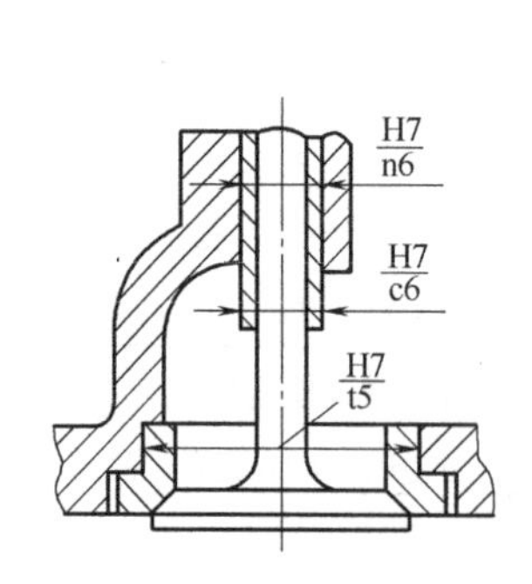

图 2-21　内燃机的排气阀和导管

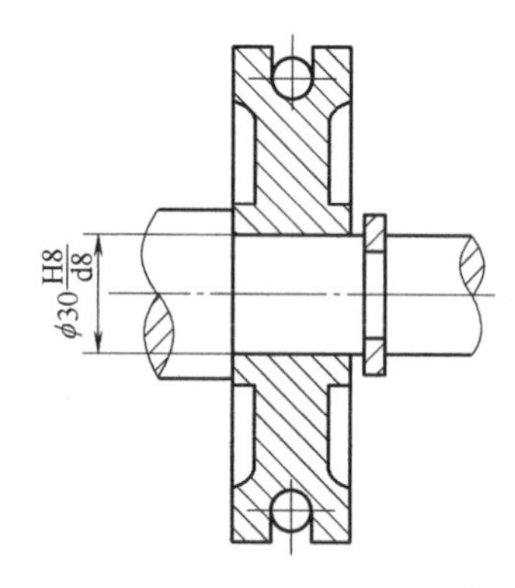

图 2-22　滑轮与轴的配合

③ H/f 配合：此种配合的间隙适中，多用于 IT7～IT9 的一般转动配合。例如，齿轮轴套与轴的配合，如图 2-23 所示。

④ H/g 配合：此种配合的间隙很小，制造成本很高，除了用于很松负荷的精密装置外，不推荐用于转动配合。其多用于 IT5～IT7 级，适合于做往复摆动和滑动的精密配合。例如，钻套与衬套的配合，如图 2-24 所示。

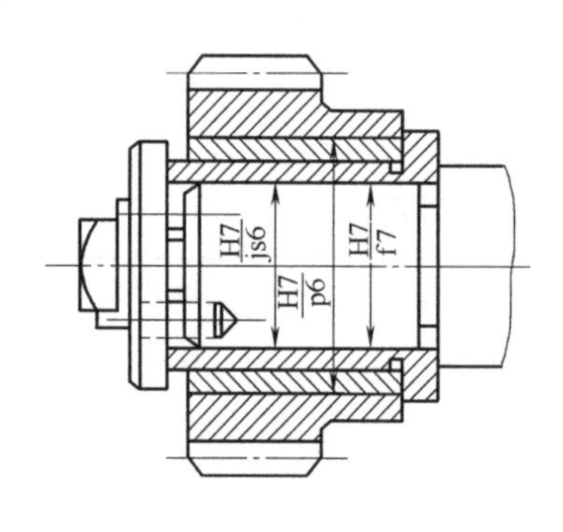

图 2-23　齿轮轴套与轴的配合

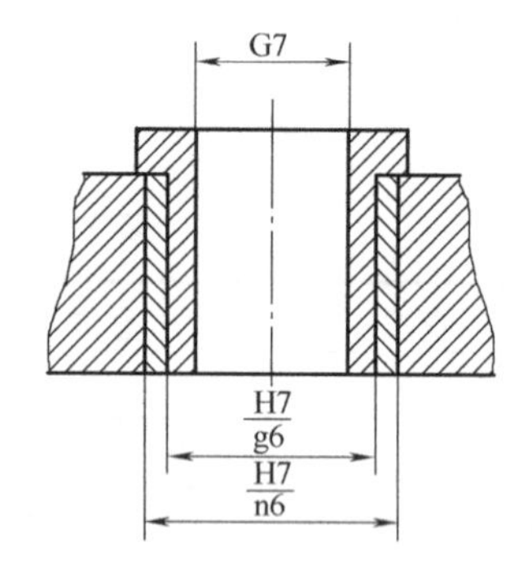

图 2-24　钻套与衬套的配合

⑤ H/h 配合：这种配合的间隙最小为零，广泛用于 IT4～IT11 级无相对转动而有定心和导向要求的定位配合。若没有温度、变形影响，也用于精密的滑动配合。例如，车床尾座顶尖套筒与尾座的配合，如图 2-25 所示。

(2) 过渡配合的选用。

j～n 共 5 种轴基本偏差与基准孔 H 形成过渡配合。

① H/j、H/js 配合：这两种配合获得间隙的机会较多，一般用于 IT4～IT7 级易于装卸的精密零件的定位配合。例如，带轮与轴的配合，如图 2-26 所示。

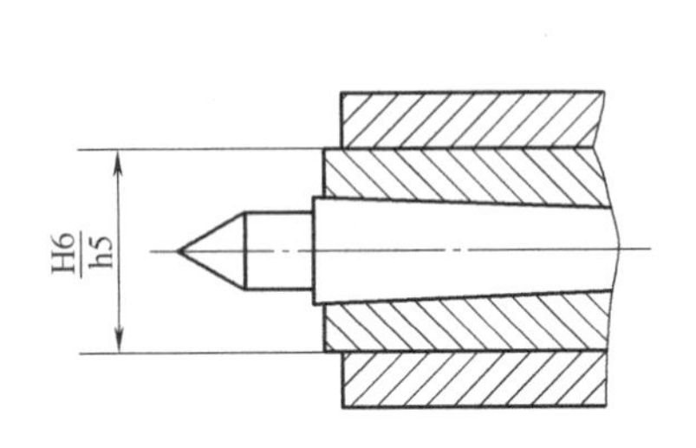

图 2-25　车床尾座顶尖套筒与尾座的配合

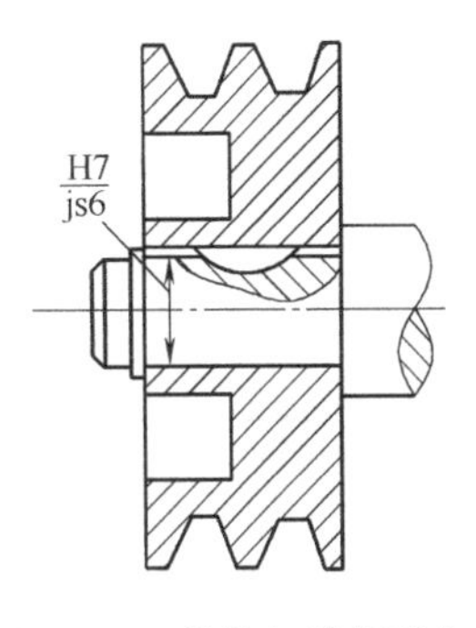

图 2-26　带轮与轴的配合

② H/k 配合：这种配合获得的平均间隙接近于零，定心较好，装配后零件受到的接触应力也较小，用于 IT4～IT7 级稍有过盈、能够拆卸的定位配合。例如，刚性联轴节的配合，如图 2-27 所示。

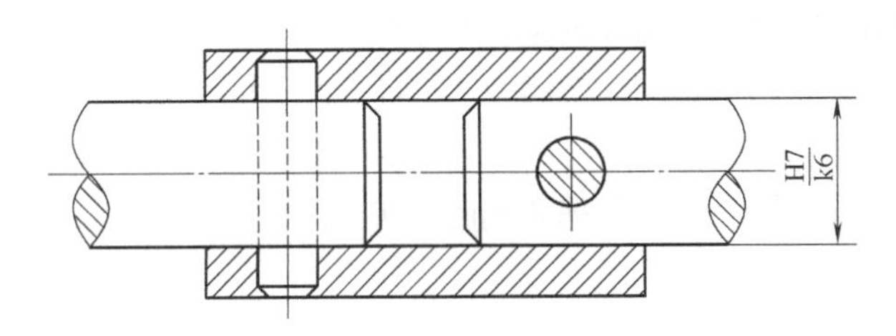

图 2-27　刚性联轴节的配合

③ H/m、H/n 配合：这两种配合获得过盈的机会较多，用于 IT4～IT7 级定位要求较高、装配较紧的配合。例如，蜗轮青铜轮缘与轮辐的配合，如图 2-28 所示。

(3) 过盈配合的选用。

P～zc 共 12 种轴基本偏差与基准孔 H 形成过盈配合。

① H/p、H/r 配合：这两种配合在公差等级 IT6～IT8 时为过盈配合，可用锤打或压入机装配，只适合在大修时拆卸。其主要用于定心精度很高、零件有足够的刚性、受冲击载荷的定位配合。例如，连杆小头孔与拆套的配合，如图 2-29 所示。

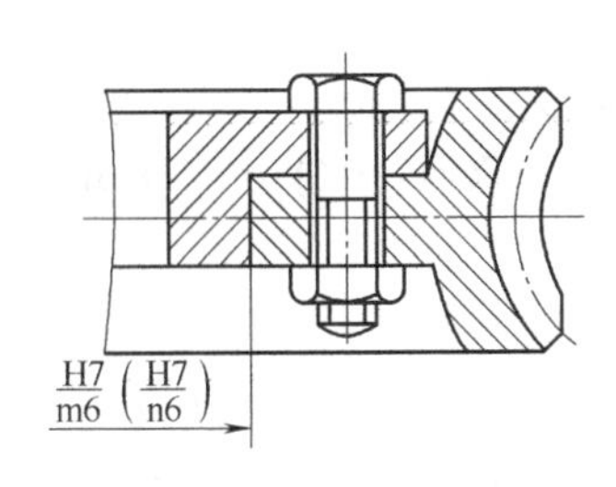

图 2-28　蜗轮青铜轮缘与轮辐的配合

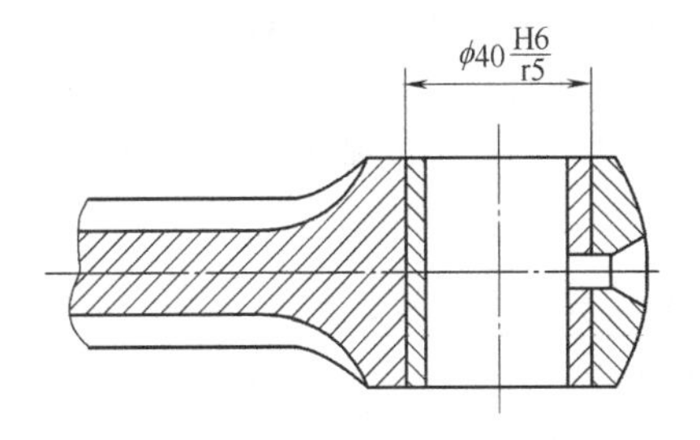

图 2-29　连杆小头孔与拆套的配合

② H/s、H/t 配合：这两种配合属于中等过盈配合，多采用 IT6、IT7 级，用于钢铁的永久或半永久结合。其不用辅助件，依靠过盈产生的结合力，可以直接传递中等载荷。一般用压力法装配，也有用热胀法或冷缩法装配的。例如，联轴器与轴的配合，如图 2-30 所示。

③ H/u、H/v、H/x、H/y、H/z 配合：这几种配合属于大过盈配合，一般不用。其适用于传递大的扭矩或承受大的冲击载荷，完全依靠过盈产生的结合力保证牢固的连接。通常采用热胀法或冷缩法装配。例如，火车车轮与钢箍的配合，如图 2-31 所示。

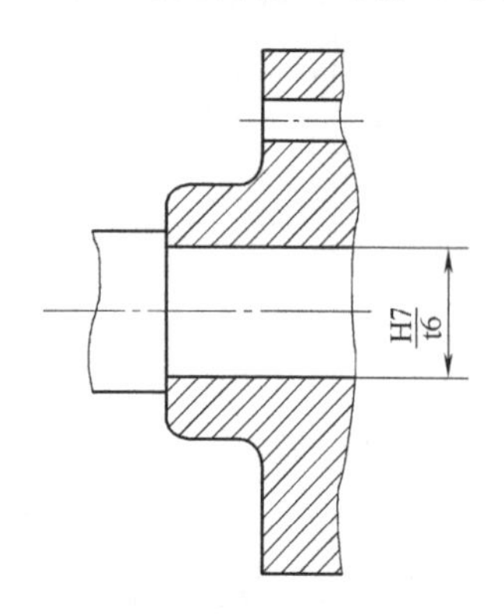

图 2-30　联轴器与轴的配合

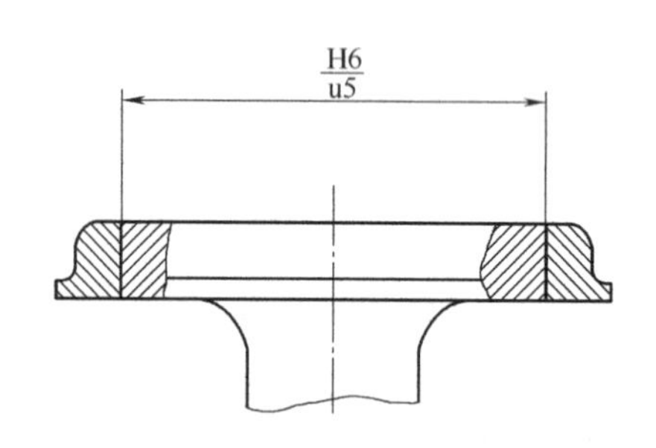

图 2-31　火车车轮与钢箍的配合

例 2-4　已知基本尺寸为ϕ35mm 的某孔与轴配合，允许其间隙和过盈的数值在−0.018～+0.023mm 范围内变动，试按基孔制配合确定适当的孔与轴的公差带，并画出尺寸公差带图。

解：(1) 选择基准制。

题目已给出选用基孔制配合，则基孔制配合 EI=0。

(2) 选择孔、轴公差等级。

根据题意得，$T_f=|X_{max}-Y_{max}|$。

根据使用要求，配合公差 $T'_f=|X'_{max}-Y'_{max}|=|+0.023-(-0.018)|$mm=0.041mm=41 μm 。

即所选孔、轴公差之和 T_h+T_s 应最接近 T'_f 而不大于 T'_f 。

查表 2-1 得，孔和轴的公差等级介于 IT6 和 IT7 之间。因为 IT6 和 IT7 属于高的公差等级，所以，考虑工艺等价原则，由于孔比轴难加工，一般取孔比轴大一级，故选孔为 IT7，T_h=25 μm；轴为 IT6，T_s=16 μm，则配合公差 $T_f=T_h+T_s$= 25μm + 16μm = 41μm，等于 T'_f，因此满足使用要求。

(3) 确定孔、轴公差带代号。

因为是基孔制配合，且孔的标准公差为 IT7，所以孔的公差带为$\phi35H7(^{+0.025}_{0})$，又因为是过渡配合，X_{max}=ES−ei=+0.025−ei。

由已知条件知 X'_{max}=23 μm，即轴的基本偏差 ei 应最接近于 2 μm 。

查表 2-4，取轴的基本偏差为 k，ei=2 μm，则 es=ei+IT6=(2+16) μm =18 μm，所以轴的公差带为$\phi35K6(^{+0.018}_{+0.002})$。

(4) 验算设计结果。

以上所选孔、轴公差带组成的配合为ϕ 35H7/k6，其最大间隙 X_{max}=(+25−2) μm =+23 μm =X'_{max}，最大过盈 Y_{max}=(0−18) μm =−18 μm =−0.018 μm =Y'_{max}，公差带如图 2-32 所示。

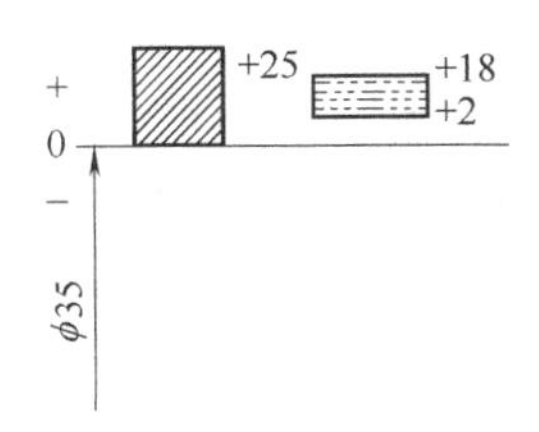

图 2-32　公差带图

所以间隙和过盈的数值在−0.018～+0.023mm 之间，设计结果满足使用要求。根据以上分析，所选ϕ35H7/k6 是适宜的。

任务实施

从零件图(见图 2-1)上可以看出，该套筒内径、外径尺寸是配合尺寸，长度尺寸是未注公差尺寸，即一般尺寸。套筒内径和外径的相关尺寸具体见表 2-16 和表 2-17 所示，若验收极限是不内缩的验收极限，测量得到的实际尺寸在极限尺寸之间，认为内径、外径尺寸合格。

表 2-16　套筒内径的相关尺寸　　单位：mm

	名称	尺寸标注	最大极限尺寸	最小极限尺寸	尺寸公差
被测零件	孔径	$\phi15^{+0.07}_{0}$	15.07	15	0.07
		$\phi30H7^{+0.052}_{0}$	30.052	30	0.052
计量器具	名称	测量范围	示值范围	分度值	
	内径百分表				

测量简图

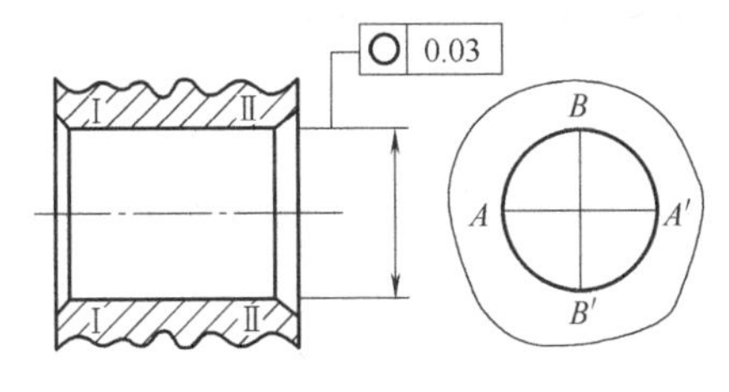

测量数据					
测量截面		Ⅰ—Ⅰ		Ⅱ—Ⅱ	
		量仪读数	实际尺寸	量仪读数	实际尺寸
测量方向	A—A′				
	B—B′				
实际尺寸平均值					
合格性判断					

表 2-17　套筒外径的相关尺寸　　单位：mm

	名称	尺寸标注	最大极限尺寸	最小极限尺寸	尺寸公差
被测零件	外径	$\phi40_{-0.039}^{0}$	40	39.691	0.039
		$\phi45_{-0.039}^{0}$	45	44.961	0.039
		$\phi48_{-0.10}^{0}$	48	47.9	0.1

	名称	测量范围	示值范围	分度值
计量器具	游标卡尺			
	千分尺			

测量简图

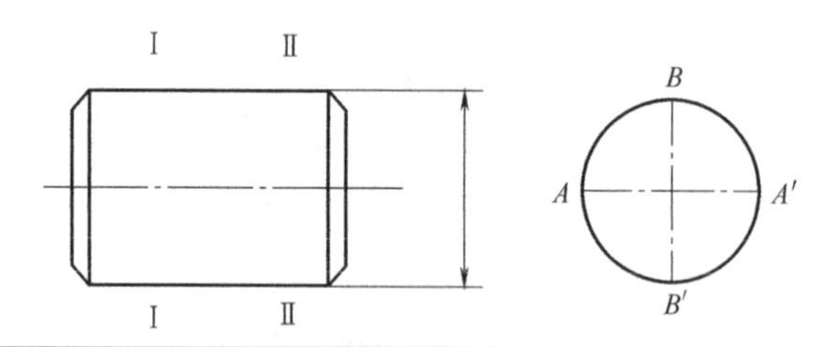

测量数据

测量截面		游标卡尺测量轴径读数		千分尺测量轴径读数	
		Ⅰ—Ⅰ	Ⅱ—Ⅱ	Ⅰ—Ⅰ	Ⅱ—Ⅱ
		量仪读数	实际尺寸	量仪读数	实际尺寸
测量方向	A—A′				
	B—B′				
实际尺寸平均值					
合格性判断					

1. 准备的检具

内径百分表、外径千分尺、杠杆百分表、磁性表座、量块、检验平板、塞尺、被测工件等。

2. 检测步骤

1) 内孔的测量

(1) 根据图 2-1 所示零件的被测孔的基本尺寸，选择合适的可换测量头 2(见图 2-33)装在测量套 3 上并用螺母固定，使其尺寸比基本尺寸大 0.5mm(即 30.5mm)左右(可用活动测量头 1 和可换测量头 2 间的大致距离)。

(2) 按图 2-33 将百分表装入量杆，并使百分表预压 0.2～0.5mm，即指针偏转 20～50 小格，拧紧百分表的紧定螺母。

(3) 将外径千分尺调节至被测孔的基本尺寸 30mm，并锁紧。然后把内径百分表活动测量头 1 和可换测量头 2 置于千分尺的两测量面间，摆动内径百分表，找到最小值，将百分表指针调到零位。

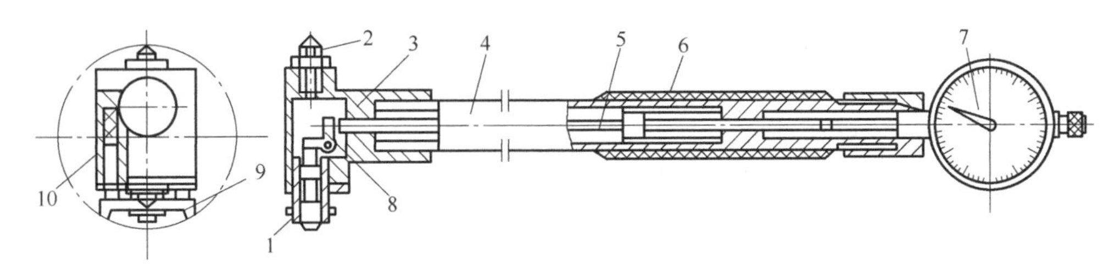

图 2-33　内径百分表

1—活动测量头；2—可换测量头；3—测量套；4—测杆；5—传动杆；6—测力弹簧；
7—百分表；8—杠杆；9—定位装置；10—定位弹簧

(4) 将调整好的内径百分表测头部位插入被测孔内，摆动内径百分表，找到最小值，记下该位置的内孔的直径尺寸。

(5) 在内孔中的不同位置和不同方向进行多次测量，记下直径尺寸。

(6) 用分度值大于 0.01mm 的其他计量器具(如游标卡尺等)再次测量内孔尺寸，对两者结果进行比较，确定游标卡尺测量的准确性。

(7) 根据测量结果判断被测孔的合格性。

2) 外径的测量

(1) 选择计量器具。根据被测轴的尺寸要求选择分度值为 0.02mm、测量范围为 0～150mm 的游标卡尺。

(2) 调整计量器具的示值零位。测量之前必须先校对游标卡尺的零位，用手轻轻推动尺框，让两外量爪测量面紧密接触，观察游标尺零刻线与主尺零刻线是否对齐，如果对齐了，说明零位正确。

(3) 测量尺寸。测量尺寸轴的外径时，先将两外量爪之间的距离调整到大于被测轴的外径，然后轻轻推动尺框，使两个外量爪测量面与被测面接触，加少许推力，同时轻轻摆动卡尺，找到最小尺寸，锁紧紧固螺钉，然后读数，读数结束后，松开紧固螺钉，轻轻拉开尺框，使量爪与被测面分开，然后取出卡尺。由于存在形状误差，沿轴向测量两个不同截面，同时在轴的同一个截面测量互相垂直的两个不同方向，然后取平均值。测量长度、宽度、高度的方法与测量外径的方法基本相同。

(4) 数据处理。按轴的验收极限尺寸判断轴径的合格性，填写测量记录表。

练习与实践

一、判断题(正确的打√，错误的打×)

1. 单件小批生产的配合零件，可以实行“配作”，虽没有互换性，但仍是允许的。 (　　)

2. 图样标注 $\phi30_{0}^{+0.033}$ 的孔，可以判断该孔为基孔制的基准孔。 (　　)

3. 过渡配合可能具有间隙，也可能具有过盈，因此，过渡配合可能是间隙配合，也可能是过盈配合。 ( )

4. 配合公差的数值越小，则相互配合的孔、轴的公差等级越高。 ( )

5. 孔、轴配合为 ϕ40H9/n9，可以判断是过渡配合。 ( )

6. 配合 H7/g6 比 H7/s6 要紧。 ( )

7. 孔、轴公差带的相对位置反映加工的难易程度。 ( )

8. 最小间隙为零的配合与最小过盈等于零的配合，二者实质相同。 ( )

9. 基轴制过渡配合的孔，其下偏差必小于零。 ( )

10. 从制造角度讲，基孔制的特点就是先加工孔，基轴制的特点就是先加工轴。 ( )

11. 工作时孔温高于轴温，设计时配合的过盈量应加大。 ( )

12. 基本偏差 a～h 与基准孔构成间隙配合，其中 h 配合最松。 ( )

13. 有相对运动的配合应选用间隙配合，无相对运动的配合均选用过盈配合。 ( )

14. 配合公差的大小，等于相配合的孔、轴公差之和。 ( )

15. 装配精度高的配合，若为过渡配合，其值应减小；若为间隙配合，其值应增大。 ( )

二、选择题

1. 以下各组配合中，配合性质相同的有( )。
   A. ϕ30H7/f6 和 ϕ30H8/p7　　B. ϕ30P8/h7 和 ϕ30H8/p7
   C. ϕ30M8/h7 和 ϕ30H8/m7　　D. ϕ30H8/m7 和 ϕ30H7/f6
   E. ϕ30H7/f6 和 30F7/h6

2. 下列配合代号标注正确的有( )。
   A. ϕ60H7/r6　　B. ϕ60H8/k7　　C. ϕ60h7/D8
   D. ϕ60H9/f9　　E. ϕ60H8/f7

3. 下列孔、轴配合中选用不当的有( )。
   A. H8/u8　　B. H6/g5　　C. G6/h7
   D. H5/a5　　E. H5/u5

4. 决定配合公差带大小和位置的有( )。
   A. 标准公差　　B. 基本偏差　　C. 配合公差
   D. 孔、轴公差之和　　E. 极限间隙或极限过盈

5. 下列配合中，配合公差最小的是( )。
   A. ϕ30H7/g6　　B. ϕ30H8/g7　　C. ϕ30H7/u6
   D. ϕ100H7/g6　　E. ϕ100H8/g7

6. 下述论述中不正确的有( )。
   A. 无论气温高低，只要零件的实际尺寸都介于最大、最小极限尺寸之间，就能判断其为合格
   B. 一批零件的实际尺寸最大为 20.01mm，最小为 19.98mm，则可知该零件的上偏差是+0.01mm，下偏差是−0.02mm

C. j～f 的基本偏差为上偏差

D. 对零部件规定的公差值越小，则其配合公差也必定越小

E. H7/h6 与 H9/h9 配合的最小间隙相同，最大间隙不同

7. 下述论述中正确的有(　　)。

A. 孔、轴配合采用过渡配合时，间隙为零的孔、轴尺寸可以有好几个

B. ϕ20g8 比 ϕ20h7 的精度高

C. $\phi 50^{+0.013}_{0}$ 比 $\phi 25^{+0.013}_{0}$ 的精度高

D. 国家标准规定不允许孔、轴公差带组成非基准制配合

E. 零件的尺寸精度高，则其配合间隙必定小

8. 下列论述中正确的有(　　)。

A. 对于轴的基本偏差，从 a～h 均为上偏差 es，且为负值或零

B. 对于轴的基本偏差，从 j～z 均为下偏差 ei，且为正值

C. 基本偏差的数值与公差等级无关

D. 与基准轴配合的孔，A～H 为间隙配合，P～ZC 为过盈配合

9. 公差与配合标准的应用主要解决(　　)。

A. 公差等级　　B. 基本偏差　　C. 配合性质

D. 配合基准制　　E. 加工顺序

三、填空题

1. $\phi 30^{+0.021}_{0}$ 的孔与 $\phi 30^{-0.007}_{-0.020}$ 的轴配合，属于_______制______配合。

2. $\phi 30^{+0.012}_{-0.009}$ 的孔与 $\phi 30^{0}_{-0.013}$ 的轴配合，属于______制_____配合。

3. 配合代号为 ϕ50H10/js10 的孔、轴，已知 IT10=0.100mm，其配合的极限间隙(或过盈)分别为_______mm、______mm。

4. 已知某基准孔的公差为 0.013，则它的下偏差为_______mm，上偏差为_______mm。

5. 选择基准制时，应优先选用_______，原因是_______________________。

6. 配合公差是指_______，它表示______的高低。

7. 国家标准规定的优先、常用配合在孔、轴公差等级的选用上，采用“工艺等价原则”，高于 IT8 的孔均与_____级的轴相配，低于 IT8 的孔均和_____级的轴相配。

8. ϕ50mm 的基孔制孔、轴配合，已知其最小间隙为 0.05mm，则轴的上偏差是_____。

9. 孔、轴的 ES<ei 的配合属于_____配合，EI>es 的配合属于_____配合。

10. ϕ50H8/h8 的孔、轴配合，其最小间隙为_____mm，最大间隙为______mm。

11. 孔、轴配合的最大过盈为−60μm，配合公差为 40μm，可以判断该配合属于____配合。

12. $\phi 50^{+0.002}_{-0.023}$ 孔与 $\phi 50^{+0.025}_{-0.050}$ 轴的配合属于_____配合，其极限间隙或极限过盈分别为______mm 和_______mm。

13. 公差等级的选择原则是在______的前提下，尽量选用______的公差等级。

14. 有一组相配合的孔和轴为 $\phi 30\dfrac{N8}{h7}$，做如下几种计算并填空:

查表得 N8=($^{-0.003}_{-0.036}$)，h7=($^{0}_{-0.021}$)。

(1) 孔的基本偏差是______mm，轴的基本偏差是________mm。

(2) 孔的公差是_______mm，轴的公差是_______mm。

(3) 配合的基准制是_______；配合性质是_______。

(4) 配合公差等于__________mm。

四、计算题

1. 设某配合的孔径为 $\phi 15^{+0.027}_{0}$，轴径为 $\phi 15^{-0.016}_{-0.034}$，试分别计算其极限尺寸、尺寸极限间隙(或过盈)、平均间隙(或过盈)、配合公差。

2. 设某配合的孔径为 $\phi 45^{+0.142}_{+0.080}$，轴径为 $\phi 50^{0}_{-0.039}$，试分别计算其极限间隙(或过盈)及配合公差，画出其尺寸公差带及配合公差带图。

3. 有一孔、轴配合，基本尺寸 L=60mm，最大间隙 X_{max}= +40μm，孔公差 T_h=30 μm，轴公差 T_s=20 μm。试按标准规定标注孔、轴的尺寸。

4. 某孔、轴配合，基本尺寸为 ϕ 50mm，孔公差为 IT8，轴公差为 IT7，已知孔的上偏差为+0.039mm，要求配合的最小间隙是+0.009mm，试确定孔、轴的尺寸。

5. 若已知某孔、轴配合的基本尺寸为 ϕ 30，最大间隙 X_{max}=+23μm，最大过盈 Y_{max}=−10 μm，孔的尺寸公差 T_h=20 μm，轴的上偏差 es=0，试确定孔、轴的尺寸。

6. 某孔、轴配合，已知轴的尺寸为 ϕ 10h8，X_{max}=+0.007mm，Y_{max}=−0.037mm，试计算孔的尺寸，并说明该配合是什么基准制，什么配合类别。

7. 已知基本尺寸为 ϕ 30mm，基孔制的孔、轴同级配合，T_f=0.066mm，Y_{max}=−0.081mm，求孔、轴的上、下偏差。

8. 已知表 2-18 中的配合，试将查表和计算结果填入表中。

表 2-18 计算题 8 表

公差带	基本偏差	标准公差	极限间隙(或过盈)	配合公差	配合类别
ϕ 80S7					
ϕ 80h6					

9. 某孔、轴配合，基本尺寸为 35mm，孔公差为 IT8，轴公差为 IT7，已知轴的下偏差为−0.025mm，要求配合的最小过盈为−0.001mm，试写出该配合的公差带代号。

10. 某孔、轴配合，基本尺寸为 ϕ 35mm，要求 X_{max} =+120 μm，X_{min}=+50 μm，试确定基准制、公差等级及其配合。

任务 2.2　光滑工件尺寸的检验

任务提出

在实际加工生产中，我们要求加工出来的零件的实际尺寸在零件图纸的最大极限尺寸和最小极限尺寸之间，这样的零件才能算是合格产品。但是，由于实际生产误差的存在，零件的实际尺寸往往不等于设计尺寸。我们在进行尺寸检测时也存在着测量误差。同时，又受到外界一些如温度、湿度等环境因素的影响，因此实际测量的尺寸读数并非尺寸真值。

由于任何测量都存在测量误差，所以在验收产品时，我们极易造成错误判断。错误判断常有两种，一种是把超出公差界限的废品误判为合格品而接收，称为误收；另一种是将接近公差界限的合格品误判为废品而给予报废，称为误废。我们怎样来避免错误判断，减少浪费，提高实际的检验效率呢？如何有效快速地判断孔径及轴径是否合格？

管连接件零件图如图 2-34 所示，试确定管连接件上孔、轴用工作量规的尺寸及量规的公差带，如何绘制带有标注的量规图样？

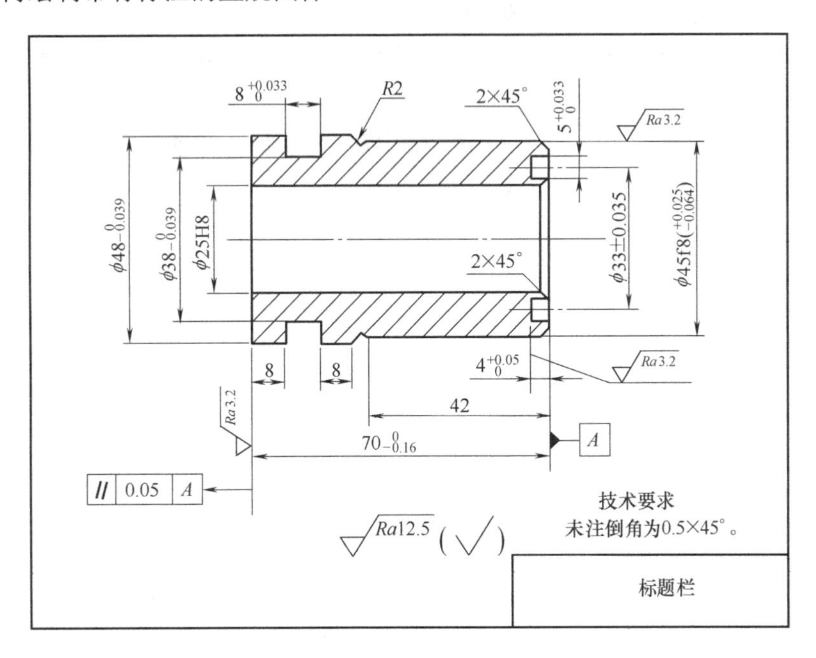

图 2-34　管连接件零件图

任务分析

由于被测零件的形状、大小、精度要求和使用场合不同，采用的计量器具也不同。对于大批量生产的车间，为提高检测效率，多采用量规来检验；对于单件或小批量生产，则常采用通用计量器具来测量。

本任务要求能够正确地确定验收极限，还要求能够选用合适的尺寸量仪来减少测量误差，学会量具量规的选择及对测量数据进行正确的分析处理。

知识准备

在生产现场，通常只进行一次测量来判断工件合格与否。由于测量误差的存在，就会使得当测量值在工件的极限尺寸附近时，有可能将本来处在公差带之内的合格品判为废品(误废)，或将本来处在公差带之外的废品判为合格品(误收)。

为了保证产品质量，国家标准 GB/T3177—2009《光滑工件尺寸的检验》对验收原则、验收极限和计量器具的选择等做了规定。该标准适用于普通计量器具(如游标卡尺、千分尺及车间使用的比较仪等)对图样上注出的公差等级为 IT6～IT8 级、基本尺寸至 500mm 的光滑工件尺寸的检验，也适用于对一般公差尺寸的检验。

2.2.1 工件验收原则、安全裕度与尺寸验收极限

国家标准规定的验收原则是：所有验收方法应只接受位于规定的极限尺寸之内的工件，即允许有误废而不允许有误收。为了保证这一验收原则的实现，保证零件达到互换性要求，将误收减至最小，规定了验收极限。

尺寸验收极限是指检验工件尺寸时判断合格与否的尺寸界线。国家标准规定，验收极限可以按照下列两种方法之一确定。

方法一：验收极限从图样上规定的最大实体尺寸和最小实体尺寸分别向工件公差带内移动一个安全裕度 A 来确定，如图 2-35 所示。

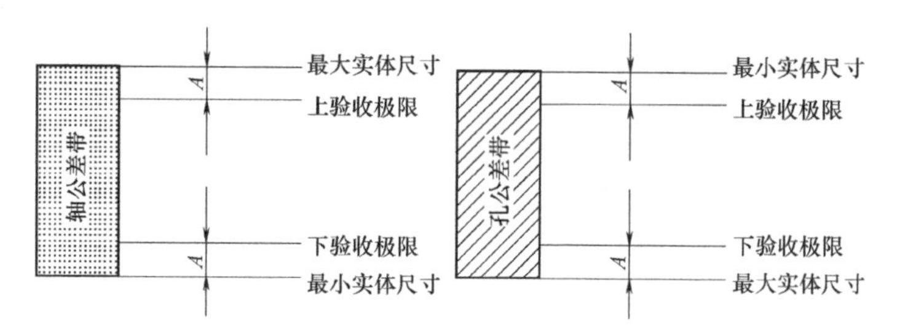

图 2-35 孔和轴的验收极限

孔尺寸的验收极限为

$$上验收极限=最小实体尺寸(D_L)-安全裕度(A)$$

$$下验收极限=最大实体尺寸(D_M)+安全裕度(A)$$

轴尺寸的验收极限为

$$上验收极限=最大实体尺寸(d_M)-安全裕度(A)$$

$$下验收极限=最小实体尺寸(d_L)+安全裕度(A)$$

安全裕度 A 是测量中总不确定度的允许值(u)，主要由计量器具的不确定度允许值 u_1 及测量条件引起的测量不确定度允许值 u_2 这两部分组成。安全裕度的确定，必须从技术和经济两个方面综合考虑。A 值较大时，可选用较低精度的计量器具进行检验，但减少了生

产公差，因而加工经济性差；A 值较小时，要用较精密的计量器具，加工经济性好，但测量仪器费用高，增加了生产成本。由于验收极限向工件的公差带之内移动，为了保证验收时合格，在生产时工件不能按原有的极限尺寸加工，应按由验收极限所确定的范围生产，这个范围称为“生产公差”。因此，A 值应按被检验工件的公差大小来确定，一般为工件公差的 1/10。其 A 值列于表 2-19 中。

方法二：验收极限等于图样上规定的最大极限尺寸和最小极限尺寸，即 A 值等于零。

表 2-19　安全裕度(A)与计量器具的测量不确定度允许值(u_1)　　单位：mm

公差等级		6					7					8					9				
基本尺寸/mm		T	A	u_1			T	A	u_1			T	A	u_1			T	A	u_1		
大于	至			Ⅰ	Ⅱ	Ⅲ			Ⅰ	Ⅱ	Ⅲ			Ⅰ	Ⅱ	Ⅲ			Ⅰ	Ⅱ	Ⅲ
—	3	6	0.6	0.54	0.9	1.4	10	1.0	0.9	1.5	2.3	14	1.4	1.3	2.1	3.2	25	2.5	2.3	3.8	5.6
3	6	8	0.8	0.72	1.2	1.8	12	1.2	1.1	1.8	2.7	18	1.8	1.6	2.7	4.1	30	3.0	2.7	4.5	6.8
6	10	9	0.9	0.81	1.4	2.0	15	1.5	1.4	2.3	3.4	22	2.2	2.0	3.3	5.0	36	3.6	3.3	5.4	8.1
10	18	11	1.1	1.0	1.7	2.5	18	1.8	1.7	2.7	4.1	27	2.7	2.4	4.1	6.1	43	4.3	3.9	6.5	9.7
18	30	13	1.3	1.2	2.0	2.9	21	2.1	1.9	3.2	4.7	33	3.3	3.0	5.0	7.4	52	5.2	4.7	7.8	12
30	50	16	1.6	1.4	2.4	3.6	25	2.5	2.3	3.8	5.6	39	3.9	3.5	5.9	8.8	62	6.2	5.6	9.3	14
50	80	19	1.9	1.7	2.9	4.3	30	3.0	2.7	4.5	6.8	46	4.6	4.1	6.9	10	74	7.4	6.7	11	17
80	120	22	2.2	2.0	3.3	5.0	35	3.5	3.2	5.3	7.9	54	5.4	4.9	8.1	12	87	8.7	7.8	13	20
120	180	25	2.5	2.3	3.8	5.6	40	4.0	3.6	6.0	9.0	63	6.3	5.7	9.5	14	100	10	9.0	15	23
180	250	29	2.9	2.6	4.4	6.5	46	4.6	4.1	6.9	10	72	7.2	6.5	11	16	115	12	10	17	26
250	315	32	3.2	2.9	4.8	7.2	52	5.2	4.7	7.8	12	81	8.1	7.3	12	18	130	13	12	19	29
315	400	36	3.6	3.2	5.4	8.1	57	5.7	5.1	8.4	13	89	8.9	8.0	13	20	140	14	13	21	32
400	500	40	4.0	3.6	6.0	9.0	63	6.3	5.7	9.5	14	97	9.7	8.7	15	22	155	16	14	23	35

公差等级		10					11					12				13				14			
基本尺寸		T	A	u_1			T	A	u_1			T	A	u_1		T	A	u_1		T	A	u_1	
大于	至			Ⅰ	Ⅱ	Ⅲ			Ⅰ	Ⅱ	Ⅲ			Ⅰ	Ⅱ			Ⅰ	Ⅱ			Ⅰ	Ⅱ
—	3	40	4.0	3.6	6.0	9.0	60	6.0	5.4	9.0	14	100	10	9.0	15	140	14	13	21	250	25	23	38
3	6	48	4.8	4.3	7.2	11	75	7.5	6.8	11	17	120	12	11	18	180	18	16	27	300	30	27	45
6	10	58	5.8	5.2	8.7	13	90	9.0	8.1	14	20	150	15	14	23	220	22	20	33	360	36	32	54
10	18	70	7.0	6.3	11	16	110	11	10	17	25	180	18	16	27	270	27	24	41	430	43	39	65
18	30	84	8.4	7.6	13	19	130	13	12	20	29	210	21	19	32	330	33	30	50	520	52	47	78
30	50	100	10	9.0	15	23	160	16	14	24	36	250	25	23	38	390	39	35	59	620	62	56	93
50	80	120	12	11	18	27	190	19	17	29	43	300	30	27	45	460	46	41	69	740	74	67	110

续表

公差等级		10					11					12				13				14			
基本尺寸		T	A	u_1			T	A	u_1			T	A	u_1		T	A	u_1		T	A	u_1	
大于	至			Ⅰ	Ⅱ	Ⅲ			Ⅰ	Ⅱ	Ⅲ			Ⅰ	Ⅱ			Ⅰ	Ⅱ			Ⅰ	Ⅱ
80	120	140	14	13	21	32	220	22	20	33	50	350	35	32	53	540	54	49	81	870	87	78	130
120	180	160	16	15	24	36	250	25	23	38	56	400	40	36	60	630	63	57	95	1000	100	90	150
180	250	185	18	17	28	42	290	29	26	44	65	460	46	41	69	720	72	65	110	1150	115	100	170
250	315	210	21	19	32	47	320	32	29	48	72	520	52	47	78	810	81	73	120	1300	130	120	190
315	400	320	23	21	35	52	360	36	32	54	81	570	57	51	86	890	89	80	130	1400	140	130	210
400	500	250	25	23	38	56	400	40	36	60	90	630	63	57	95	970	97	87	150	1500	150	140	230

公差等级		15				16				17				18			
基本尺寸		T	A	u_1		T	A	u_1		T	A	u_1		T	A	u_1	
大于	至			Ⅰ	Ⅱ			Ⅰ	Ⅱ			Ⅰ	Ⅱ			Ⅰ	Ⅱ
—	3	400	40	36	60	600	60	54	90	1000	100	90	150	1400	140	135	210
3	6	480	48	43	72	750	75	68	110	1200	120	110	180	1800	180	160	270
6	10	580	58	52	87	900	90	81	140	1500	150	140	230	2200	220	200	330
10	18	700	70	63	110	1100	110	100	170	1800	180	160	270	2700	270	240	400
18	30	840	84	76	130	1300	130	120	200	2100	210	190	320	3300	330	300	490
30	50	1000	100	90	150	1600	160	140	240	2500	250	220	380	3900	390	350	580
50	80	1200	120	110	180	1900	190	170	290	3000	300	270	450	4600	460	410	690
80	120	1400	140	130	210	2200	220	200	330	3500	350	320	530	5400	540	480	810
120	180	1600	160	150	240	2500	250	230	380	4000	400	360	600	6300	630	570	940
180	250	1850	180	170	280	2900	290	260	440	4600	460	410	690	7200	720	650	1080
250	315	2100	210	190	320	3200	320	290	480	5200	520	470	780	8100	810	730	1210
315	400	2300	230	210	350	3600	360	320	540	5700	570	510	860	8900	890	800	1330
400	500	2500	250	230	380	4000	400	360	600	6300	630	570	950	9700	970	870	1450

具体选择哪一种方法，要结合工件尺寸功能要求及其重要程度、尺寸公差等级、测量不确定度和工艺能力等因素综合考虑，具体原则如下。

(1) 对符合包容要求(见项目 3)的尺寸、公差等级高的尺寸，其验收极限按方法一确定。

(2) 当工艺能力指数 $C_p \geqslant 1$ 时，其验收极限可以按方法二确定。但对要求符合包容要求的尺寸，其轴的最大极限尺寸和孔的最小极限尺寸仍要按方法一确定。工艺能力指数 C_p 值是工件公差值 T 与加工设备工艺能力 $c\sigma$ 之比值。c 为常数，工件尺寸遵循正态分布时，c=6；σ 为加工设备的标准偏差；$C_p=T/\sigma e$ 。

(3) 对偏态分布的尺寸，尺寸偏向的一边应按方法一确定。

(4) 对非配合和一般的尺寸，其验收极限按方法二确定。

2.2.2 计量器具的选择

1. 计量器具的选择原则

用于长度尺寸测量的仪器种类繁多，被测件的结构特点和精度要求也各不相同，因而

要保证快捷地获得可靠的测量数据，必须合理地选择测量器具。测量器具的选择应综合考虑以下几方面的因素。

1) 测量精度

所选的测量器具的精度指标必须满足被测对象的精度要求，才能保证测量的准确度。被测对象的精度要求主要由其公差的大小来体现。公差较大，对测量的精度要求就较低；公差较小，对测量的精度要求就较高。

2) 测量成本

在保证测量准确度的前提下，应考虑测量器具的价格、使用寿命、检定修理时间、对操作人员技术熟练程度的要求等，选用价格较低、操作方便、维护保养容易、操作培训费用少的测量器具，尽量降低测量成本。

3) 被测件的结构特点及检测数量

所选测量器具的测量范围必须大于被测尺寸。对硬度低、材质软、刚性差的零件，一般选用非接触测量，如用光学投影放大、气动、光电等原理的测量器具进行测量。当测量件数较多(大批量)时，应选用专用测量器具或自动检验装置；对于单件或少量的测量，可选用万能测量器具。

2. 测量器具的选择方法

在生产检验中测量器具的选择方法为：对于检验公差等级为 IT6～IT18 级、基本尺寸至 500mm 的光滑工件尺寸，应按 GB/T3177—2009《光滑工件尺寸的检验》中的规定选择测量器具。测量器具的不确定度不大于表 2-19 的允许值 u_1，一般情况下优先选用 I 档。部分常用测量器具的不确定度 u 如表 2-20 和表 2-21 所示。

表 2-20　千分尺和游标卡尺的不确定度　　单位：mm

<table>
<tr><th rowspan="3">尺寸范围</th><th colspan="4">计量器具类型</th></tr>
<tr><th>分度值为 0.01mm 的外径千分尺</th><th>分度值为 0.01mm 的内径千分尺</th><th>分度值为 0.02mm 的游标卡尺</th><th>分度值为 0.05mm 的游标卡尺</th></tr>
<tr><th colspan="4">不确定度</th></tr>
<tr><td>0～50</td><td>0.004</td><td rowspan="3">0.008</td><td rowspan="6">0.020</td><td rowspan="4">0.020</td></tr>
<tr><td>50～100</td><td>0.005</td></tr>
<tr><td>100～150</td><td>0.006</td></tr>
<tr><td>150～200</td><td>0.007</td><td rowspan="3">0.013</td></tr>
<tr><td>200～250</td><td>0.008</td><td rowspan="8">0.100</td></tr>
<tr><td>250～300</td><td>0.009</td></tr>
<tr><td>300～350</td><td>0.010</td><td rowspan="3">0.020</td><td rowspan="7"></td></tr>
<tr><td>350～400</td><td>0.011</td></tr>
<tr><td>400～450</td><td>0.012</td></tr>
<tr><td>450～500</td><td>0.013</td><td>0.025</td></tr>
<tr><td>500～600</td><td rowspan="3"></td><td rowspan="3">0.030</td></tr>
<tr><td>600～700</td></tr>
<tr><td>700～800</td><td>0.150</td></tr>
</table>

表 2-21　比较仪和千分表的不确定度　　单位：mm

<table>
<tr><th colspan="3">计量器具</th><th colspan="9">尺寸范围</th></tr>
<tr><th rowspan="2">名称</th><th rowspan="2">分度值</th><th rowspan="2">放大倍数或量程范围</th><th>≤25</th><th>>25~40</th><th>>40~65</th><th>>65~90</th><th>>90~115</th><th>>115~165</th><th>>165~215</th><th>>215~265</th><th>>265~315</th></tr>
<tr><th colspan="9">不确定度</th></tr>
<tr><td rowspan="4">比较仪</td><td>0.005</td><td>2000 倍</td><td>0.0006</td><td>0.0007</td><td colspan="2">0.0008</td><td>0.0009</td><td>0.0010</td><td>0.0012</td><td>0.0014</td><td>0.0016</td></tr>
<tr><td>0.001</td><td>1000 倍</td><td colspan="2">0.0010</td><td colspan="2">0.0011</td><td>0.0012</td><td>0.0013</td><td>0.0014</td><td>0.0016</td><td>0.0017</td></tr>
<tr><td>0.002</td><td>400 倍</td><td>0.0017</td><td colspan="3">0.0018</td><td colspan="2">0.0019</td><td>0.0020</td><td>0.0021</td><td>0.0022</td></tr>
<tr><td>0.005</td><td>250 倍</td><td colspan="6">0.0030</td><td colspan="3">0.0035</td></tr>
<tr><td rowspan="9">千分表</td><td rowspan="2">0.001</td><td>0 级全程内</td><td colspan="5" rowspan="3">0.005</td><td colspan="4" rowspan="3">0.006</td></tr>
<tr><td>1 级 0.2mm 内</td></tr>
<tr><td>0.002</td><td>1 转内</td></tr>
<tr><td>0.001</td><td rowspan="3">1 级全程内</td><td colspan="9" rowspan="3">0.010</td></tr>
<tr><td>0.002</td></tr>
<tr><td>0.005</td></tr>
<tr><td rowspan="3">0.01</td><td>0 级全程内</td><td colspan="9" rowspan="2">0.018</td></tr>
<tr><td>1 级 1mm 内</td></tr>
<tr><td>1 级全程内</td><td colspan="9">0.030</td></tr>
</table>

2.2.3　光滑极限量规

1. 光滑极限量规概述

在机械制造中，检验尺寸一般使用通用计量器具，直接测取工件的实际尺寸，以判定其是否合格。但是，对成批大量生产的工件，为提高检测效率，则常常使用光滑极限量规来检验。光滑极限量规是用来检验某一孔或轴的专用量具，简称量规。

量规是一种无刻度的专用检验工具，用它来检验工件时，只能判断工件是否合格，而不能测量出工件的实际尺寸。用光滑极限量规检验工件时，不能测出工件实际尺寸的具体数值，只能判断工件是否处于规定的极限尺寸范围内。量规结构简单，制造容易，使用方便，检验效率高，因此广泛应用于机械制造中的成批、大量生产。

检验工件孔径的量规一般又称为塞规，检验工件轴径的量规一般称为卡规。塞规有“通规”和“止规”两部分，应成对使用。尺寸较小的塞规，其通规和止规直接配制在一个塞规体上；尺寸较大的塞规，做成片状或棒状。塞规的通规按被测工件孔的 MMS(D_{min})制造，止规按被测孔的 LMS(D_{max})制造，使用时，塞规的通规若能通过被测工件孔，表示被测孔径大于其 D_{min}，止规若塞不进被测工件孔，表示孔径小于其 D_{max}，因此可知被测工件孔的实际尺寸在规定的极限尺寸范围内，是合格的；否则，若通规塞不进被测工件孔，或者止规能通过被测工件孔，则此孔为不合格的。

同理，检验轴用的卡规，也有“通规”和“止规”两部分，且通规按被测工件轴的MMS(d_{max})制造，止规按被测轴的LMS(d_{min})制造。使用时，通规若能通过被测工件轴，而止规不能被通过，则表示被测工件轴的实际尺寸在规定的极限尺寸范围内，是合格的；否则，就是不合格的。

光滑极限量规的形状与被检验对象的形状相反，检验孔的量规称为塞规，检验轴的量规称为卡规。它们都有通规(T)和止规(Z)，应成对使用，如图 2-36 所示。其中，图 2-36(a)所示为孔用量规，图 2-36(b)所示为轴用量规。通规用来检验孔或轴的作用尺寸是否超越最大实体尺寸，止规用来检验孔或轴的实际尺寸是否超越最小实体尺寸。检验时，若通规能通过工件而止规不能通过，则认为工件为合格品，否则工件为不合格品。

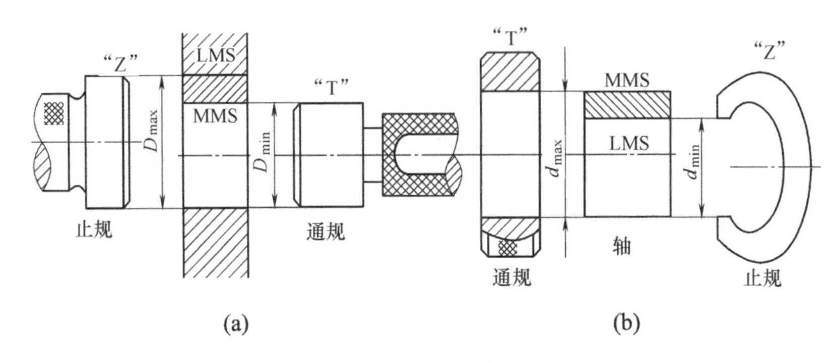

图 2-36　量规

2．光滑极限量规的标准与种类

我国于 2006 年颁布了 GB/T1957—2006《光滑极限量规》，标准规定的量规适用于检验基本尺寸 500mm、公差等级为 IT6～IT16 级的孔与轴。

量规按其用途不同可分为工作量规、验收量规和校对量规三类。

1) 工作量规

工作量规是在工件制造过程中，生产工人检验用的量规。通常使用新的或磨损较少的量规作为工作量规。其通规代号为“T”，止规代号为“Z”。

2) 验收量规

验收量规是检验部门或用户验收产品时使用的量规。GB 对工作量规的公差带做了规定，而没有规定验收量规的公差，但规定了工作量规与验收量规的使用顺序。检验部门应使用与加工者具有相同形式且已磨损较多的量规；而用户在用量规验收产品时，通规应接近工件的 MMS，而止规应接近工件的 LMS。这样规定的目的，在于尽量避免工人制造的合格工件被检验人员或用户误判为不合格品。

3) 校对量规

校对量规是在工件制造和使用过程中用于校对轴用工作量规的量规。因为工作量规在制造和使用过程中常会发生碰撞、变形，且通规经常通过零件还容易磨损，所以轴用工作量规必须进行定期校对。孔用量规虽然也需定期校对，但可以用通用量仪检测，且比较方便，故无须规定专用的校对量规。校对量规有三种，如表 2-22 所示。

表 2-22　校对量规

量规形状	检验对象		量规名称	量规代号	功　能	判断合格的标志
塞规	轴用	通规	校通—通	TT	防止通规制造时尺寸过小	通过
		止规	校止—通	ZT	防止止规制造时尺寸过小	通过
		通规	校通—损	TS	防止通规使用中磨损过大	不通过

目前，对轴用卡规的校对，当产品批量不是很大时，不少工厂采用量块来代替校对量规，这对量规的制造、使用和保管都较有利。

3．极限尺寸判断原则

由于工件存在形状误差，加工出来的孔或轴的实际形状不可能是一个理想的圆柱体，虽然工件的实际尺寸位于最大与最小极限尺寸范围内，但工件在装配时却可能发生困难或装配后不满足规定的配合性质。故生产中，为保证互换性，采用量规检验工件时，应根据极限尺寸判断原则(泰勒原则)来评定工件的实际尺寸和作用尺寸，即量规应遵循极限尺寸判断原则来设计。

极限尺寸判断原则是：孔或轴的作用尺寸不允许超过最大实体尺寸，在任何位置上的实际尺寸不允许超过最小实体尺寸，如图 2-37 所示。极限尺寸判断原则也可表示为

对于孔　　$D_{作用} \geqslant D_{min}$　$D_{实际} \leqslant D_{max}$

对于轴　　$d_{作用} \leqslant d_{max}$　$d_{实际} \geqslant d_{min}$

根据极限尺寸判断原则，通规用于控制工件的作用尺寸，它应设计成全形的，即其测量面应是与孔或轴形状相对应的完整表面，其尺寸等于被测孔或轴的最大实体尺寸，且长度应与被测孔或轴的配合长度一致，实际上通规就是最大实体边界的具体体现；止规用于控制工件的实际尺寸，它应设计成两点接触式，其两个点状测量面之间的尺寸等于被测孔或轴的最小实体尺寸。

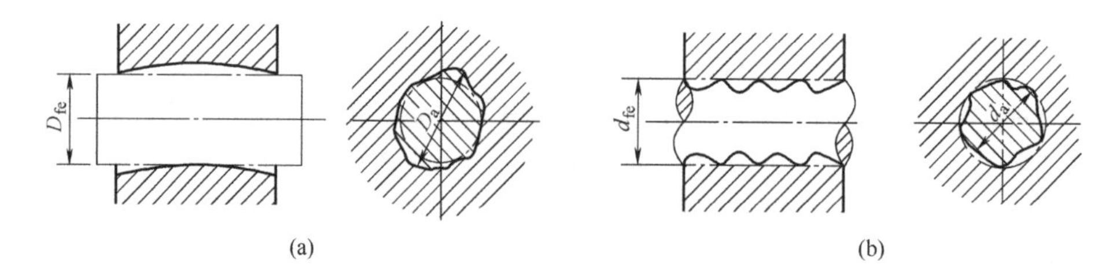

图 2-37　极限尺寸判断原则

若通规做成点状量规，止规做成全形量规，就有可能将废品误判为合格。如图 2-38 所示，孔的实际轮廓已超出尺寸公差带，应为废品。若用点状通规检验，则可能沿 y 方向通过；用全形止规检验，则不能通过。这样，由于量规形状不正确，就会把该孔误判为合格品。

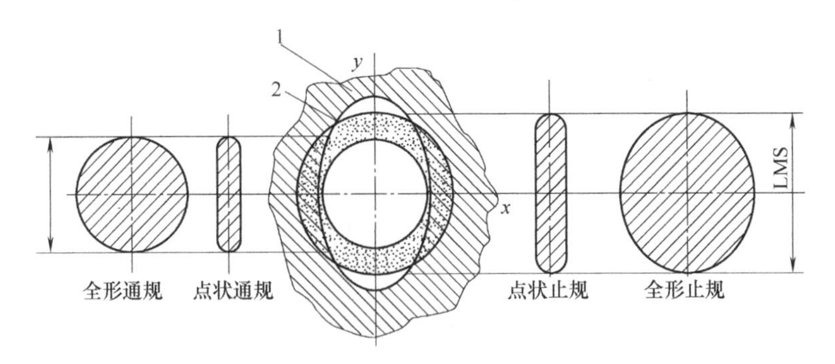

图 2-38　量规形状对检验结果的影响

1—实际孔；2—孔公差带

在量规的实际应用中，往往由于制造和使用方面的原因，在保证被检验工件的形状误差不致影响配合性质的条件下，允许使用不符合(偏离)极限尺寸判断原则的量规。例如，为了减轻量规重量，便于使用，通规长度允许小于配合长度；对大尺寸的孔和轴通常用非全形的塞规(或杆规)和卡规检验。对于止规来说，由于点接触容易磨损，止规一般采用小平面、圆柱面或球面作为测量面；检验小孔用的止规，常采用便于制造的全形塞规；检验刚性差的工件，也常使用全形卡规等。

4．量规公差带

量规在制造过程中和任何工件一样，不可避免地会产生误差，故对量规的工作尺寸也要规定制造公差。通规在使用过程中经常通过工件会逐渐磨损，为使通规具有一定的使用寿命，对通规需要留出适当的磨损储量，规定磨损极限。至于止规，由于它不经常通过被检工件，因此不留磨损储量。校对量规也不留磨损储量。

1) 工作量规的公差带

国家标准 GB/T1957—2006《光滑极限量规》规定量规的公差带不得超越被检工件的公差带；工作量规的制造公差与被检验零件的公差等级和基本尺寸有关。孔用和轴用量规公差带分别如图 2-39(a)、(b)所示。图中，T 为工作量规的制造公差，Z 为通规公差带中心到工件最大实体尺寸之间的距离。通规的磨损极限为工件的最大实体尺寸。T 和 Z 的数值如表 2-23 所示。

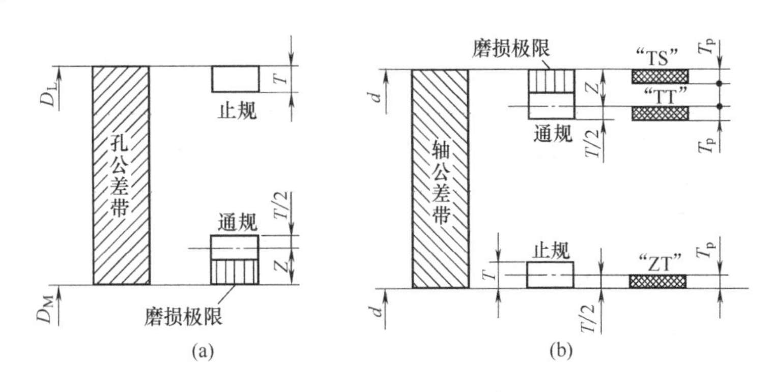

图 2-39　量规公差带图

表 2-23　光滑极限量规制造公差 *T* 值和通规公差带中心到工件最大实体尺寸之间的距离 *Z* 值

基本尺寸/mm		IT6			IT7			IT8			IT9		
		IT6	*T*	*Z*	IT7	*T*	*Z*	IT8	*T*	*Z*	IT9	*T*	*Z*
大于	至	μm											
—	3	6	1.0	1.0	10	1.2	1.6	14	1.6	2.0	25	2.0	3
3	6	8	1.2	1.4	12	1.4	2.0	18	2.0	2.6	30	2.4	4
6	10	9	1.4	1.6	15	1.8	2.4	22	2.4	3.2	36	2.8	5
10	18	11	1.6	2.0	18	2.0	2.8	27	2.8	4.0	43	3.4	6
18	30	13	2.0	2.4	21	2.4	3.4	33	3.4	5.0	52	4.0	7
30	50	16	2.4	2.8	25	3.0	4.0	39	4.0	6.0	62	5.0	8
50	80	19	2.8	3.4	30	3.6	4.6	46	4.6	7.0	74	6.0	9
80	120	22	3.2	3.8	35	4.2	5.4	54	5. 4	8.0	87	7.0	10
120	180	25	3.8	4.4	40	4.8	6.0	63	6.0	9.0	100	8.0	12
180	250	29	4.4	5.0	46	5.4	7.0	72	7.0	10.0	115	9.0	14
250	315	32	4.8	5.6	52	6.0	8.0	81	8.0	11.0	130	10.0	16
315	400	36	5.4	4	57	7.0	9.0	89	9.0	12.0	140	11.0	18
400	500	40	6.0	7.0	63	8.0	10.0	97	10.0	14.0	155	12.0	20

2) 校对量规的公差带

如前所述，只有轴用量规才有校对量规。校对量规的公差值 T_p 为工作量规制造公差 T 的 50%，其公差带如图 2-39(b)所示。TT 为检验轴用通规的“校通—通”量规，检验时通过为合格。ZT 为检验轴用止规的“校止—通”量规，检验时通过为合格。TS 为检验轴用通规是否达到磨损极限的“校通—损”量规，检验时不通过可继续使用，若通过应予报废。

5. 工作量规设计

1) 量规的结构形式

选用量规的结构形式时，必须考虑工件结构、大小、产量和检验效率等，推荐用的量规形式和应用尺寸范围如图 2-40 所示。其中，孔用量规如图 2-40(a)所示，轴用量规如图 2-40(b)所示。

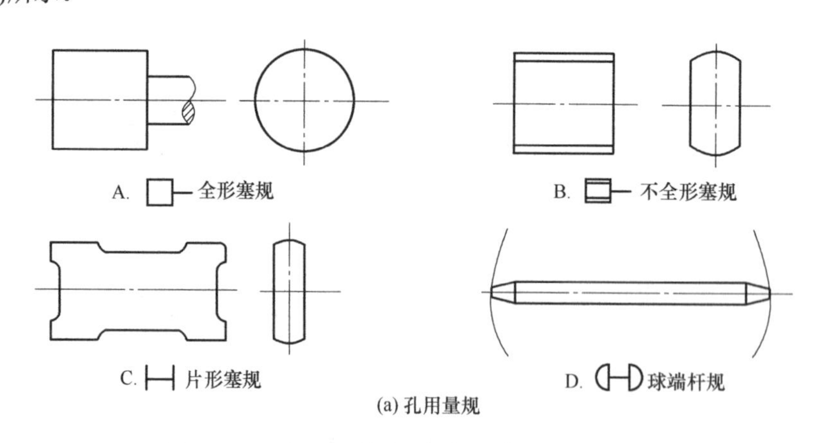

图 2-40　国家标准推荐的量规形式及应用尺寸范围

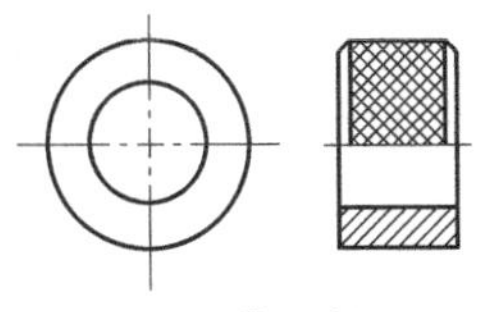

E. ◎ 环规

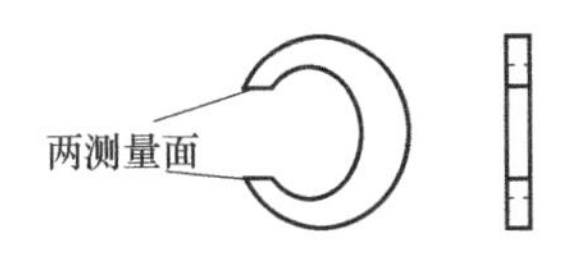

F. 卡规

(b) 轴用量规

图 2-40　国家标准推荐的量规形式及应用尺寸范围(续)

图 2-40 所示的各种形式的量规及应用尺寸范围可供设计时参考。具体的量规结构尺寸参见 GB/T6322—1986《光滑极限量规形式及尺寸》等有关资料。

2) 量规工作尺寸的计算步骤

量规工作尺寸的计算步骤如下。

(1) 查出被检验工件的极限偏差。

(2) 查出工作量规的制造公差 *T* 值和位置要素 *Z* 值，并确定量规的形位公差。

(3) 画出工件和量规的公差带图。

(4) 计算量规的极限偏差。

(5) 计算量规的极限尺寸以及磨损极限尺寸。

3) 量规的技术要求

工作量规的形状和位置误差应在其尺寸公差带内，其形位公差为量规制造公差的 50%，当量规制造公差小于或等于 0.002mm 时，由于制造和测量都比较困难，其形位公差都规定为 0.001mm。

量规测量面的材料可用淬硬钢(合金工具钢、碳素工具钢等)和硬质合金，也可在测量面上镀上耐磨材料，测量面的硬度应为 58～65HRC。

量规测量面的表面粗糙度 *Ra* 值与被检工件的基本尺寸、公差等级有关，可参照表 2-24 规定的表面粗糙度值来选择。

表 2-24　量规测量面的表面粗糙度

工作量规	工件基本尺寸/mm		
	≥120	≥120～315	≥315～500
	Ra 最大允许值/mm		
IT6 级孔用工作塞规	0.05	0.10	0.20
IT7～IT9 级孔用工作塞规	0.10	0.20	0.40
IT10～IT12 级孔用工作塞规	0.20	0.40	0.80
IT13～IT16 级孔用工作塞规	0.40	0.80	
IT6～IT9 级轴用工作环规	0.10	0.20	0.40
IT10～IT12 级轴用工作环规	0. 20	0.40	0.80
IT13～IT16 级轴用工作环规	0.40	0. 80	

任务实施

从图 2-34 上可以看出，该管连接件的内径、外径尺寸是配合尺寸。大批量生产的管连接件，考虑到现实中测量误差的存在，其验收极限应是内缩的验收极限，测量得到的实际尺寸应在最大实体尺寸和最小实体尺寸分别向工件公差带内移动一个安全裕度 A 内，才可认为内径、外径尺寸合格。我们可以通过设计专用的量规来对外径 ϕ45f8 和内径 ϕ25H8 进行检测，其步骤如下。

1. 内孔 ϕ25H8 孔用量规的工作尺寸设计及检验

(1) 查尺寸公差与配合标准，孔的上、下偏差为 ES=+0.033mm，EI=0。

(2) 由表 2-23 查出 T 值及 Z 值。对于塞规有，T=0.0034mm，Z=0.005mm。

(3) 画量规公差带图，如图 2-41(a)所示。

(4) 计算量规的极限偏差。

对于孔用塞规通规，有

上偏差=EI+Z+T/2 =(0+0.005+0.0017)mm=+0.0067mm

下偏差=EI＋Z−T/2 =(0+0.005−0.0017)mm=+0.0033mm

磨损极限=EI=0

对于孔用塞规止规，有

上偏差=ES=+0.033mm

下偏差=ES−T=(+0.033−0.0034)mm=+0.0296mm

所以，塞规通规尺寸为 $\phi25^{+0.0067}_{+0.0033}$，磨损极限尺寸为 25mm；止规尺寸为 $\phi25^{+0.0330}_{+0.0296}$。

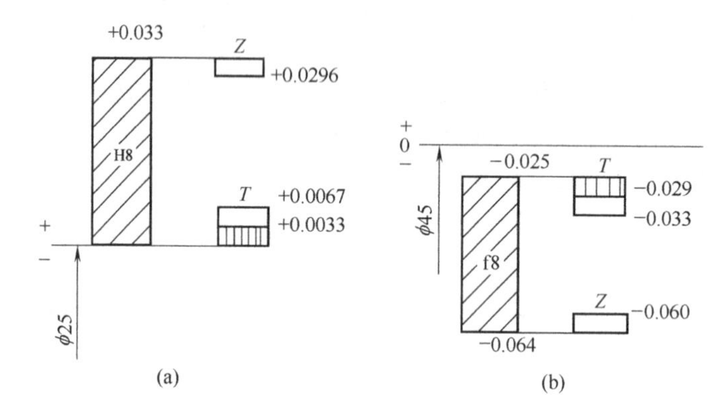

图 2-41　量规公差带图

(5) 检验 ϕ25H8 的工作量规标注方法，如图 2-42 所示。

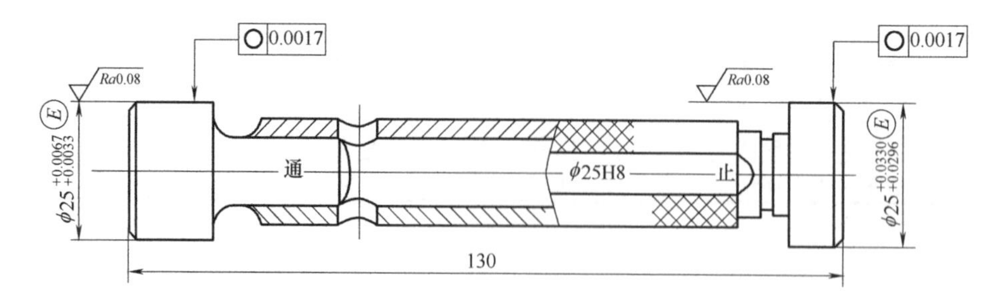

图 2-42　孔用塞规量规的标注方法

(6) 根据测量结果表 2-25 判断被测孔的合格性。

表 2-25　测量结果表(1)　　单位：mm

<table>
<tr><td rowspan="2">被测零件</td><td>名称</td><td>尺寸标注</td><td>最大极限尺寸</td><td>最小极限尺寸</td><td>尺寸公差</td></tr>
<tr><td>孔径</td><td>$\phi25_{0}^{+0.033}$</td><td>25.033</td><td>15.000</td><td>0.033</td></tr>
<tr><td rowspan="2">计量器具</td><td>名称</td><td>通规尺寸</td><td>止规尺寸</td><td colspan="2">磨损极限尺寸</td></tr>
<tr><td>塞规</td><td></td><td></td><td colspan="2"></td></tr>
<tr><td colspan="6">测量简图</td></tr>
<tr><td colspan="6">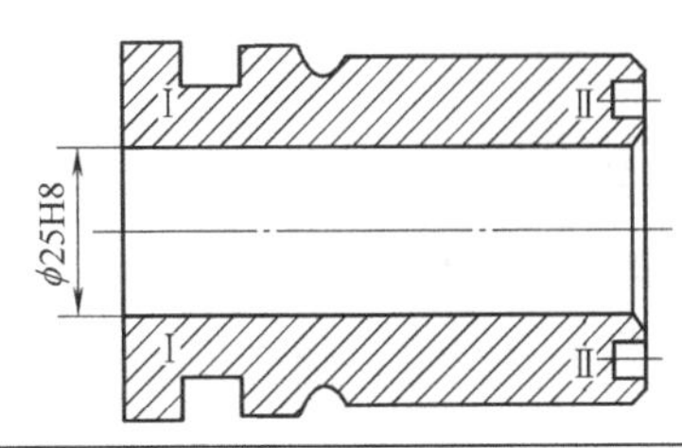
</td></tr>
<tr><td colspan="6">测量数据</td></tr>
<tr><td colspan="2"></td><td>量规通规</td><td>量规止规</td><td>量仪读数</td><td>实际尺寸</td></tr>
<tr><td rowspan="2">测量方向</td><td>I—II</td><td></td><td></td><td></td><td></td></tr>
<tr><td>II—I</td><td></td><td></td><td></td><td></td></tr>
<tr><td colspan="2">合格性判断</td><td colspan="4"></td></tr>
</table>

2. ϕ45f8 轴用量规的工作尺寸设计及检验

(1) 查尺寸公差与配合标准，轴的上、下偏差为 es=−0.025mm，ei=−0.064mm。

(2) 由表 2-23 查出 T 值及 Z 值。对于卡规有，T=0.004mm，Z=0.006mm。

(3) 画量规公差带图，如图 2-41(b)所示。

(4) 计算量规的极限偏差。

对于轴用卡规通规，有

$$上偏差=es-Z+T/2=-0.025-0.006+0.002=-0.029\text{mm}$$

$$下偏差=es-Z-T/2=-0.025-0.006-0.002=-0.033\text{mm}$$

$$磨损极限=es=-0.025\text{mm}$$

对于轴用卡规止规，有

$$上偏差=ei+T=-0.064+0.004=-0.060\text{mm}$$

$$下偏差=ei=-0.064\text{mm}.$$

所以，卡规通规尺寸为 $\phi45_{-0.033}^{-0.029}$，磨损极限尺寸为 44.975mm；止规尺寸为 $\phi45_{-0.064}^{-0.060}$。

(5) 检验孔 ϕ25H8 和轴 ϕ45f8 的工作量规标注方法如图 2-43 所示。

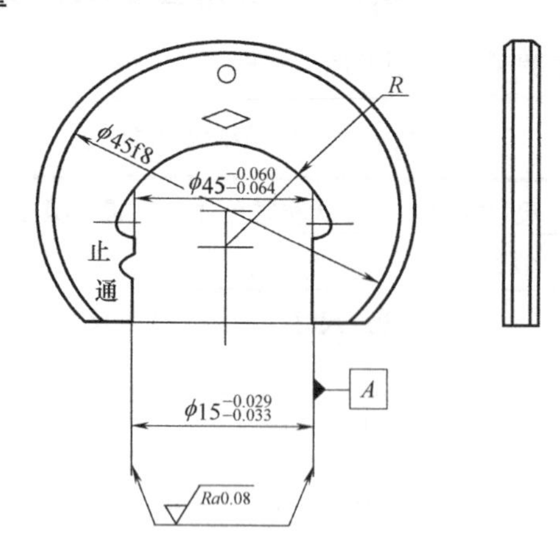

图 2-43　轴用卡规的标注方法

(6) 根据测量结果判断被测轴的合格性。

按轴的验收极限尺寸判断轴径的合格性，填写测量结果表 2-26。

表 2-26　测量结果表(2)

单位：mm

<table>
<tr><td colspan="2" rowspan="2">被测零件</td><td>名称</td><td>尺寸标注</td><td>最大极限尺寸</td><td>最小极限尺寸</td><td>尺寸公差</td></tr>
<tr><td>外径</td><td>$\phi45_{-0..064}^{-0.025}$</td><td>45</td><td>44.961</td><td>0.039</td></tr>
<tr><td colspan="2" rowspan="4">计量器具</td><td colspan="2">名称</td><td>测量范围</td><td>示值范围</td><td>分度值</td></tr>
<tr><td colspan="2">千分尺</td><td></td><td></td><td></td></tr>
<tr><td colspan="2">名称</td><td>通规尺寸</td><td>止规尺寸</td><td>磨损极限尺寸</td></tr>
<tr><td colspan="2">卡规</td><td></td><td></td><td></td></tr>
<tr><td colspan="7">测量简图</td></tr>
<tr><td colspan="7">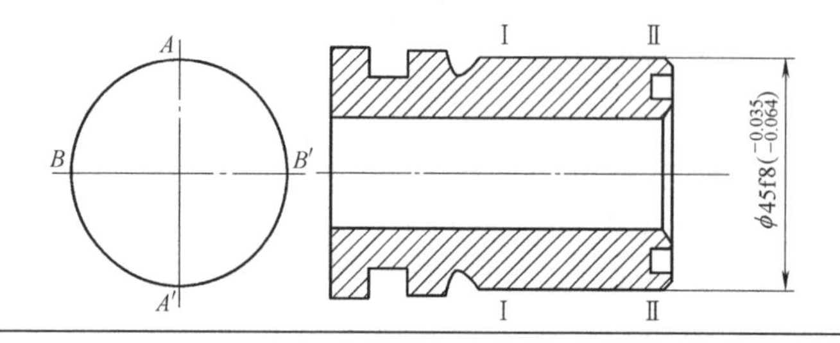
</td></tr>
<tr><td colspan="7">测量数据</td></tr>
<tr><td colspan="2" rowspan="3">测量截面</td><td colspan="3">卡规测量</td><td colspan="2">千分尺测量轴径读数</td></tr>
<tr><td colspan="2">Ⅰ—Ⅱ</td><td>Ⅱ—Ⅰ</td><td>Ⅰ—Ⅰ</td><td>Ⅱ—Ⅱ</td></tr>
<tr><td colspan="2">卡规通规</td><td>卡规止规</td><td>量仪读数</td><td>实际尺寸</td></tr>
<tr><td rowspan="2">测量方向</td><td>A—A′</td><td colspan="2"></td><td></td><td></td><td></td></tr>
<tr><td>B—B′</td><td colspan="2"></td><td></td><td></td><td></td></tr>
<tr><td colspan="2">实际尺寸平均值</td><td colspan="2"></td><td></td><td></td><td></td></tr>
<tr><td colspan="2">合格性判断</td><td colspan="3"></td><td colspan="2"></td></tr>
</table>

练习与实践

一、判断题(正确的打√，错误的打×)

1. 光滑极限量规不能确定工件的实际尺寸。（　　）
2. 当通规和止规都能通过被测零件时，该零件即是合格品。（　　）
3. 止规和通规都需规定磨损公差。（　　）
4. 通规、止规都制造成全形塞规，容易判断零件的合格性。（　　）
5. 通规通过被测轴或孔，则可判断该零件是合格品。（　　）
6. 通规用于控制工件的作用尺寸，止规用于控制工件的实际尺寸。（　　）

二、选择题

1. 光滑极限量规是检验孔、轴的尺寸公差和形状公差之间的关系采用(　　)的零件。
   A. 独立原则　B. 相关原则　C. 最大实体原则　D. 包容原则
2. 光滑极限量规通规的设计尺寸应为工件的(　　)。
   A. 最大极限尺寸　B. 最小极限尺寸　C. 最大实体尺寸　D. 最小实体尺寸
3. 光滑极限量规止规的设计尺寸应为工件的(　　)。
   A. 最大极限尺寸　B. 最小极限尺寸　C. 最大实体尺寸　D. 最小实体尺寸
4. 为了延长量规的使用寿命，国标除规定量规的制造公差外，对(　　)还规定了磨损公差。
   A. 工作量规　B. 验收量量规　C. 校对量规　D. 止规　E. 通规
5. 极限量规的通规是用来控制工件的(　　)。
   A. 最大极限尺寸　B. 最小极限尺寸
   C. 最大实体尺寸　D. 最小实体尺寸
   E. 作用尺寸　F. 实效尺寸
   G. 实际尺寸
6. 极限量规的止规是用来控制工件的(　　)。
   A. 最大极限尺寸　B. 最小极限尺寸
   C. 实际尺寸　D. 作用尺寸
   E. 最大实体尺寸　F. 最小实体尺寸
   G. 实效尺寸
7. 用符合光滑极限量规标准的量规检验工件时，如有争议，使用的通规尺寸应更接近(　　)。
   A. 工件的最大极限尺寸　B. 工件的最小极限尺寸
   C. 工件的最小实体尺寸　D. 工件的最大实体尺寸
8. 用符合光滑极限量规标准的量规检验工件时，如有争议，使用的止规尺寸应接近(　　)。
   A. 工件的最小极限尺寸　B. 工件的最大极限尺寸

C. 工件的最大实体尺寸　　D. 工件的最小实体尺寸

9. 符合极限尺寸判断原则的通规的测量面应设计成(　　)。
   A. 与孔或轴形状相对应的不完整表面
   B. 与孔或轴形状相对应的完整表面
   C. 与孔或轴形状相对应的不完整表面或完整表面均可
10. 符合极限尺寸判断原则的止规的测量面应设计成(　　)。
   A. 与孔或轴形状相对应的完整表面
   B. 与孔或轴形状相对应的不完整表面
   C. 与孔或轴形状相对应的完整表面或不完整表面均可

三、填空题

1. 光滑极限量规是__________量具，用以判断孔、轴尺寸是否在________范围以内。

2. 量规可分为______、______、______三种。

3. 工作量规和验收量规的使用顺序是操作者应使用__________量规，验收量规应尽量接近工件__________尺寸。

4. 轴的工作量规是________规，其通规是控制_______尺寸_____于____尺寸，其止规是控制______尺寸_____于____尺寸。

5. 孔的工作量规是______规，其通规是控制______尺寸_____于______尺寸，其止规是控制______尺寸_____于_____尺寸。

6. 量规通规的公差由________公差和________公差两部分组成。

7. 对于符合极限尺寸判断原则的量规，通规是检验_______尺寸的，测量面应是______形规，止规是检验__________尺寸的，测量面应是________形规。

四、简答题与计算题

1. 光滑极限量规有何特点？如何判断工件的合格性？
2. 试计算ϕ32H7/e6配合的孔、轴工作量规的极限偏差，并画出公差带图。
3. 被检验工件为ϕ30H9，试确定验收极限，并选择适当的计量器具。
4. 被检验工件为ϕ25f7，试确定验收极限，并选择适当的计量器具。

项目 3　形位公差及其检测

学习目标

- 掌握形位公差的基本概念。
- 掌握形位公差的标注方法。
- 掌握形位公差带的类型、特点及标注方法。
- 掌握公差原则的基本概念及常用的公差原则。
- 熟悉形位公差的选择原则。

任务 3.1　形位公差

任务提出

机器、仪器和其他机电产品的使用功能是由组成产品的零件的功能来保证的，而零件的使用性能受零件产品功能要求，需要对工件要素在形状和位置方面提出几何精度要求，以限制被测实际要素的形状和位置公差。套筒零件的形位公差如图 3-1 所示，其中 $A_1=A_2=A_3=\cdots=\phi 20.010$mm，轴线的直线度误差为 $\phi 0.025$mm，试分析图 3-1(a)所示轴套类零件图中各公差项目的含义，填写出图 3-1(c)所示表中所列各值，并判断该零件是否合格？

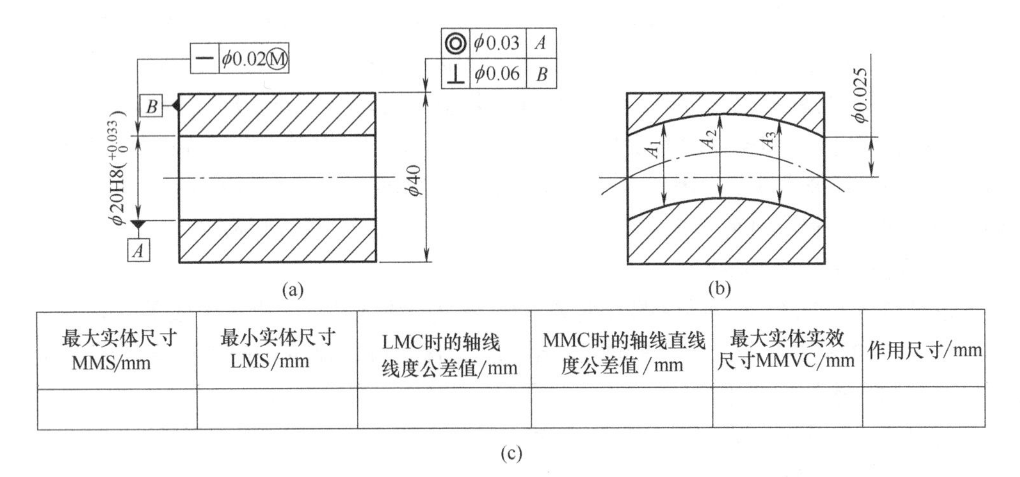

最大实体尺寸 MMS/mm	最小实体尺寸 LMS/mm	LMC时的轴线线度公差值/mm	MMC时的轴线直线度公差值/mm	最大实体实效尺寸MMVC/mm	作用尺寸/mm

(c)

图 3-1　套筒零件的形位公差

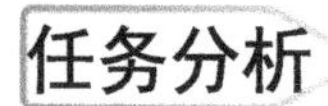

形位公差是针对构成零件几何特征的点、线、面的几何形状和相互位置的误差所规定的公差。也是实现互换性生产，保证产品质量的一项重要技术措施。形状和位置方面的几何精度对机械产品的工作精度、连接强度、运动平稳性、密封性、耐磨性、配合性质、可装配性乃至机器寿命等都会产生影响。因此，在零件的设计、制造过程中，必须根据零件的功能要求，综合考虑制造经济性，对零件的形位误差加以限制。这就要求技术人员必须掌握形位公差的基本知识、公差原则及选用等相关知识。

知识准备

3.1.1 形位公差的基本知识

1. 概述

1) 形位公差的概念

零件经过加工后，不仅会产生尺寸误差和表面粗糙度，而且会产生形状和位置误差。如在车削圆柱表面时，刀具的运动轨迹若与工件的旋转轴线不平行，会使完工零件表面产生圆柱度误差；铣轴上的键槽时，若铣刀杆轴线的运动轨迹相对于零件的轴线有偏离或倾斜，则会使加工出的键槽产生对称度误差等。而零件的圆柱度误差会影响圆柱结合要素的配合均匀性，键槽的对称度误差会使键的安装困难和安装后的受力状况恶化等。因此，为了满足零件装配后的功能要求，以及保证零件的互换性和经济性，必须对零件的形位误差予以限制，即对零件的几何要素规定形状和位置公差(简称形位公差)。

我国已经把形位公差标准化，近年来根据科学技术和经济发展的需要，按照与国际标准接轨的原则，进行了几次修订，目前推荐使用的标准为：GB/T1182—2008《产品几何技术规范(GPS) 几何公差形状、方向、位置和跳动公差标注》；GB/T1184—1996《形状和位置公差 未注公差值》；GB/T4249—2009《产品几何技术规范(GPS) 公差原则》；GB/T16671—2009《产品几何技术规范(GPS) 几何公差 最大实体要求、最小实体要求和可逆要求》；GB/T1958—2004《产品几何技术规范(GPS) 形状和位置公差 检测规定》等。

2) 形位公差的研究对象

形位公差的研究对象是零件的几何要素(简称为“要素”)，就是构成零件几何特征的点、线、面，如图 3-2 所示零件的球心、锥顶、圆柱面和圆锥面的素线、轴线、球面、圆柱面和圆锥面、槽的中心平面等。

几何要素可按不同的角度进行如下分类。

(1) 按存在的状态分为理想要素和实际要素。

① 理想要素(公称要素)是具有几何学意义的要素，它们不存在任何误差。机械零件图样上表示的要素均为理想要素。

② 实际要素是零件上实际存在的要素。通常都以测得(提取)要素来代替。

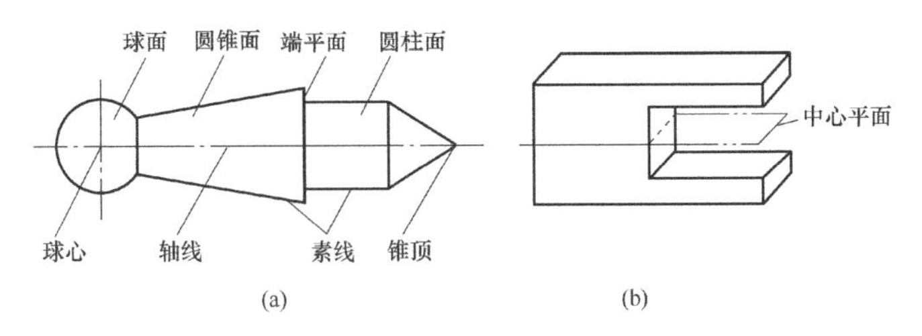

图 3-2 零件的几何要素

(2) 按结构特征分为轮廓要素和中心要素。

① 轮廓(组成)要素是零件轮廓上的点、线、面，即可触及的要素。组成要素还分为提取组成要素和拟合组成要素。

② 中心(导出)要素是由轮廓要素导出的要素，如中心点、中心面或回转表面的轴线。标准规定：“轴线”、“中心平面”用于表述理想形状的中心要素，“中心线”、“中心面”用于表述非理想形状的中心要素。导出要素还分为提取导出要素和拟合导出要素。

a. 提取导出要素是由一个或几个提取组成要素导出的中心点、中心线或中心面。

b. 拟合导出要素是由一个或几个拟合组成要素导出的中心点、轴线或中心平面。

(3) 按所处地位分为基准要素和被测要素。

① 基准要素是用来确定理想被测要素的方向或(和)位置的要素。

② 被测要素是在图样上给出了形状或(和)位置公差要求的要素，是检测的对象。

(4) 按功能关系分为单一要素和关联要素。

① 单一要素是仅对要素本身给出形状公差要求的要素。

② 关联要素是对基准要素有功能关系要求而给出方向、位置和跳动公差要求的要素。

3) 形位公差的代号

按照国家标准 GB/T1182—2008《产品几何技术规范(GPS) 几何公差 形状、方向、位置和跳动公差标注》的规定，形位公差特征项目共有 14 项，各项目的名称及符号见表 3-1。

表 3-1 形位公差代号

分 类		项 目	符 号	有或无基准要求
形状公差	形状	直线度	—	无
		平面度	▱	无
		圆度	○	无
		圆柱度	⌭	无
形状或位置公差	轮廓	线轮廓度	⌒	有或无
		面轮廓度	⌓	有或无

分 类		项 目	符 号	有或无基准要求
位置公差	定向	平行度	//	有
		垂直度	⊥	有
		倾斜度	∠	有
	定位	同轴度	◎	有
		对称度	⌯	有
		位置度	⌖	有或无
	跳动	圆跳度	↗	有
		全跳度	⌰	有

4) 形位公差的标注方法

形位公差在图样上用框格的形式标注，如图 3-3(a)所示。

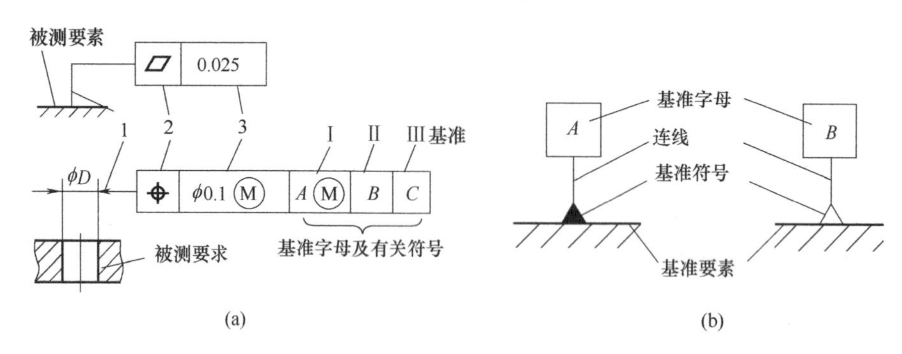

图 3-3　公差框格及基准符号

1—指引箭头；2—项目符号；3—几何公差值及有关符号

形位公差框格由 2～5 格组成。形状公差一般为两格，方向、位置和跳动公差一般为 3～5 格，框格中的内容从左到右顺序填写：公差特征符号、几何公差值(以 mm 为单位)和有关符号、基准字母及有关符号。代表基准的字母用大写英文字母(为不引起误解，其中 E、I、J、M、Q、O、P、L、R、F 不用)表示。字母高度应与图样中的字体相同，无论基准符号在图样上的方向如何，圆圈内的字母都应水平书写，如图 3-3(b)所示。若几何公差值的数字前加注有 ϕ 或 Sϕ，则表示其公差带为圆形、圆柱形或球形。如果要求在几何公差带内进一步限定被测要素的形状，则应在公差值后或框格上、下加注相应的符号，如表 3-2 所示。

表 3-2　对被测要素进行说明与限制的符号

含　义	符　号	举　例	含　义	符　号	举　例
只许中间材料内凹下	(−)	— t(−)	只许从左至右减小	(▷)	⌭ t(▷)
只许中间材料外凸起	(+)	▱ t(+)	只许从右至左减小	(◁)	⌭ t(◁)

对被测要素的数量说明，应标注在形位公差框格的上方，如图 3-4(a)所示；其他说明性要求应标注在形位公差框格的下方，如图 3-4(b)所示；如对同一要素有一个以上的几何公差特征项目的要求，其标注方法又一致时，为方便起见，可将一个框格放在另一个框格的下方，如图 3-4(c)所示；当多个被测要素有相同的几何公差(单项或多项)要求时，可以从框格引出的指引线上绘制多个指示箭头并分别与各被测要素相连，如图 3-4(d)所示。

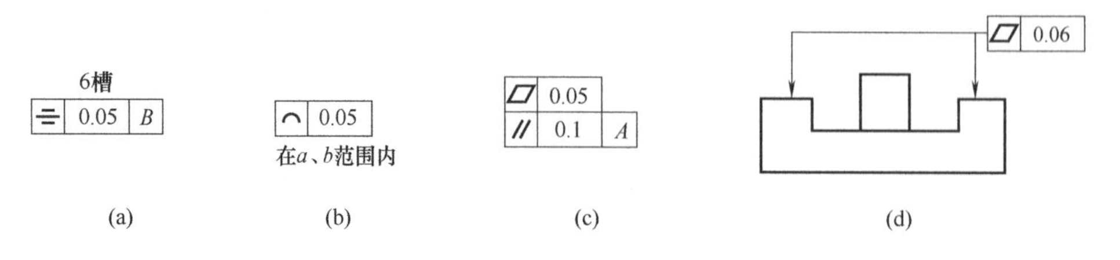

图 3-4　几何公差的标注

(1) 被测要素的标注。

设计要求给出形位公差的要素用带指示箭头的指引线与公差框格相连。指引线一般与框格一端的中部相连，如图 3-3 所示；也可以与框格任意位置水平或垂直相连。

① 当被测要素为轮廓要素(轮廓线或轮廓面)时，指示箭头应直接指向被测要素或其延长线上，并与尺寸线明显错开，如图 3-5 所示。

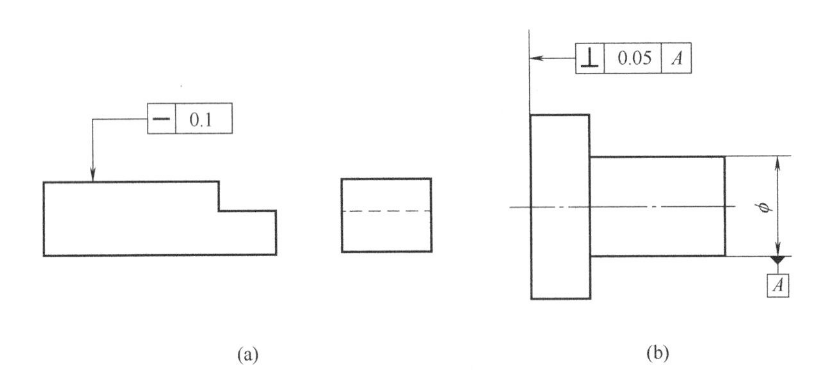

图 3-5　被测要素是轮廓要素时的标注

② 当被测要素为中心要素(中心点、中心线、中心面等)时，指示箭头应与被测要素相应的轮廓要素的尺寸线对齐，如图 3-6 所示。指示箭头可代替一个尺寸线的箭头。

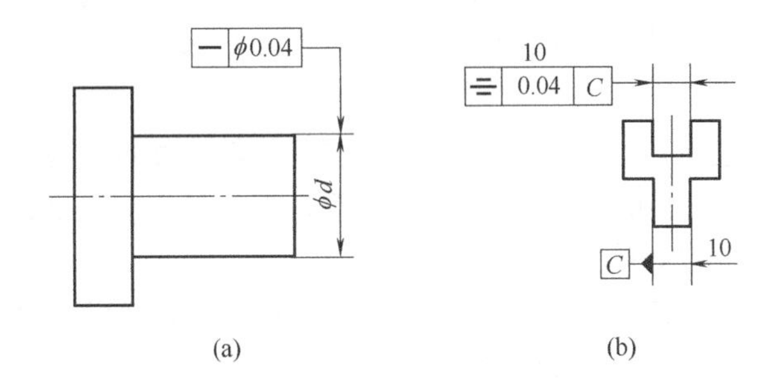

图 3-6　被测要素是中心要素时的标注

③对被测要素任意局部范围内的公差要求，应将该局部范围的尺寸标注在几何公差值后面，并用斜线隔开，如图 3-7(a)表示圆柱面素线在任意 100mm 长度范围内的直线度公差为 0.05mm；图 3-7(b)表示箭头所指平面在任意边长为 100mm 的正方形范围内的平面度公差为 0.01mm；图 3-7(c)表示上平面对下平面的平行度公差在任意 100mm 长度范围内为 0.08mm。

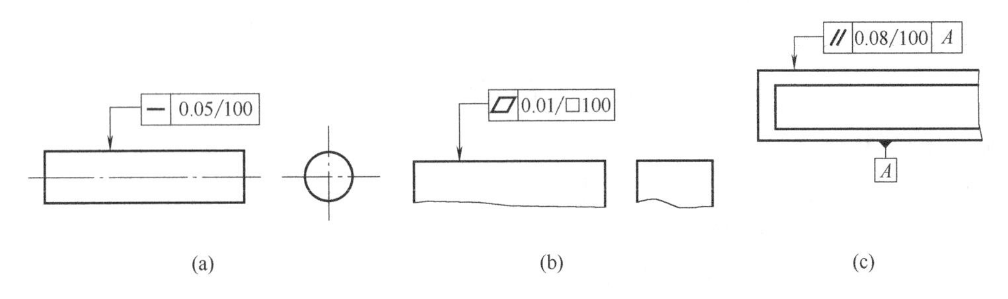

图 3-7　被测要素任意范围内几何公差要求的标注

④ 当被测要素为视图上的整个轮廓线(面)时，应在指示箭头的指引线的转折处加注全周符号。如图 3-8(a)所示线轮廓度公差 0.1mm 是对该视图上全部轮廓线的要求，其他视图上的轮廓不受该公差要求的限制。以螺纹、齿轮、花键的轴线为被测要素时，应在几何公差框格下方标明节径 PD、大径 MD 或小径 LD，如图 3-8(b)所示。

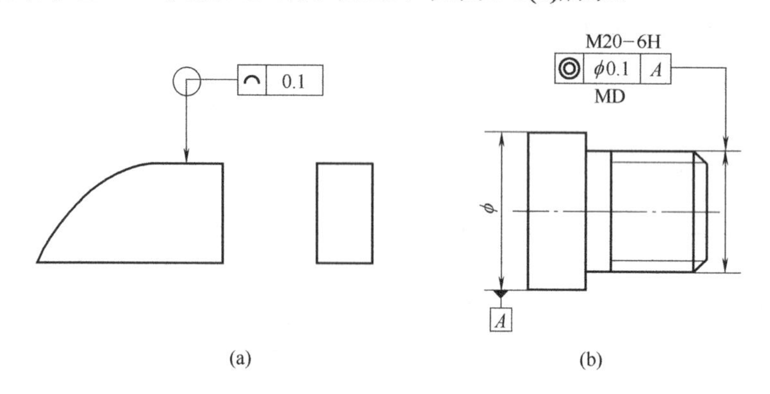

图 3-8 被测要素的其他标注

(2) 基准要素的标注。

对关联被测要素的方向、位置和跳动公差要求必须注明基准。基准代号如图 3-3(b)所示，方框内的字母应与公差框格中的基准字母对应，且不论基准代号在图样中的方向如何，方框内的字母均应水平书写。单一基准由一个字母表示，如图 3-9(a)所示；公共基准采用由横线隔开的两个字母表示，如图 3-9(b)所示；基准体系由两个或三个字母表示，如图 3-3(a)所示。

当以轮廓要素作为基准时，基准符号在基准要素的轮廓线或其延长线上，且与轮廓的尺寸线明显错开，如图 3-9(a)所示；当以中心要素为基准时，基准连线应与相应的轮廓要素的尺寸线对齐，如图 3-9(b)所示。

此外，国家标准中还规定了一些其他特殊符号，如Ⓔ、Ⓜ、Ⓛ、Ⓡ(详见公差原则)及Ⓟ(延伸公差带)、Ⓕ(非刚性零件的自由状态)等，需要时可参见国家标准。

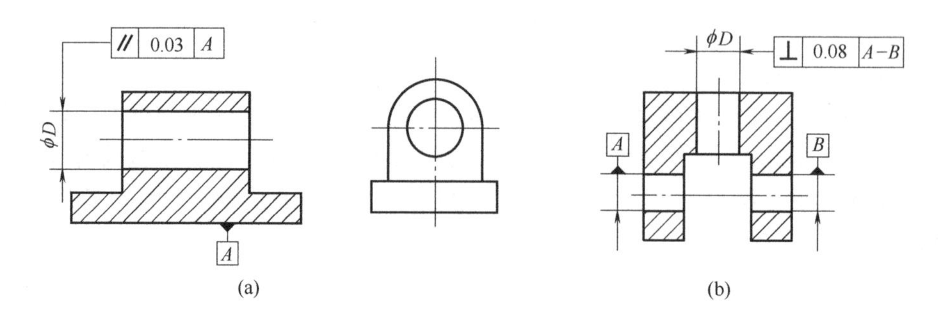

图 3-9 基准要素的标注

5) 形位公差带

形位公差带是用来限制被测实际要素变动的区域。只要被测实际要素完全落在给定的公差带内，就表示其形状和位置符合设计要求。

形位公差带的形状由被测要素的理想形状和给定的公差特征所决定，其形状如图 3-10

所示，包括：两平行直线(见图 3-10(a))、两等距曲线(见图 3-10(b))、两平行平面(见图 3-10(c))、两等距曲面(见图 3-10(d))、一个圆柱(见图 3-10(e))、两同心圆(见图 3-10(f))、一个圆(见图 3-10(g))、一个球(见图 3-10(h))、两同轴圆柱(见图 3-10(i))、一段圆柱(见图 3-10(j))、一段圆锥(见图 3-10(k))等。形位公差带的大小由公差值 t 确定，指的是公差带的宽度或直径等。

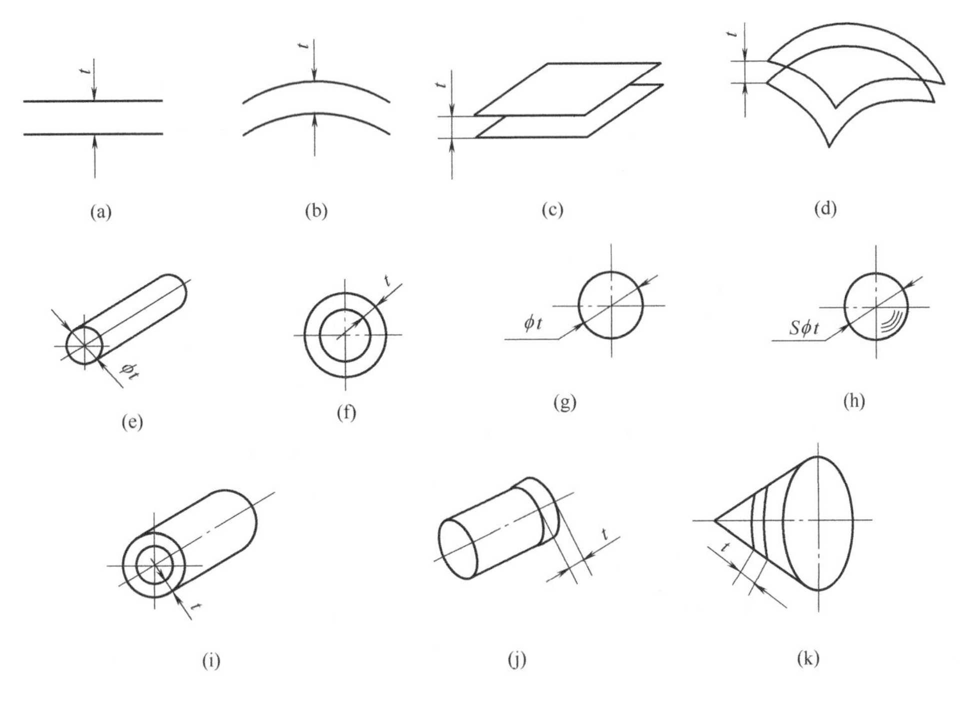

图 3-10　几何公差带的形状

2. 形状公差与形状误差

1) 形状公差与公差带

形状公差是指单一实际要素的形状所允许的变动全量。形状公差带是限制实际被测要素形状变动的一个区域。形状公差带定义、标注示例和解释如表 3-3 所示。

表 3-3　形状公差带定义、标注示例和解释

特　征	公差带定义	标注示例和解释
直线度	公差带为在给定平面内和给定方向上，间距等于公差值 t 的两平行直线所限定的区域 任一距离	在任一平行于图示投影面的平面内，上平面的提取(实际)线应限定在间距等于 0.1mm 的两平行直线之间 — 0.1

续表

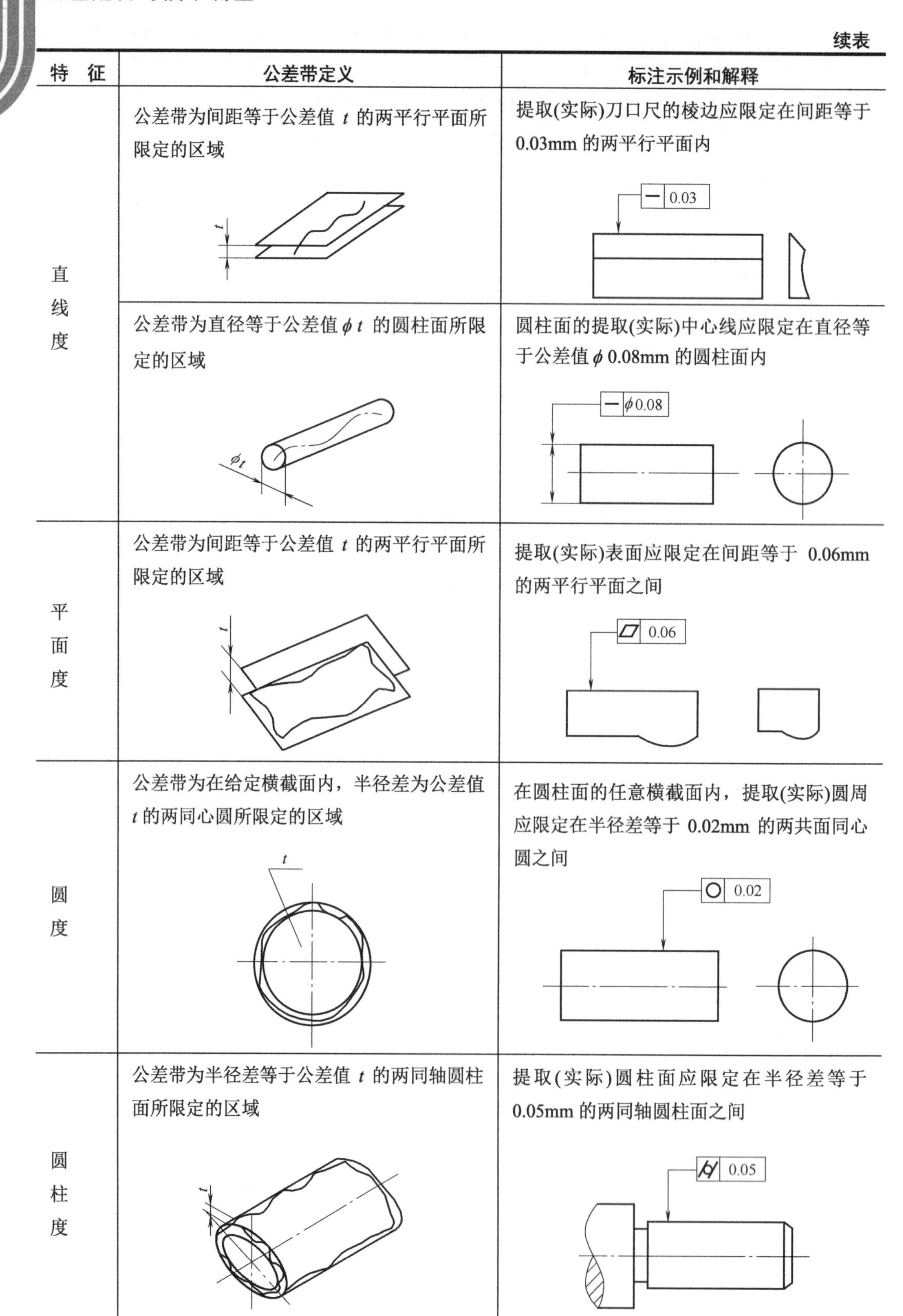

特 征	公差带定义	标注示例和解释
直线度	公差带为间距等于公差值 t 的两平行平面所限定的区域	提取(实际)刀口尺的棱边应限定在间距等于0.03mm 的两平行平面内
	公差带为直径等于公差值 ϕt 的圆柱面所限定的区域	圆柱面的提取(实际)中心线应限定在直径等于公差值 ϕ 0.08mm 的圆柱面内
平面度	公差带为间距等于公差值 t 的两平行平面所限定的区域	提取(实际)表面应限定在间距等于 0.06mm 的两平行平面之间
圆度	公差带为在给定横截面内，半径差为公差值 t 的两同心圆所限定的区域	在圆柱面的任意横截面内，提取(实际)圆周应限定在半径差等于 0.02mm 的两共面同心圆之间
圆柱度	公差带为半径差等于公差值 t 的两同轴圆柱面所限定的区域	提取(实际)圆柱面应限定在半径差等于0.05mm 的两同轴圆柱面之间

2) 轮廓度公差与公差带

轮廓度公差特征包括线轮廓度和面轮廓度，均可有基准或无基准。轮廓度无基准要求时为形状公差，有基准要求时为方向公差或位置公差。轮廓度公差带定义、标注示例和解释如表 3-4 所示。

表 3-4　轮廓度公差带定义、标注示例和解释

特　征	公差带定义	标注示例和解释
线轮廓度	公差带为直径等于公差值 t、圆心位于具有理论正确几何形状上的一系列圆的两包络线所限定的区域 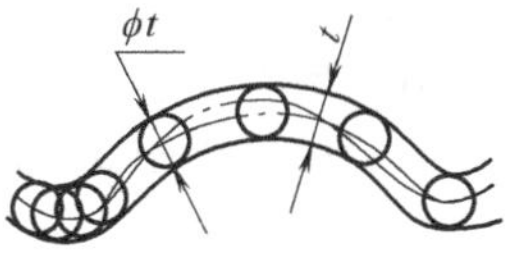 ϕt　t	在任一平行于图示投影面的截面内，提取(实际)轮廓线应限定在直径为 ϕ 0.04mm、圆心位于被测要素理论正确几何形状上的一系列圆的两包络线之间 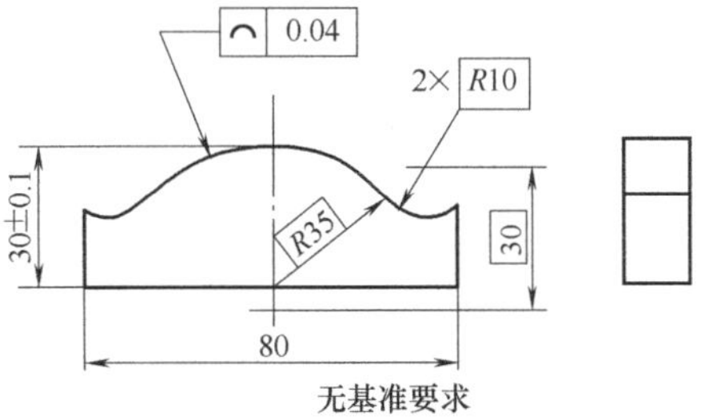 0.04　2× R10　30±0.1　R35　30　80 无基准要求 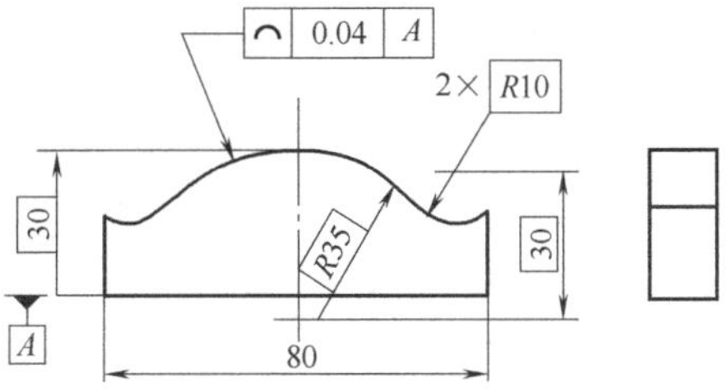 0.04 A　2× R10　30　R35　30　A　80 有基准要求
面轮廓度	公差带为直径等于公差值 t、球心位于被测要素理论正确几何形状上的一系列圆球的两包络面所限定的区域 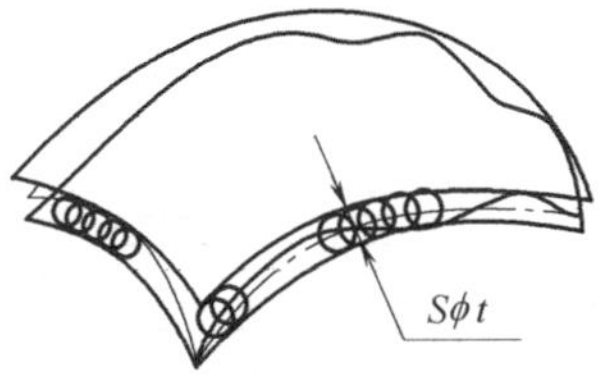 $S\phi t$	提取(实际)轮廓面应限定在球径为 $S\phi$ 0.02mm、球心位于被测要素理论正确几何形状上的一系列圆球的两等距包络面之间 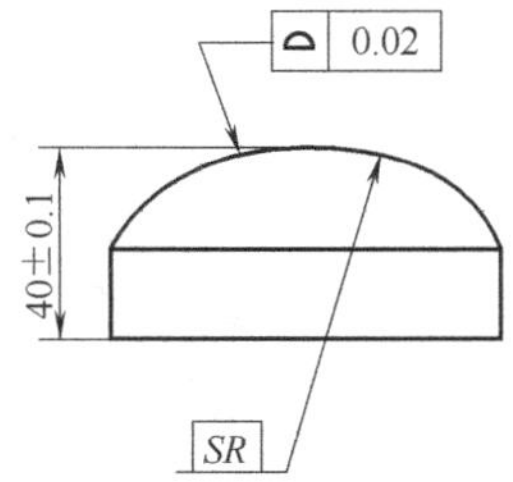 0.02　40±0.1　SR

注：形状公差带(有基准的线、面轮廓度除外)的特点是不涉及基准，其方向和位置随相应实际要素的不同而不同。

3. 位置公差与公差带

定向、定位和跳动公差是关联提取要素对基准允许的变动全量。

(1) 定向公差与公差带。

定向公差有平行度、垂直度和倾斜度三项。它们都有面对面、线对面、面对线和线对线几种情况。典型的定向公差的公差带定义、标注示例和解释如表 3-5 所示。

表 3-5　定向公差带定义、标注示例和解释

特　征		公差带定义	标注示例和解释
平行度	面对面	公差带为间距等于公差值 t 且平行于基准平面的两平行平面之间的区域 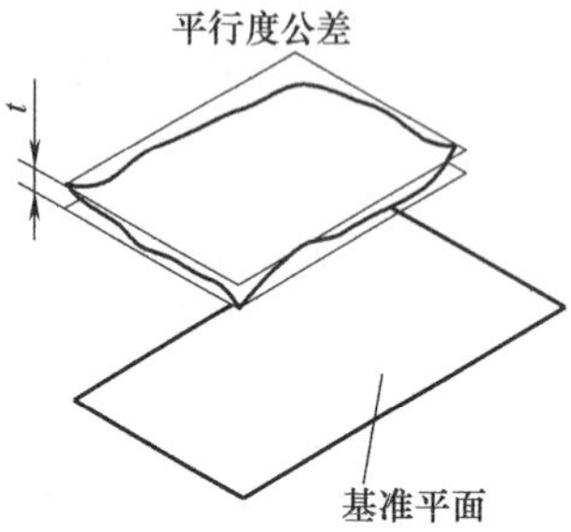 平行度公差 t 基准平面	提取(实际)表面应限定在间距等于 0.05mm 且平行于基准平面 A 的两平行平面之间 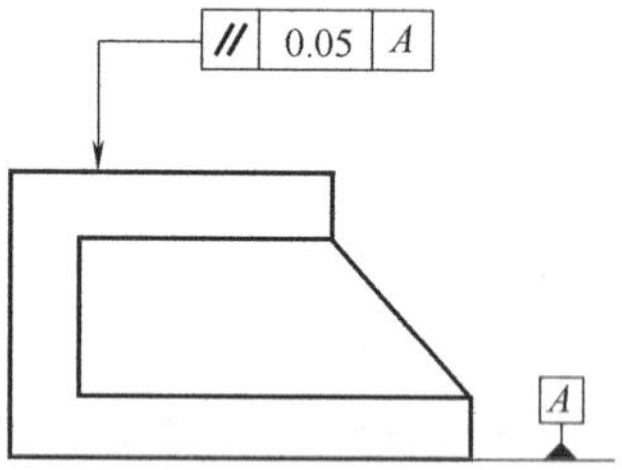 // 0.05 A A
	线对面	公差带为平行于基准平面且间距等于公差值 t 的两平行平面所限定的区域 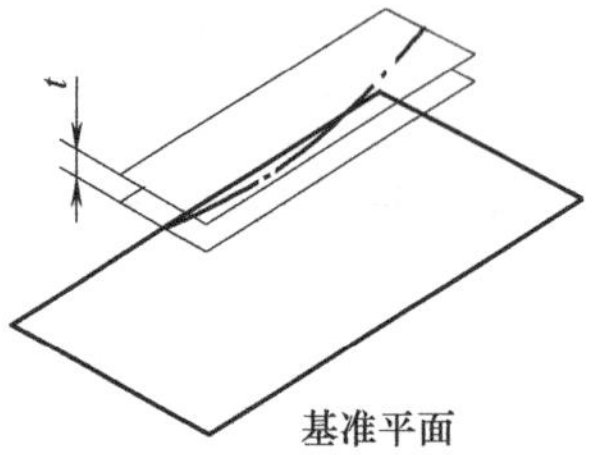 t 基准平面	提取(实际)中心线应限定在平行于基准平面 A 且间距等于 0.03mm 的两平行平面之间 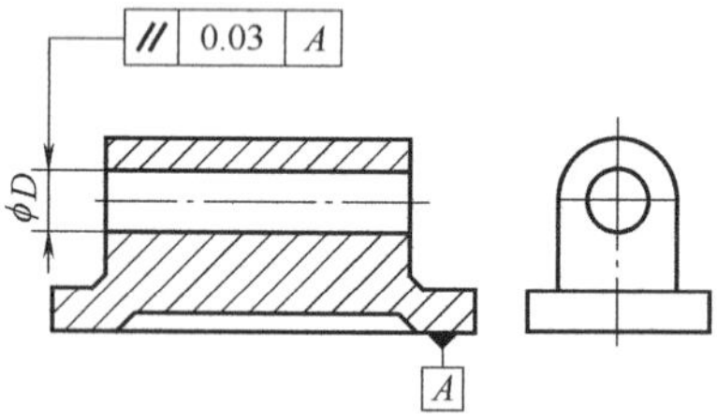 // 0.03 A ϕD A
	面对线	公差带为间距等于公差值 t 且平行于基准轴线的两平行平面所限定的区域 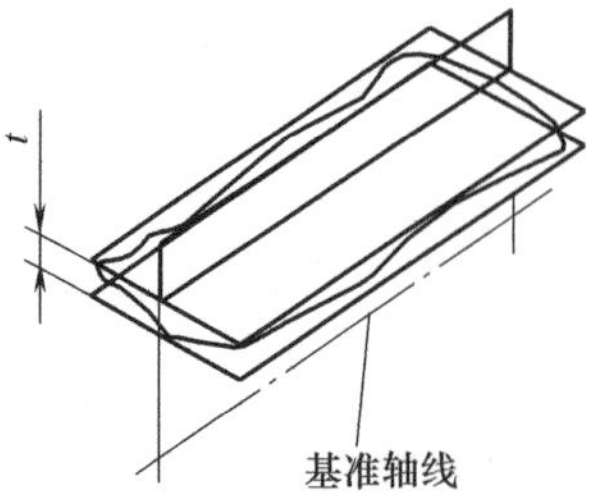 t 基准轴线	提取(实际)表面应限定在间距等于 0.05mm 且平行于基准轴线 A 的两平行平面之间 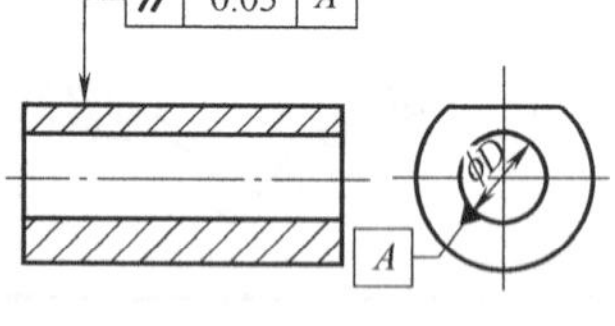 // 0.05 A ϕD A

续表

特　征		公差带定义	标注示例和解释
平行度	线对线（一个方向要求）	公差带为间距等于公差值 t 且平行于基准线、位于给定方向上的两平行平面之间的区域 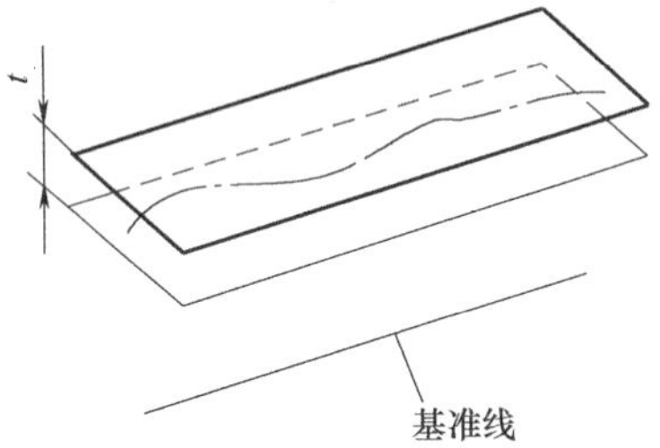 t 基准线	提取(实际)表面应限定在间距等于 0.1mm 且在给定方向上平行于基准轴线的两平行面之间 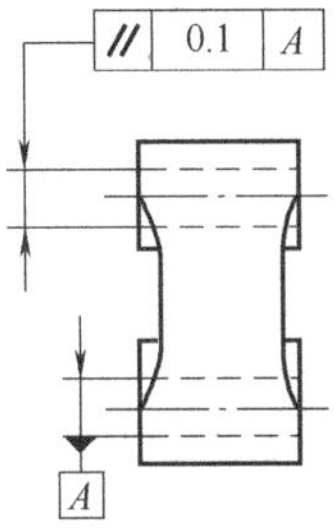 // 0.1 A A
	线对线（两个方向要求）	公差带为间距等于公差值 t 且平行于两基准线的两平行平面所限定的区域 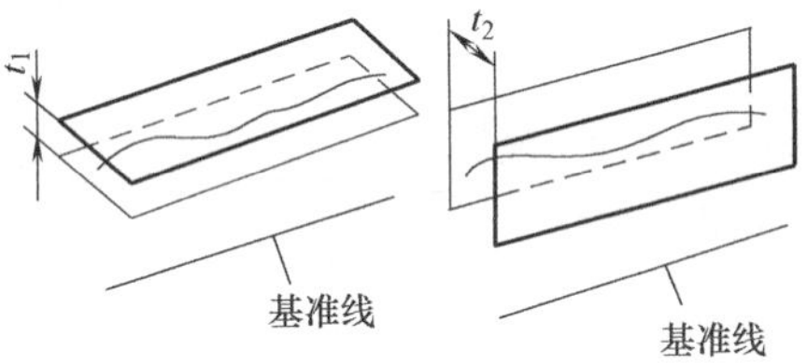 t_1　t_2 基准线　基准线	提取(实际)中心线应限定在间距分别等于 0.2mm 和 0.1mm，且在给定的互相垂直方向上且平行于基准轴线的两组平行平面之间 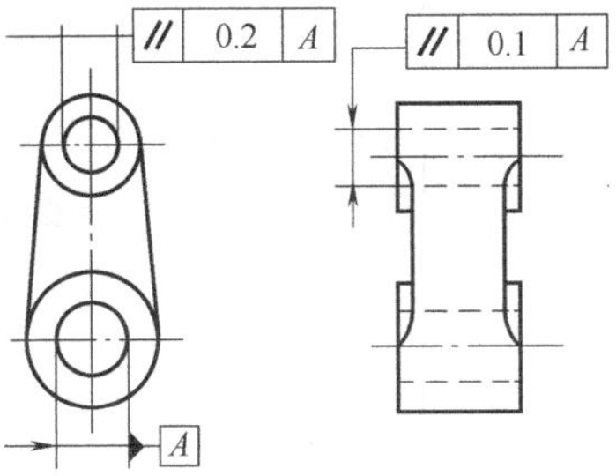 // 0.2 A　// 0.1 A A
	线对线（任意方向要求）	公差带为平行于基准轴线且直径等于公差值 ϕt 的圆柱面所限定的区域 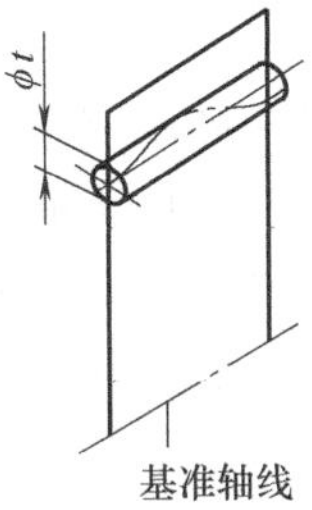 ϕt 基准轴线	提取(实际)中心线应限定在平行于基准轴线 A 且直径等于 ϕ 0.03mm 的圆柱面内 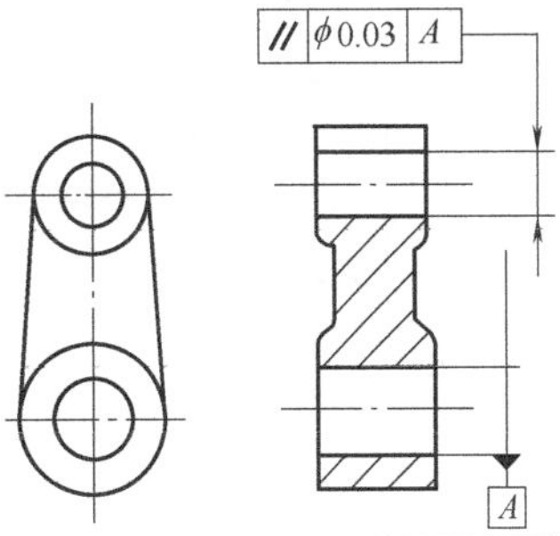 // ϕ0.03 A A

续表

特征		公差带定义	标注示例和解释
垂直度	面对线	公差带为间距等于公差值 t 且垂直于基准轴线的两平行平面所限定的区域	提取(实际)表面应限定在间距等于0.05mm 的两平行平面之间，该两平行平面垂直于基准轴线 A
	线对面	公差带为直径等于公差值 ϕt 且轴线垂直于基准平面的圆柱面所限定的区域	提取(实际)中心线应限定在直径等于 ϕ 0.05mm 且垂直于基准平面 A 的圆柱面内
倾斜度	面对面	公差带为间距等于公差值 t 的两平行平面所限定的区域，该两平行平面按给定角度倾斜于基准平面	提取(实际)表面应限定在间距等于0.08mm 的两平行平面之间，该两平行平面按45°理论正确角度倾斜于基准平面 A
	线对面	公差带为直径等于公差值 ϕt，且与基准平面(底平面)成理论正确角度的圆柱面内所限定的区域	提取(实际)中心线应限定在直径等于 ϕ 0.05mm 的圆柱面内，该圆柱面的中心线按 60°理论正确角度倾斜于基准平面 A 且平行于基准平面 B

(2) 定位公差与公差带。

定位公差是关联提取要素对基准在位置上所允许的变动全量。定位公差有同轴度(对中心点称为同心度)、对称度和位置度，其公差带定义、标注示例和解释如表 3-6 所示。

表 3-6　定位公差带定义、标注示例和解释

特　征	公差带定义	标注示例和解释
同轴度	公差带为直径等于公差值 ϕt 且以基准轴线为轴线的圆柱面所限定的区域 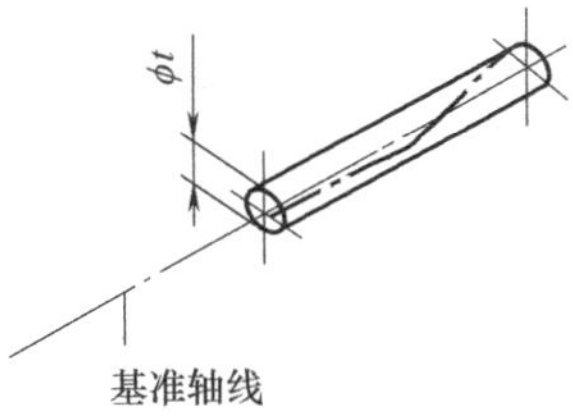 基准轴线	大圆柱面的提取(实际)中心线应限定在直径等于 ϕ 0.1mm 且以公共基准轴线 $A—B$ 为轴线的圆柱面内 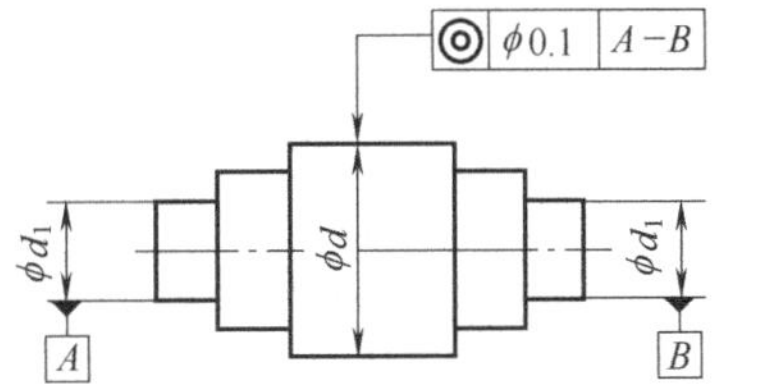 ϕ0.1 $A-B$
同心度	公差带为直径等于公差值 ϕt 的圆周所限定的区域，该圆周的圆心与基准点重合 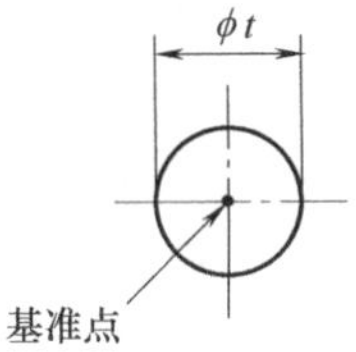 基准点	在任意横截面内，内圆的提取(实际)中心应限定在直径等于 ϕ 0.1mm 且以基准点 B 为圆心的圆周内 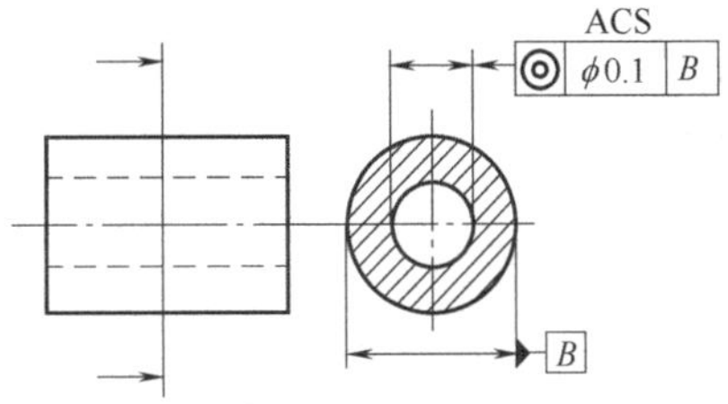 ACS ϕ0.1 B
对称度	公差带为间距等于公差值 t 且对称于基准中心平面的两平行平面所限定的区域 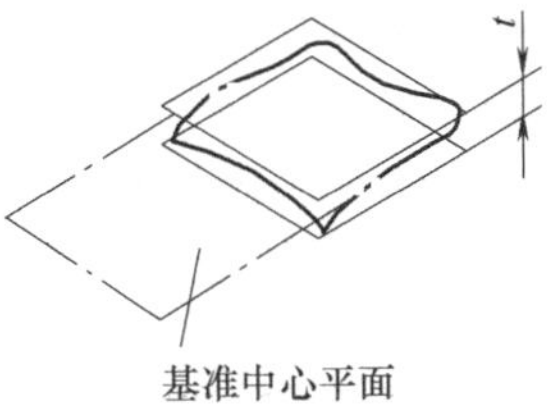 基准中心平面	提取(实际)中心面应限定在间距等于 0.08mm 且对称于基准中心平面 A 的两平行平面之间 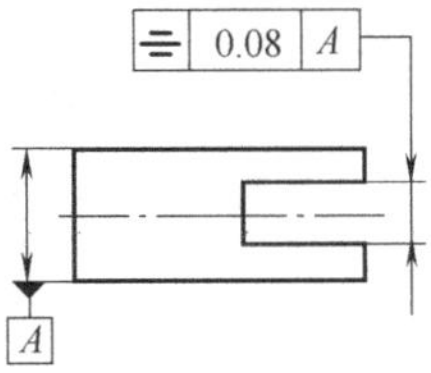 0.08 A

续表

特征		公差带定义	标注示例和解释
位置度	点的位置度	公差带为直径等于公差值 $S\phi t$ 的圆球面所限定的区域，该圆球面中心的理论正确位置由基准轴线、基准平面和理论正确尺寸确定	提取(实际)球心应限定在直径等于 $S\phi$ 0.08mm 的圆球面内，该圆球面的中心由基准轴线 *A*、基准平面 *B* 和理论正确尺寸 30 确定 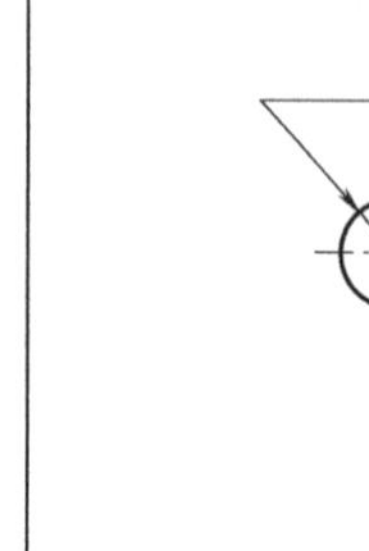
	线的位置度	当给定一个方向时，公差带为间距等于公差值 *t* 且对称于线的理论正确位置的两平行平面所限定的区域；任意方向上(如图)公差带为直径等于公差值 ϕt 的圆柱面所限定的区域，该圆柱面的轴线位置由第一、第二、第三基准平面和理论正确尺寸确定 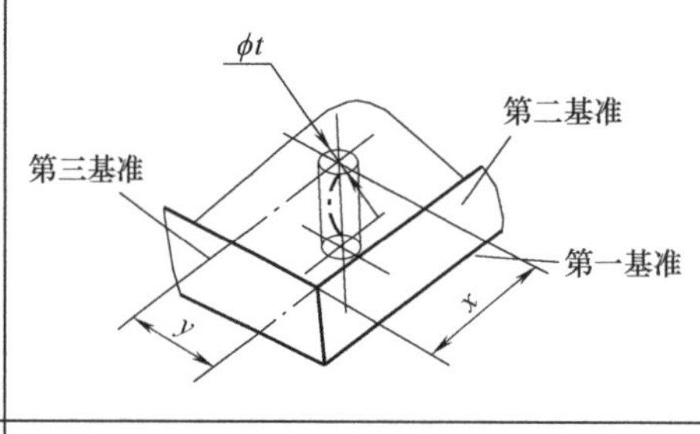	提取(实际)中心线应限定在直径等于 ϕ 0.1mm 的圆柱面内，该圆柱面的轴线位置应处于由基准平面 *A*、*B*、*C* 和理论正确尺寸 90°、30、40 确定的理论正确位置上 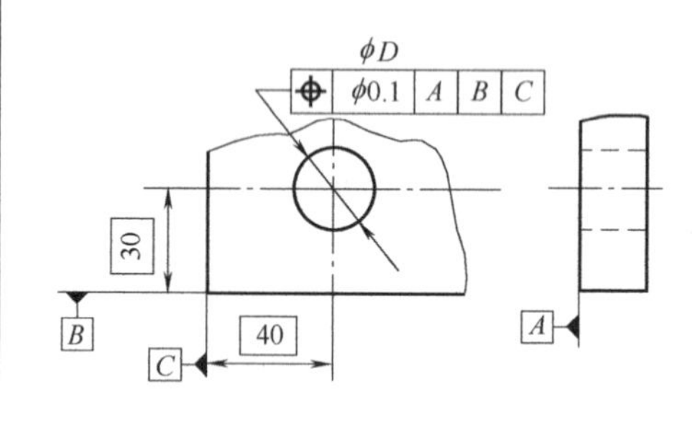
	面的位置度	公差带为间距等于公差值 *t* 且对称于被测面理论正确位置的两平行平面所限定的区域，该两平行平面的理论正确位置由基准轴线、基准平面和理论正确尺寸确定 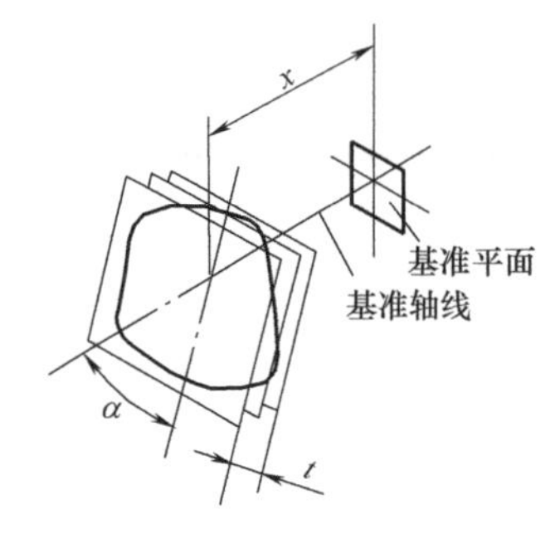	提取(实际)表面应限定在间距等于 0.05mm 且对称于被测面的理论正确位置的两平行平面之间，该两平行平面对称于由基准轴线 *A*、基准平面 *B* 和理论正确尺寸 60°、50mm 确定的被测面 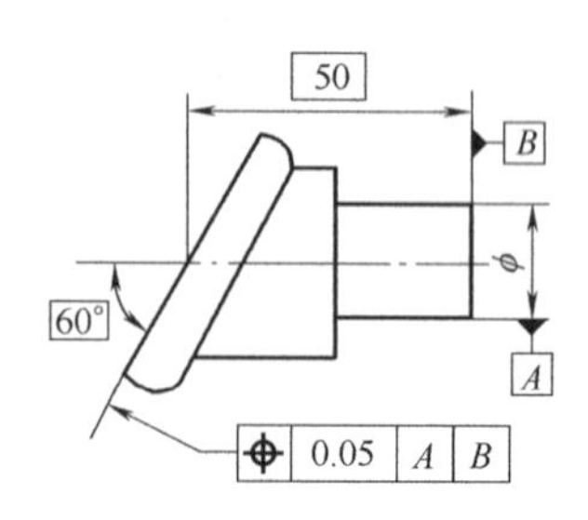

(3) 跳动公差与公差带。

跳动公差是关联提取要素绕基准轴线回转一周或连续回转时所允许的最大跳动量。跳动公差分为圆跳动和全跳动。圆跳动是指被测提取要素在某个测量截面内相对于基准轴线的变动量，全跳动是指整个被测提取要素相对于基准轴线的变动量。跳动公差带定义、标注示例和解释如表 3-7 所示。

表 3-7　跳动公差带定义、标注示例和解释

特征		公差带定义	标注示例和解释
圆跳动	径向圆跳动	公差带为在任一垂直于基准轴线的横截面内，半径差为公差值 t、圆心在基准轴线上的两同心圆所限定的区域 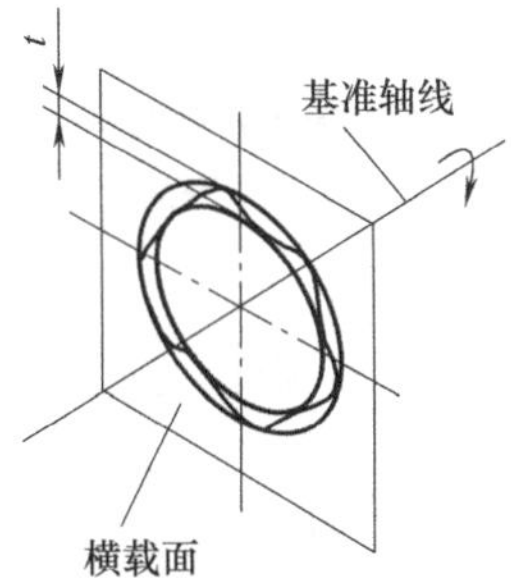 （图中标注：t；基准轴线；横载面）	在任一垂直于基准 A 的横截面内，提取(实际)圆应限定在半径差等于 0.05mm、圆心在基准轴线 A 上的两同心圆之间 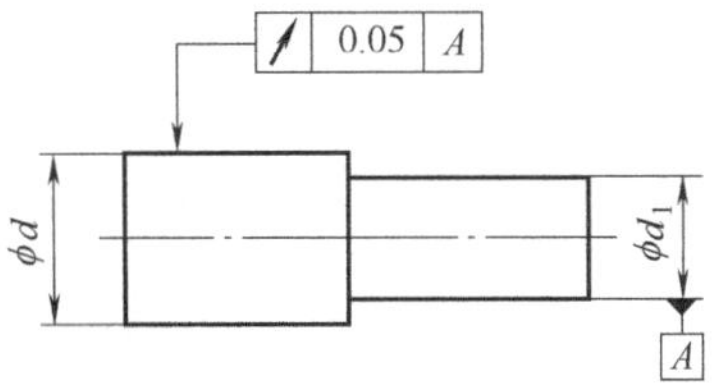 （图中标注：0.05 A；ϕd；ϕd_1；A）
	轴向圆跳动	公差带为在与基准轴线同轴的任一半径的圆柱截面上，间距等于公差值 t 的两圆所限定的圆柱面区域 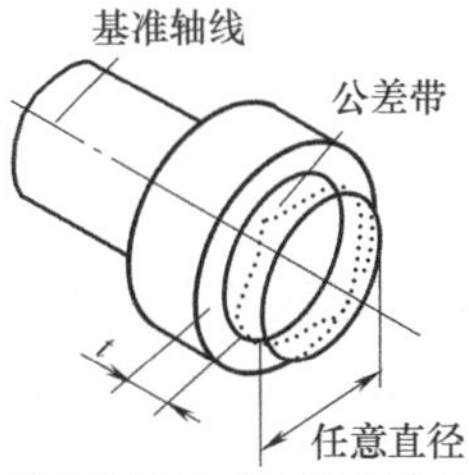 （图中标注：基准轴线；公差带；t；任意直径）	在与基准轴线 D 同轴的任一圆柱形截面上，提取(实际)圆应限定在轴向距离等于 0.1mm 的两个等圆之间 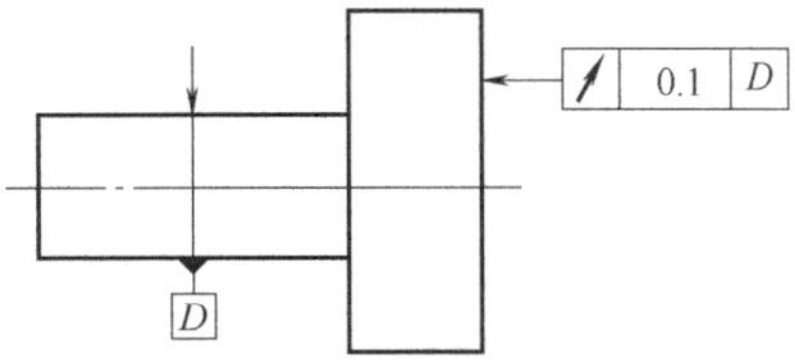 （图中标注：0.1 D；D）
	斜向圆跳动	公差带为在与基准轴线同轴的某一圆锥截面上，间距等于公差值 t 的两圆所限定的圆锥面区域(除非另有规定，测量方向应沿被测表面的法向) 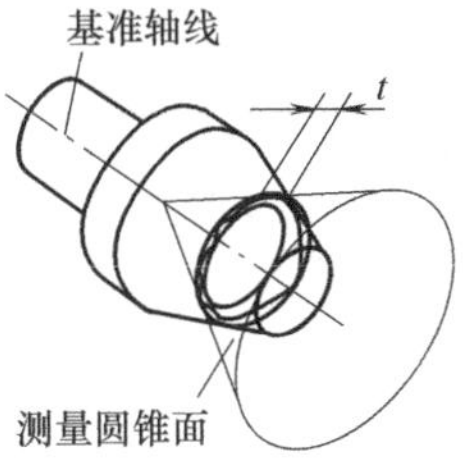 （图中标注：基准轴线；t；测量圆锥面）	在与基准轴线 A 同轴的任一圆锥截面上，提取(实际)线应限定在素线方向、间距等于 0.05mm 的两不等圆之间 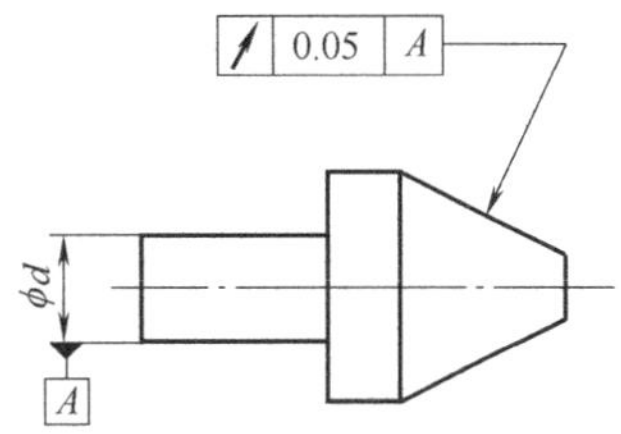 （图中标注：0.05 A；ϕd；A）

续表

特征		公差带定义	标注示例和解释
全跳动	径向全跳动	公差带为半径差等于公差值 t 且与基准轴线同轴的两圆柱面所限定的区域	提取(实际)表面应限定在半径差等于 0.2mm 且与公共基准轴线 A—B 同轴的两圆柱面之间
	轴向全跳动	公差带为间距等于公差值 t 且垂直于基准轴线的两平行平面所限定的区域	提取(实际)表面应限定在间距等于 0.05mm 且垂直于基准轴线 D 的两平行平面之间

3.1.2 公差的原则及选用

1. 公差原则

公差原则是确定零件的形状、位置公差和尺寸公差之间相互关系的原则，分为独立原则和相关要求。公差原则的国家标准包括 GB/T4249—2009 和 GB/T16671—2009。

1) 有关术语定义

(1) 作用尺寸。

① 体外作用尺寸(D_{fe}、d_{fe})是指在被测要素的给定长度上，与实际内表面(孔)体外相接的最大理想面，或与实际外表面(轴)体外相接的最小理想面的直径或宽度，如图 3-11 所示。

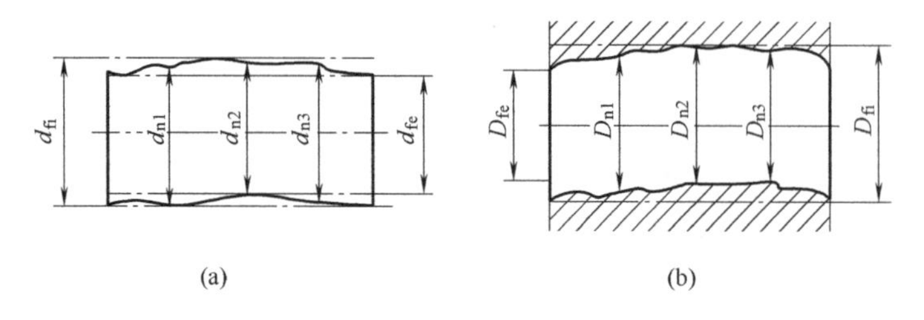

图 3-11 体外作用尺寸与体内作用尺寸

对于关联要素(关联体外作用尺寸为 D'_{fe}、d'_{fe})，该理想面的轴线或中心平面必须与基准 A 保持图样上给定的几何关系，如图 3-12 所示。

② 体内作用尺寸(D_{fi}、d_{fi})是指在被测要素的给定长度上，与实际内表面体内相接的最小理想面，或与实际外表面体内相接的最大理想面的直径或宽度，如图 3-11 所示。

对于关联要素(关联体内作用尺寸为 D'_{fi}、d'_{fi})，该理想面的轴线或中心平面必须与基准 A 保持图样上给定的几何关系，如图 3-12 所示。

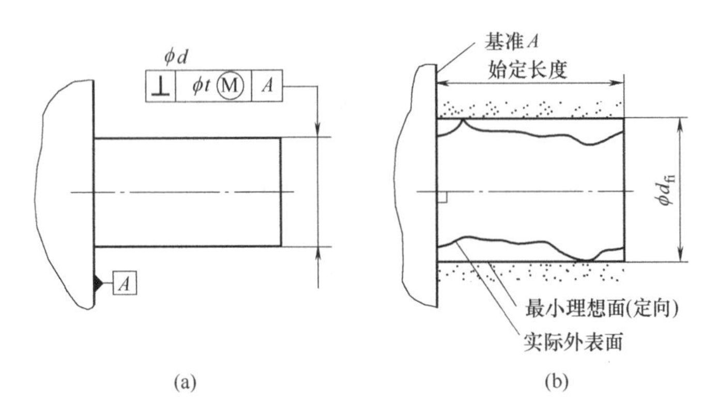

图 3-12　关联作用尺寸

(2) 最大实体状态、最大实体尺寸和最大实体边界。

① 最大实体状态(MMC)是指在给定长度上，实际要素处处位于极限尺寸之间并且实体最大(占有材料量最多)时的状态。最大实体尺寸(MMS)指最大实体状态下对应的极限尺寸。

孔的最大实体尺寸 D_M 就是孔的最小极限尺寸 D_{min}，即

$$D_M=D_{min} \tag{3-1}$$

轴的最大实体尺寸 d_M 就是轴的最大极限尺寸 d_{max}，即

$$d_M=d_{max} \tag{3-2}$$

② 最大实体边界(MMB)为最大实体尺寸的边界。由设计给定的具有理想形状的极限包容面称为边界。边界尺寸为极限包容面的直径或距离。

孔的最大实体边界尺寸为

$$D_{MMB}=D_M=D_{min} \tag{3-3}$$

轴的最大实体边界尺寸为

$$d_{MMB}=d_M=d_{max} \tag{3-4}$$

(3) 最小实体状态、最小实体尺寸和最小实体边界。

① 最小实体状态(LMC)是指在给定长度上，实际要素处处位于极限尺寸之间并且实体最小(占有材料量最少)时的状态。最小实体尺寸(LMS)指最小实体状态下对应的极限尺寸。

孔的最小实体尺寸 D_L 就是孔的最大极限尺寸 D_{max}，即

$$D_L=D_{max} \tag{3-5}$$

轴的最小实体尺寸 d_L 就是轴的最小极限尺寸 d_{min}，即

$$d_L=d_{min} \tag{3-6}$$

② 最小实体边界(LMB)为最小实体尺寸的边界。

孔的最小实体边界尺寸为

$$D_{LMB}=D_L=D_{max} \tag{3-7}$$

轴的最小实体边界尺寸为

$$d_{LMB}=d_L=d_{min} \tag{3-8}$$

(4) 最大实体实效状态、最大实体实效尺寸和最大实体实效边界。

① 最大实体实效状态(MMVC)是指在给定长度上，实际要素处于最大实体状态，且其中心要素的形状或位置误差等于给出公差值时的综合极限状态。最大实体实效尺寸(MMVS)是指实际要素在最大实体实效状态下的体外作用尺寸。

对于孔，它等于最大实体尺寸 D_M 减去几何公差值 t，即

$$D_{MV}=D_{min}-t \tag{3-9}$$

对于轴，它等于最大实体尺寸 d_M 加上几何公差值 t，即

$$d_{MV}=d_{max}+t \tag{3-10}$$

② 最大实体实效边界(MMVB)为最大实体实效尺寸的边界，如图 3-13(a)所示。

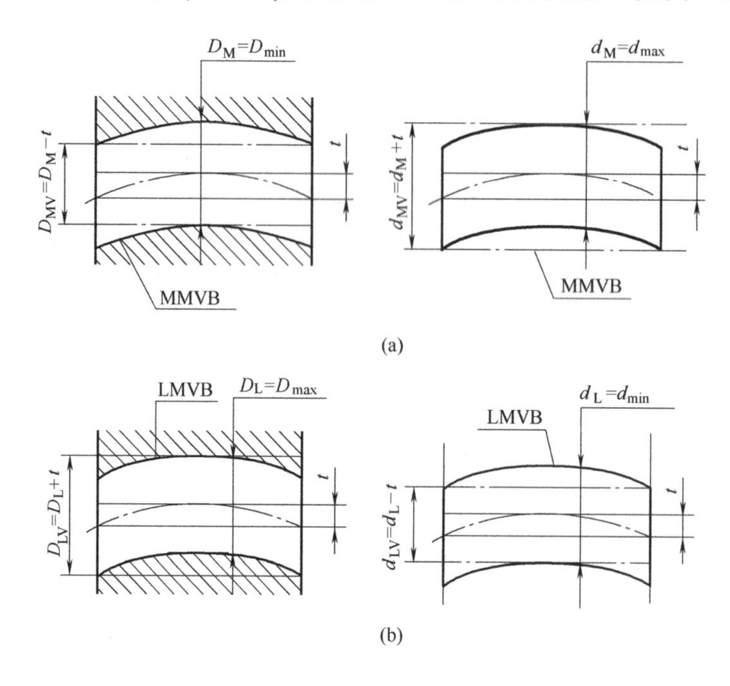

图 3-13　最大、最小实体实效尺寸及边界

孔的最大实体实效边界尺寸为

$$D_{MMVB}=D_{MV}=D_M-t=D_{min}-t \tag{3-11}$$

轴的最大实体实效边界尺寸为

$$d_{MMVB}=d_{MV}=d_M+t=d_{max}+t \tag{3-12}$$

(5) 最小实体实效状态、最小实体实效尺寸和最小实体实效边界。

① 最小实体实效状态(LMVC)是指在给定长度上，实际要素处于最小实体状态，且其中心要素的形状或位置误差等于给出公差值时的综合极限状态。最小实体实效尺寸(LMVS)是指实际要素在最小实体实效状态下的体内作用尺寸。

对于孔，它等于最小实体尺寸 D_L 加上几何公差值 t，即

$$D_{LV}=D_{max}+t \tag{3-13}$$

对于轴，它等于最小实体尺寸 d_L 减去几何公差值 t，即

$$d_{LV}=d_{min}-t \tag{3-14}$$

② 最小实体实效边界(LMVB)为最小实体实效尺寸的边界，如图 3-13(b)所示。

孔的最小实体实效边界尺寸为

$$D_{LMVB}=D_{LV}=D_L+t=D_{max}+t \tag{3-15}$$

轴的最小实体实效边界尺寸为

$$d_{LMVB}=d_{LV}=d_L-t=d_{min}-t \tag{3-16}$$

2) 独立原则

独立原则是指图样上给定的各个尺寸和几何形状、方向或位置要求都是独立的，应该分别满足各自的要求。独立原则是尺寸公差和形位公差相互关系遵循的基本原则，它应用于非配合零件或对形状和位置要求严格而对尺寸精度要求相对较低的场合。

图 3-14 所示为独立原则的应用示例，不需标注任何相关符号。图示轴的局部实际尺寸应在 ϕ19.97～ϕ20mm 之间，且中心线的直线度误差不允许大于 ϕ0.02mm。

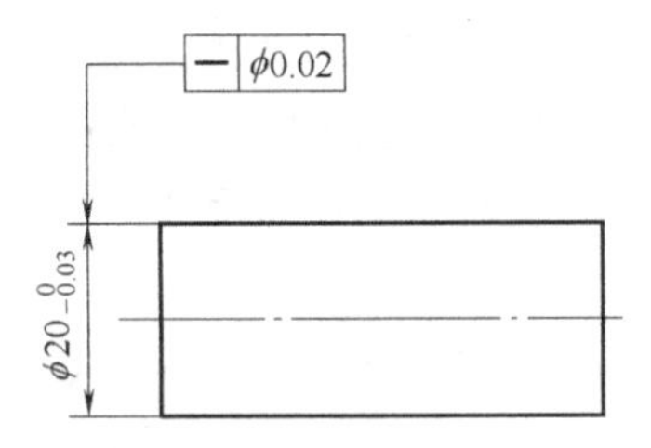

图 3-14　独立原则应用示例

3) 相关要求

图样上给定的尺寸公差与几何公差相互有关的设计要求称为相关要求。它分为包容要求、最大实体要求和最小实体要求。最大实体要求和最小实体要求还可用于可逆要求。

(1) 包容要求。

包容要求(ER)是被测实际要素处处不得超越最大实体边界的一种要求。它只适用于单一尺寸要素(圆柱面、两平行平面)的尺寸公差与几何公差之间的关系。

采用包容要求的尺寸要素，应在其尺寸极限偏差或公差代号后加注符号Ⓔ。

包容要求表示提取组成要素不得超越其最大实体边界，即其体外作用尺寸不超出最大实体尺寸，且其局部实际尺寸不超出最小实体尺寸。

对于内表面(孔)，有　　$D_{fe}\geqslant D_M=D_{min}$　　且 $D_a\leqslant D_L=D_{max}$

对于外表面(轴)，有　　$d_{fe}\leqslant d_M=d_{max}$　　且 $d_a\geqslant d_L=d_{min}$

图 3-15(a)中，轴的尺寸 $\phi 20_{-0.03}^{\ 0}$ Ⓔ 表示采用包容要求，则实际轴应满足下列要求：$d_{fe}\leqslant d_M=d_{max}=\phi$20mm 且 $d_a\geqslant d_L=d_{min}=\phi$19.97mm，如图 3-15(b)所示。图 3-15(c)为其动态公差图，它表达了实际尺寸和形状公差变化的关系。当实际尺寸为 ϕ19.97mm，偏离最大实体尺寸 0.03mm 时，允许的直线度误差为 0.03mm；而当实际尺寸为最大实体尺寸 ϕ20mm 时，允许的直线度误差为 0。

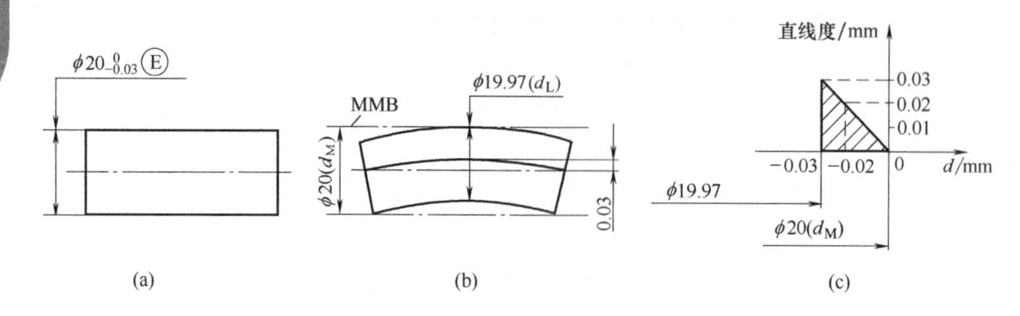

图 3-15 包容要求应用示例

包容要求是将尺寸误差和几何误差同时控制在尺寸公差范围内的一种公差要求，主要用于必须保证配合性质的要素。

(2) 最大实体要求。

最大实体要求(MMR)是指尺寸要素的非理想要素不得超越其最大实体实效边界的一种尺寸要素要求。它既可用于被测中心要素，也可用于基准中心要素。

最大实体要求用于被测中心要素时，应在被测要素几何公差框格中的公差值后标注符号Ⓜ；用于基准中心要素时，应在公差框格中相应的基准字母代号后标注符号Ⓜ。

最大实体要求用于被测提取要素时，被测提取要素的实际轮廓应遵守其最大实体实效边界，即其体外作用尺寸不得超出最大实体实效尺寸，且其局部实际尺寸应在最大与最小实体尺寸之间。

对于内表面，有 $D_{fe} \geqslant D_{MV}=D_{min}-t$ 且 $D_M=D_{min} \leqslant D_a \leqslant D_L=D_{max}$

对于外表面，有 $d_{fe} \leqslant d_{MV}=d_{max}+t$ 且 $d_M=d_{max} \geqslant d_a \geqslant d_L=d_{min}$

最大实体要求用于被测提取要素时，其几何学公差值是在该要素处于最大实体状态时给出的。当被测提取要素的实际轮廓偏离其最大实体状态时，几何误差值可以超出在最大实体状态下给出的几何学公差值，即此时的几何公差值可以增大。

图 3-16(a)表示$\phi 20_{-0.03}^{0}$轴的中心线直线度公差采用最大实体要求。当该轴处于最大实体状态时，其中心线的直线度公差为ϕ0.1mm，如图 3-16(b)所示；若轴的实际尺寸向最小实体尺寸方向偏离最大实体尺寸，则其中心线直线度误差可以超出图样给出的公差值ϕ0.1mm，但必须保证其体外作用尺寸不超出轴的最大实体实效尺寸ϕ20.1mm；当轴的实际尺寸处处为最小实体尺寸ϕ 19.7mm 时，其中心线的直线度公差可达最大值，t=(0.3+0.1)mm=ϕ0.4mm，如图 3-16(c)所示；图 3-16(d)为其动态公差图。

图 3-16 所示轴的尺寸与轴线直线度的合格条件是

$$d_{min}=19.7\text{mm} \leqslant d_a \leqslant d_{max}=20\text{mm}$$

$$d_{fe} \leqslant d_{MV}=20.1\text{mm}$$

当给出的导出要素的几何公差值为零(原称“零形位公差”)时，尺寸要素的最大实体实效边界(MMVB)等于最大实体边界(MMB)。

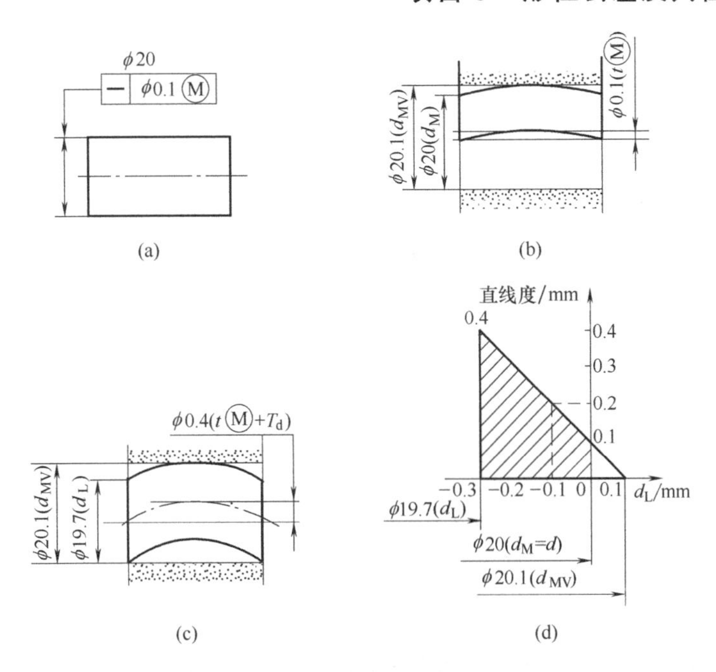

图 3-16　最大实体要求应用示例

图 3-17(a)表示 $\phi 50_{-0.08}^{+0.13}$ 孔的中心线对基准平面在任意方向的垂直度公差采用最大实体要求。当该孔处于最大实体状态时，其中心线对基准平面的垂直度公差为零，即不允许有垂直度误差，如图 3-17(b)所示；只有当孔的实际尺寸向最小实体尺寸方向偏离最大实体尺寸时，才允许其中心线对基准平面有垂直度误差，但必须保证其定向体外作用尺寸不超出其最大实体实效尺寸 $D_{MV}=D_M-t=(49.92-0)\text{mm}=49.92\text{mm}$；当孔的实际尺寸处处为最小实体尺寸 50.13mm 时，其中心线对基准平面的垂直度公差可达最大值，即孔的尺寸公差为 $\phi 0.21\text{mm}$，如图 3-17(c)所示；图 3-17(d)是该孔的动态公差图。

图 3-17 所示零件的合格条件是

$$D_a \leqslant D_L = D_{max} = 50.13\text{mm}$$

$$D_{fe} \geqslant D_{MV} = D_M = D_{min} = 49.92\text{mm}$$

图 3-17　最大实体要求应用示例

最大实体要求用于基准要素时，基准要素应遵守相应的边界。若基准要素的实际轮廓偏离其相应的边界，则允许基准要素在一定范围内浮动，其浮动范围等于基准要素的体外作用尺寸与其相应边界尺寸之差。但这种允许浮动并不能相应地允许增大被测要素的几何公差值。

最大实体要求用于基准要素时，基准要素应遵守的边界有以下两种情况。

① 基准要素本身采用最大实体要求时，应遵守最大实体实效边界。此时，基准代号应直接标注在形成该最大实体实效边界的形位公差框格下面。

图 3-18 表示最大实体要求应用于 $4\times\phi 8^{+0.1}_{0}$ 均布四孔的轴线对基准轴线的任意方向位置度公差，且最大实体要求也应用于基准要素，基准本身的轴线直线度公差采用最大实体要求。因此对于均布四孔的位置度公差，基准要素应遵守由直线度公差确定的最大实体实效边界，其边界尺寸为 $d_{MV}=d_M+t=(20+0.02)$mm=20.02mm。

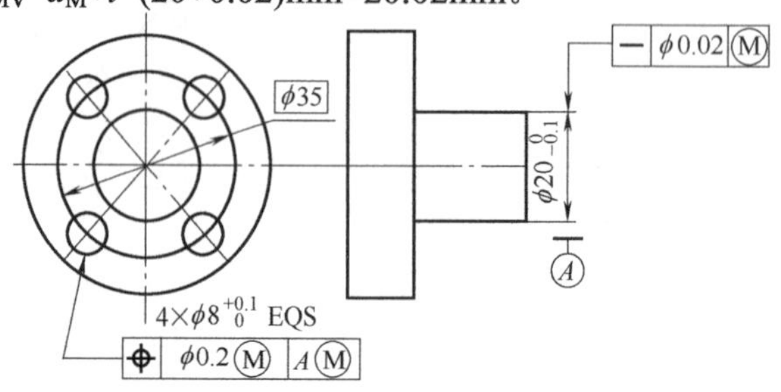

图 3-18　最大实体要求用于基准要素且基准本身采用最大实体要求

② 基准本身不采用最大实体要求时，应遵守最大实体边界。此时，基准代号应标注在基准的尺寸线处，其连线与尺寸线对齐。

基准要素不采用最大实体要求可能有两种情况：遵循独立原则或采用包容要求。

图 3-19(a)表示最大实体要求应用于 $4\times\phi 8^{+0.1}_{0}$ 均布四孔的轴线对基准轴线的任意方向位置度公差，且最大实体要求也应用于基准要素，基准本身遵循独立原则(未注形位公差)。因此基准要素应遵守其最大实体边界，其边界尺寸为基准要素的最大实体尺寸 $D_M=\phi 20$mm。

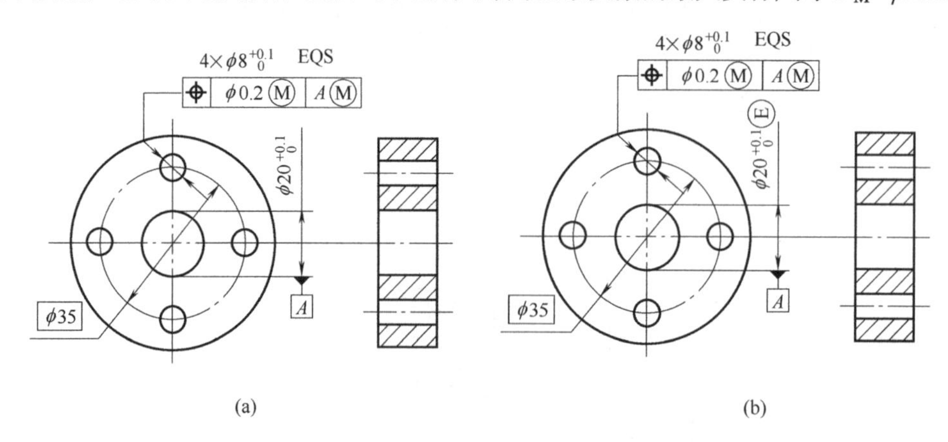

图 3-19　最大实体要求应用于基准要素且基准本身不采用最大实体要求

图 3-19(b)表示最大实体要求应用于 $4\times\phi 8^{+0.1}_{0}$ 均布四孔的轴线对基准轴线的任意方向位置度公差，且最大实体要求也应用于基准要素，基准本身采用包容要求。因此基准要素也应遵守其最大实体边界，其边界尺寸为基准要素的最大实体尺寸 $D_M=\phi 20$mm。

最大实体要求适用于中心要素，主要用于仅需保证零件的可装配性时。

(3) 最小实体要求。

最小实体要求(LMR)是指尺寸要素的非理想要素不得超越其最小实体实效边界的一种

尺寸要素要求。当其实际尺寸偏离最小实体尺寸时，允许其几何误差值超出在最小实体状态下给出的公差值。它既可用于被测中心要素，也可用于基准中心要素。

最小实体要求用于被测中心要素时，应在被测提取要素几何公差框格中的公差值后标注符号Ⓛ；用于基准中心要素时，应在被测提取要素几何公差框格中相应的基准字母代号后标注符号Ⓛ。

最小实体要求用于被测提取要素时，被测提取要素的实际轮廓在给定长度上处处不得超出最小实体实效边界，即其体内作用尺寸不得超出最小实体实效尺寸，且其局部实际尺寸不得超出最大和最小实体尺寸。

对于内表面，有　　$D_{fi} \leqslant D_{LV}=D_{max}+t$　　且 $D_M=D_{min} \leqslant D_a \leqslant D_L=D_{max}$

对于外表面，有　　$d_{fi} \geqslant d_{LV}=d_{min}-t$　　且 $d_M=d_{max} \geqslant d_a \geqslant d_L=d_{min}$

最上实体要求用于被测提取要素时，被测提取要素的几何公差值是在该要素处于最小实体状态时给出的。当被测提取要素的实际轮廓偏离其最小实体状态，即其实际尺寸偏离最小实体尺寸时，几何误差值可以超出在最小实体状态下给出的几何公差值。

图 3-20(a)表示$\phi 8^{+0.25}_{0}$孔的中心线对基准平面在任意方向的位置度公差采用最小实体要求。当该孔处于最小实体状态时，其中心线对基准平面任意方向的位置度公差为ϕ0.4mm，如图 3-20(b)所示。若孔的实际尺寸向最大实体尺寸方向偏离最小实体尺寸，即小于最小实体尺寸ϕ8.25mm，则其中心线对基准平面的位置度误差可以超出图样给出的公差值ϕ0.4mm，但必须保证其定位体内作用尺寸 D_{fi} 不超出孔的定位最小实体实效尺寸 $D_{LV}=D_L+t=(8.25+0.4)\text{mm}=8.65\text{mm}$。所以，当孔的实际尺寸处处相等时，它对最小实体尺寸ϕ8.25mm 的偏离量就等于轴线对基准平面任意方向的位置度公差的增加值。当孔的实际尺寸处处为最大实体尺寸ϕ8mm，即处于最大实体状态时，其中心线对基准平面任意方向的位置度公差可达最大值，且等于其尺寸公差与给出的任意方向位置度公差之和，$t=(0.25+0.4)\text{mm}=\phi 0.65\text{mm}$，如图 3-20(c)所示。图 3-20(d)是其动态公差图。

图 3-20 所示孔的尺寸与中心线对基准平面任意方向的位置度的合格条件是

$$D_L=D_{max}=8.25\text{mm} \geqslant D_a \geqslant D_M=D_{min}= 8\text{mm}$$

$$D_{fi} \leqslant D_{LV}=8.65\text{mm}$$

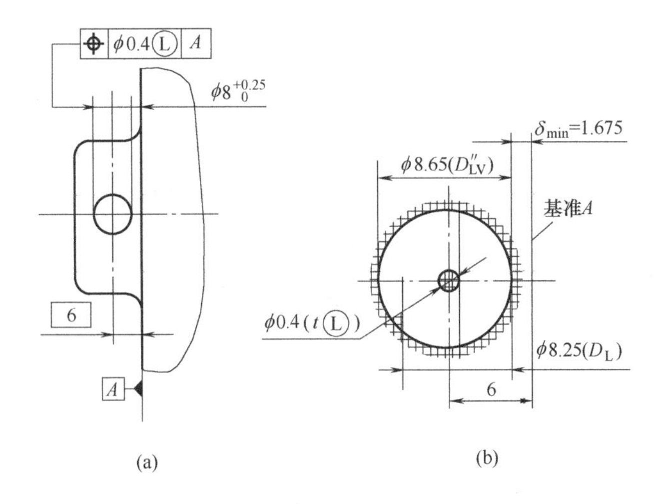

图 3-20　最小实体要求应用于被测提取要素

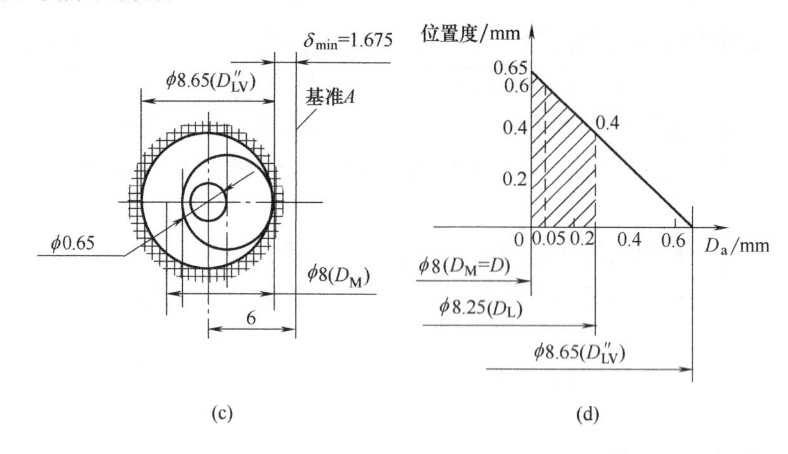

图 3-20 最小实体要求应用于被测提取要素(续)

图 3-21(a)表示 $\phi 8_{0}^{+0.065}$ 孔的中心线对基准平面任意方向的位置度公差采用最小实体要求。当该孔处于最小实体状态时，其轴线对基准平面任意方向的位置度公差为零，即不允许有位置误差，如图 3-21(b)所示。只有当孔的实际尺寸向最大实体尺寸方向偏离最小实体尺寸，即小于最小实体尺寸 8.65mm 时，才允许其中心线对基准平面有位置度误差，但必须保证其定位体内作用尺寸 D_{fi} 不超出孔的定位最小实体实效尺寸 $D_{LV}=D_L+t=(8.65+0)$mm=8.65mm。所以，当孔的实际尺寸处处相等时，它对最小实体尺寸的偏离量就是中心线对基准平面任意方向的位置度公差。当孔的实际尺寸处处为最大实体尺寸 8mm 时，其中心线对基准平面的位置度公差可达最大值，即孔的尺寸公差值 $t=\phi 0.65$mm，如图 3-21(c)所示。图 3-21(d)是其动态公差图。

图 3-20 与图 3-21 两种尺寸公差和位置度公差的标注，具有相同的边界和综合公差，因此具有基本相同的设计要求。它们之间的差别在于对于综合公差的分配有所不同。从两者的定位最小实体实效边界来看，这种设计要求主要是为了在被测孔与基准平面之间保证最小壁厚，即

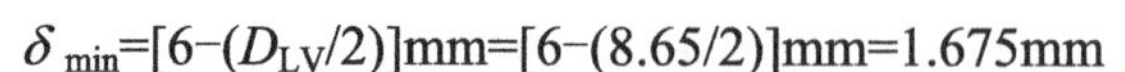

$$\delta_{\min}=[6-(D_{LV}/2)]\text{mm}=[6-(8.65/2)]\text{mm}=1.675\text{mm}$$

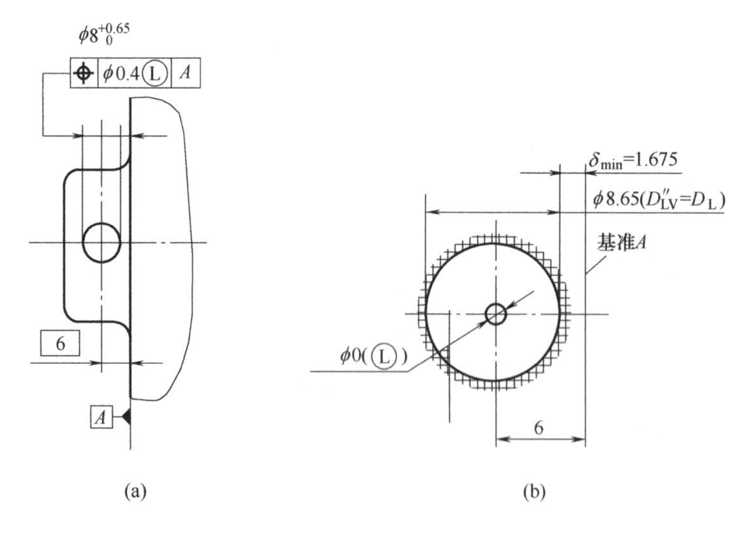

图 3-21 最小实体要求应用示例

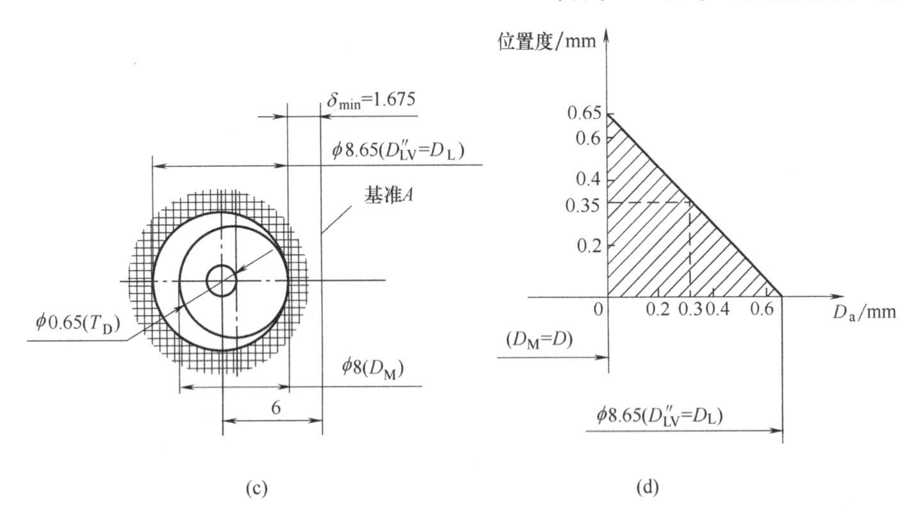

图 3-21　最小实体要求应用示例(续)

最小实体要求用于基准要素时，基准要素应遵守相应的边界。若基准要素的实际轮廓偏离其相应的边界，则允许基准要素在一定范围内浮动，其浮动范围等于基准要素的体内作用尺寸与其相应的边界尺寸之差。

最小实体要求应用于基准要素时，基准要素应遵守的边界也有两种情况。

(1) 基准要素本身采用最小实体要求时，应遵守最小实体实效边界。此时基准代号应直接标注在形成该最小实体实效边界的几何公差框格下面，如图 3-22(a)所示。

(2) 基准要素本身不采用最小实体要求时，应遵守最小实体边界。此时基准代号应标注在基准的尺寸线处，其连线与尺寸线对齐，如图 3-22(b)所示。

最小实体要求适用于中心要素，主要用于需保证零件的强度和壁厚时。

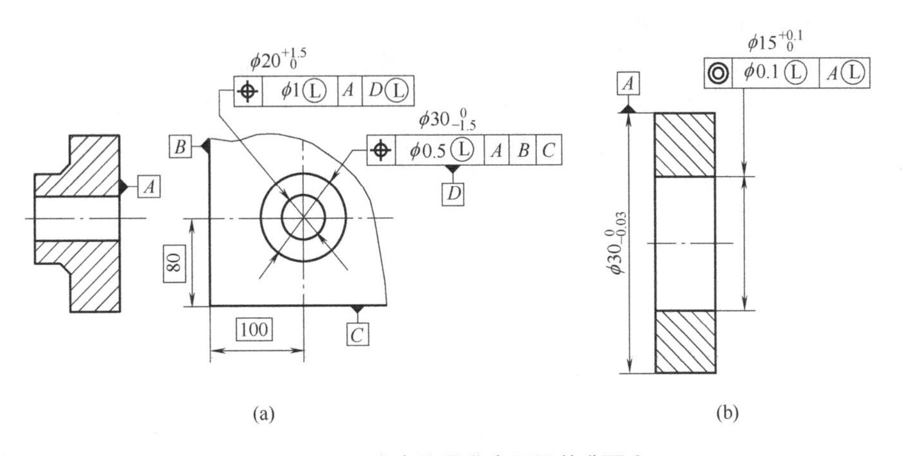

图 3-22　最小实体要求应用于基准要素

4) 可逆要求(RR)

在不影响零件功能要求的前提下，当被测中心线或中心面的几何误差值小于给出的几何公差值时，允许相应的尺寸公差增大。它是最大实体要求或最小实体要求的附加要求。

采用可逆的最大实体要求，应在被测要素的几何公差框格中的公差值后加注“ⓂⓇ”。

图 3-23(a)是中心线的直线度公差采用可逆的最大实体要求的示例，当该轴处于最大实

体状态时，其中心线直线度公差为ϕ0.1mm，若轴的直线度误差小于给出的公差值，则允许轴的实际尺寸超出其最大实体尺寸ϕ20mm，但必须保证其体外作用尺寸不超出其最大实体实效尺寸ϕ20.1mm，所以当轴的中心线直线度误差为零(即具有理想形状)时，其实际尺寸可达最大值，即等于轴的最大实体实效尺寸ϕ20.1mm，如图 3-23(b)所示。图 3-23(c)是其动态公差图。

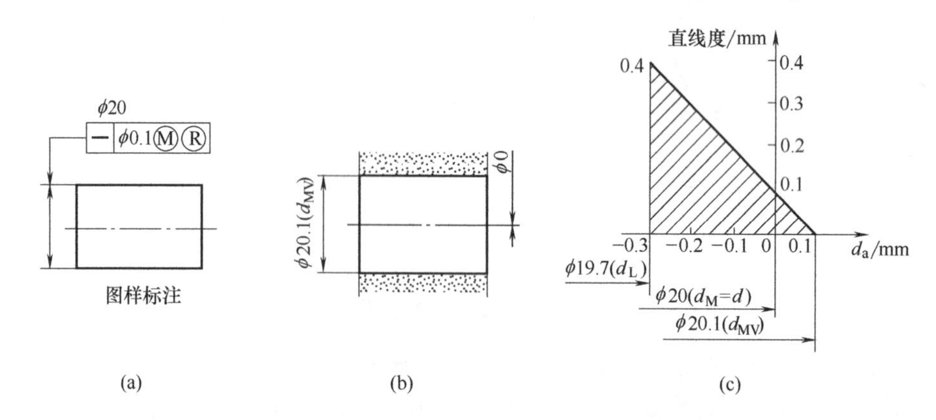

图 3-23　可逆要求用于最大实体要求的示例

图 3-23 所示的轴的尺寸与轴线直线度的合格条件是

$$d_a \geqslant d_L = d_{min} = 19.7\text{mm}$$

$$d_{fe} \leqslant d_{MV} = d_M + t = (20+0.1)\text{mm} = 20.1\text{mm}$$

采用可逆的最小实体要求，应在被测要素的几何公差框格中的公差值后加注ⓁⓇ。

图 3-24(a)表示$\phi 8^{+0.025}_{0}$孔的中心线对基准平面的任意方向的位置度公差采用可逆的最小实体要求。当孔处于最小实体状态时，其中心线对基准平面的位置度公差为 0.4mm。若孔的中心线对基准平面的位置度误差小于给出的公差值，则允许孔的实际尺寸超出其最小实体尺寸(即大于 8.25mm)，但必须保证其定位体内作用尺寸不超出其定位最小实体实效尺寸(即 $D_{fi} \leqslant D_{LV} = D_L + t = (8.25+0.4)\text{mm} = 8.65\text{mm}$)。所以当孔的中心线对基准平面任意方向的位置度误差为零时，其实际尺寸可达最大值，即等于孔定位最小实体实效尺寸 8.65mm，如图 3-24(b)所示。其动态公差图如图 3-24(c)所示。

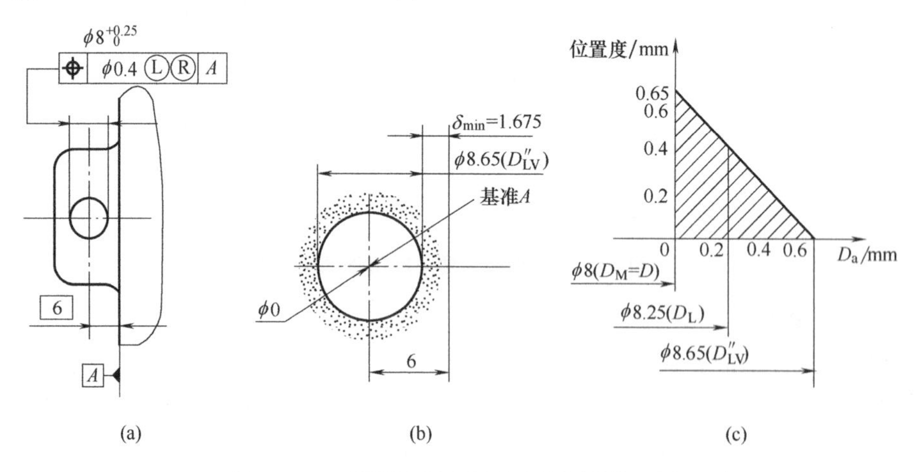

图 3-24　可逆要求用于最小实体要求的示例

2. 公差的选用

公差的设计选用对保证产品质量和降低制造成本具有十分重要的意义。它对保证轴类零件的旋转精度、保证结合件的连接强度和密封性、保证齿轮传动零件的承载均匀性等都有很重要的影响。

公差的选用主要包括几何公差项目的选择、公差等级与公差值的选择、公差原则的选择和基准要素的选择。

1) 公差项目的选择

公差项目的选择，取决于零件的几何特征与功能要求，同时也要考虑检测的方便性。

(1) 零件的几何特征。

形状公差项目主要是按要素的几何形状特征制定的，因此要素的几何特征自然是选择单一要素公差项目的基本依据。例如，控制平面的形状误差应选择平面度，控制导轨导向面的形状误差应选择直线度，控制圆柱面的形状误差应选择圆度或圆柱度等。

定向或定位公差项目是按要素间几何方位关系制定的，所以关联要素的公差项目应以它与基准间的几何方位关系为基本依据。对线(中心线)、面可规定方向和位置公差，对点只能规定位置度公差，只有回转零件才规定同轴度公差和跳动公差。

(2) 零件的使用要求。

零件的功能要求不同，对公差应提出不同的要求，所以应分析几何误差对零件使用性能的影响。一般来说，平面的形状误差将影响支承面安置的平稳和定位可靠性，影响贴合面的密封性和滑动面的磨损；导轨面的形状误差将影响导向精度；圆柱面的形状误差将影响定位配合的连接强度和可靠性，影响转动配合的间隙均匀性和运动平稳性；轮廓表面或中心要素的方向或位置误差将直接决定机器的装配精度和运动精度，如齿轮箱体上两孔轴线不平行将影响齿轮副的接触精度，降低承载能力，滚动轴承的定位轴肩与轴线不垂直，将影响轴承旋转时的精度等。

(3) 检测的方便性。

为了检测方便，有时可将所需的公差项目用控制效果相同或相近的公差项目来代替。例如，要素为一圆柱面时，圆柱度是理想的项目，因为它综合控制了圆柱面的各种形状误差，但是由于圆柱度检测不便，故可选用圆度、直线度几个分项，或者选用径向跳动公差等进行控制。又如，径向圆跳动可综合控制圆度和同轴度误差，而径向圆跳动误差的检测简单易行，所以在不影响设计要求的前提下，可尽量选用径向圆跳动公差项目。同样可近似地用端面圆跳动代替端面对轴线的垂直度公差要求。端面全跳动的公差带和端面对中心线的垂直度的公差带完全相同，可互相取代。

2) 公差值的选择

GB/T1184—1996 规定图样中标注的公差有两种形式：未注公差值和注出公差值。

(1) 未注公差值是各类工厂中常用设备能保证的精度。零件大部分要素的几何公差值均应遵循未注公差值的要求，不必注出。只有当要求要素的公差值小于未注公差值时，或者要求要素的公差值大于未注公差值而给出大的公差值后，能给工厂的加工带来经济效益时，才需要在图样中用框格给出几何公差要求。

(2) 注出公差要求的几何精度高低是用公差等级数字的大小来表示的。按国家标准的规定，对 14 项形位公差特征，除线面轮廓度及位置度未规定公差等级外，其余项目均有规定。一般划分为 12 级，即 1～12 级，1 级精度最高，12 级精度最低；圆度圆柱度则最高级为 0 级，划分为 13 级。各项目的各级公差值如表 3-8～表 3-11 所示。

表 3-8　直线度和平面度的公差值

单位：μm

主参数 $L(D)$/mm	公差等级											
	1	2	3	4	5	6	7	8	9	10	11	12
	公 差 值											
≤10	0.2	0.4	0.8	1.2	2	3	5	8	12	20	30	60
＞10～16	0.25	0.5	1	1.5	2.5	4	6	10	15	25	40	80
＞16～25	0.3	0.6	1.2	2	3	5	8	12	20	30	50	100
＞25～40	0.4	0.8	1.5	2.5	4	6	10	15	25	40	60	120
＞40～63	0.5	1	2	3	5	8	12	20	30	50	80	120
＞63～100	0.6	1.2	2.5	4	6	10	15	25	40	60	100	200
＞100～160	0.8	1.5	3	5	8	12	20	30	50	80	120	250
＞160～250	1	2	4	6	10	15	25	40	60	100	150	300
＞250～400	1.2	2.5	5	8	12	20	30	50	80	120	200	400
＞400～630	1.5	3	6	10	15	25	40	60	100	150	250	500
＞630～1000	2	4	8	12	20	30	50	80	120	200	300	600

注：主参数 L 为轴、直线、平面的长度。

表 3-9　圆度和圆柱度的公差值

单位：μm

主参数 $d(D)$/mm	公差等级												
	0	1	2	3	4	5	6	7	8	9	10	11	12
	公 差 值												
≤3	0.1	0.2	0.3	0.5	0.8	1.2	2	3	4	6	10	14	25
＞3～6	0.1	0.2	0.4	0.6	1	1.5	2.5	4	5	8	12	18	30
＞6～10	0.12	0.25	0.4	0.6	1	1.5	2.5	4	6	9	15	22	36
＞10～18	0.15	0.25	0.5	0.8	1.2	2	3	5	8	11	18	27	43
＞18～30	0.2	0.3	0.6	1	1.5	2.5	4	6	9	13	21	33	52
＞30～50	0.25	0.4	0.6	1	1.5	2.5	4	7	11	16	25	39	62
＞50～80	0.3	0.5	0.8	1.2	2	3	5	8	13	19	30	46	74
＞80～120	0.4	0.6	1	1.5	2.5	4	6	10	15	22	35	54	87
＞120～180	0.6	1	1.2	2	3.5	5	8	12	18	25	40	63	100
＞180～250	0.8	1.2	2	3	4.5	7	10	14	20	29	46	72	115
＞250～315	1.0	1.6	2.5	4	6	8	12	16	23	32	52	81	130
＞315～400	1.2	2	3	5	7	9	13	18	25	36	57	89	140
＞400～500	1.5	2.5	4	6	8	10	15	20	27	40	63	97	155

注：主参数 $d(D)$为轴(孔)的直径。

表 3-10　平行度、垂直度和倾斜度公差值　　单位：μm

主参数 L、$d(D)$/mm	公差等级											
	1	2	3	4	5	6	7	8	9	10	11	12
	公差值											
≤10	0.4	0.8	1.5	3	5	8	12	20	30	50	80	120
>10～16	0.5	1	2	4	6	10	15	25	40	60	100	150
>16～25	0.6	1.2	2.5	5	8	12	20	30	50	80	120	200
>25～40	0.8	1.5	3	6	10	15	25	40	60	100	150	250
>40～63	1	2	4	8	12	20	30	50	80	120	200	300
>63～100	1.2	2.5	5	10	15	25	40	60	100	150	250	400
>100～160	1.5	3	6	12	20	30	50	80	120	200	300	500
>160～250	2	4	8	15	25	40	60	100	150	250	400	600
>250～400	2.5	5	10	20	30	50	80	120	200	300	500	800
>400～630	3	6	12	25	40	60	100	150	250	400	600	1000
>630～1000	4	8	15	30	50	80	120	200	300	500	800	1200

注：① 主参数 L 为给定平行度时轴线或平面的长度，或给定垂直度、倾斜度时被测要素的长度。

② 主参数 $d(D)$为给定面对线垂直度时，被测要素的轴(孔)直径。

表 3-11　同轴度、对称度、圆跳动和全跳动公差值　　单位：μm

主参数 $d(D)$、B、L/mm	公差等级											
	1	2	3	4	5	6	7	8	9	10	11	12
	公差值											
≤1	0.4	0.6	1.0	1.5	2.5	4	6	10	15	25	40	60
>1～3	0.4	0.6	1.0	1.5	2.5	4	6	10	20	40	60	120
>3～6	0.5	0.8	1.2	2	3	5	8	12	25	50	80	150
>6～10	0.6	1.0	1.5	2.5	4	6	10	15	30	60	100	200
>10～18	0.8	1.2	2	3	5	8	12	20	40	80	120	250
>18～30	1	1.5	2.5	4	6	10	15	25	50	100	150	300
>30～50	1.2	2	3	5	8	12	20	30	60	120	200	400
>50～120	1.5	2.5	4	6	10	15	25	40	80	150	250	500
>120～250	2	3	5	8	12	20	30	50	100	200	300	600
>250～500	2.5	4	6	10	15	25	40	60	120	250	400	800
>500～800	3	5	8	12	20	30	50	80	150	300	500	1000
>800～1250	4	6	10	15	25	40	60	100	200	400	600	1200

注：① 主参数 $d(D)$为给定同轴度，或给定圆跳动、全跳动时的轴(孔)直径。

② 圆锥体斜向圆跳动公差的主参数为平均直径。

③ 主参数 B 为给定对称度时槽的宽度。

④ 主参数 L 为给定两孔对称度时的孔心距。

对位置度，国家标准只规定了公差值数系，而未规定公差等级，如表 3-12 所示。

表 3-12　位置度公差值数系　　单位：μm

1	1.2	1.5	2	2.5	3	4	5	6	8
1×10^n	1.2×10^n	1.5×10^n	2×10^n	2.5×10^n	3×10^n	4×10^n	5×10^n	6×10^n	8×10^n

注：n 为正整数。

公差值的选择原则，是在满足零件功能要求的前提下，兼顾工艺的经济性的检测条件，尽量选取较大的公差值。选择的方法有计算法和类比法。

(1) 计算法。

用计算法确定形位公差值，目前还没有成熟、系统的计算步骤和方法，一般是根据产品的功能要求，在有条件的情况下计算求得形位公差值。

例 3-1　孔和轴的配合如图 3-25 所示，为保证轴能在孔中自由回转，要求最小功能间隙(配合孔、轴尺寸考虑几何误差后所得到的间隙)X_{min} 不得小于 0.02mm，试确定孔和轴的几何公差。

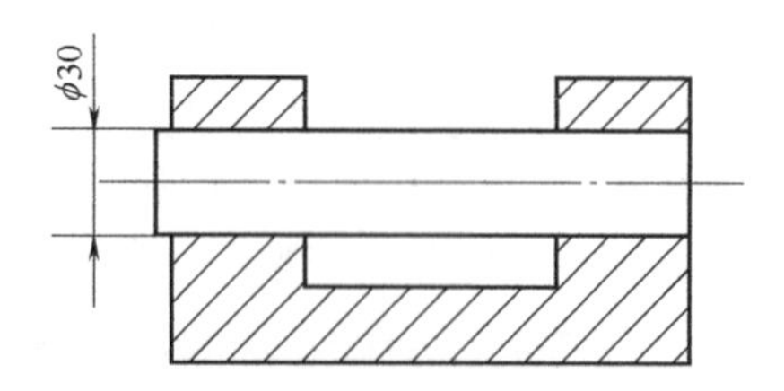

图 3-25　例 3-1 图

解： 此部件主要要求保证配合性质，对轴、孔的形状精度无特殊的要求，故采用包容要求给出尺寸公差。两孔同轴度误差对配合性质有影响，故以两孔轴线建立公共基准轴线，并给出两孔轴线对公共基准轴线的同轴度公差。

设孔的直径公差等级为 IT7，轴的直径公差等级为 IT6，则 T_h=0.021mm，T_s=0.013mm。选用基孔制配合，则孔为 $\phi30^{+0.021}_{0}$ mm。由于是间隙配合，故轴的基本偏差必须为负值，且绝对值应大于轴、孔的几何公差之和，有

$$X_{min}=\mathrm{EI}-\mathrm{es}-(t_{孔}+t_{轴})$$

取轴的基本偏差为 es，则其 es = −0.04mm，故有

$$0.02 = 0-(-0.04)-(t_{孔}+t_{轴})$$

$$t_{孔}+t_{轴}=(0.04-0.02)\text{mm}=0.02\text{mm}$$

因轴为光轴，采用包容要求后，轴在最大实体状态下的 $t_{轴}$=0，故孔的同轴度公差为 0.02mm。其标注如图 3-26 所示。

(2) 类比法。

公差值常用类比法确定，主要考虑零件的使用性能、加工的可能性和经济性等因素，还应考虑以下几点。

① 形状公差与方向、位置公差的关系。同一要素上给定的形状公差值应小于方向、位置公差值，方向公差值应小于位置公差值($t_{形状}<t_{方向}<t_{位置}$)。如同一平面上，平面度公差值应小于该平面对基准平面的平行度公差值。

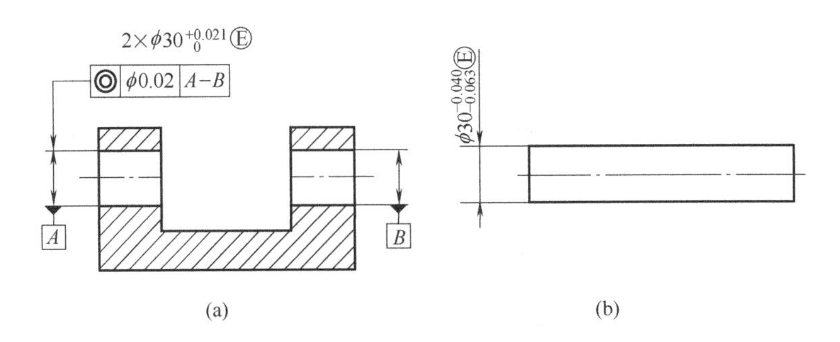

(a)　(b)

图 3-26　例 3-1 图标注

② 公差和尺寸公差的关系。圆柱形零件的形状公差一般情况下应小于其尺寸公差值；线对线或面对面的平行度公差值应小于其相应距离的尺寸公差值。

圆度、圆柱度公差值约为同级的尺寸公差的 50%，因而一般可按同级选取。例如，尺寸公差为 IT6，则圆度、圆柱度公差通常也选 6 级，必要时也可比尺寸公差等级高 1～2 级。

位置度公差通常需要经过计算确定，对用螺栓连接两个或两个以上零件时，若被连接零件均为光孔，则光孔的位置度公差的计算公式为

$$t \leqslant KX_{\min}$$

式中：t 为位置度公差；K 为间隙利用系数，其推荐值为，不需调整的固定连接 K=1，需调整的固定连接 K=0.6～0.8；$X_{\min}$ 为光孔与螺栓间的最小间隙。

用螺钉连接时，被连接零件中有一个是螺孔，而其余零件均是光孔，则光孔和螺孔的位置度公差计算公式为

$$t \leqslant 0.6KX_{\min}$$

式中：$X_{\min}$ 为光孔与螺钉间的最小间隙。

按以上公式计算确定的位置度公差，经圆整并按表 3-14 选择标准的位置度公差值。

③ 公差与表面粗糙度的关系。通常，表面粗糙度的 Ra 值可占形状公差值的(20～25)%。

④ 考虑零件的结构特点。对于刚性较差的零件(如细长轴)和结构特殊的要素(如跨距较大的轴和孔、宽度较大的零件表面等)，在满足零件的功能要求下，可适当降低 1～2 级选用。此外，孔相对于轴、线对线和线对面相对于面对面的平行度、垂直度公差可适当降低 1～2 级。

表 3-13～表 3-16 列出了各种几何公差等级的应用举例，可供类比时参考。

表 3-13　直线度、平面度公差等级应用

公差等级	应用举例
1，2	用于精密量具、测量仪器以及精度要求高的精密机械零件，如量块、零级样板、平尺、零级宽平尺、工具显微镜等精密量仪的导轨面等
3	1 级宽平尺工作面，1 级样板平尺的工作面，测量仪器圆弧导轨的直线度，量仪的测杆等
4	零级平板，测量仪器的 V 形导轨，高精度平面磨床的 V 形导轨和滚动导轨等
5	1 级平板，2 级宽平尺，平面磨床的导轨、工作台，液压龙门刨床导轨面，柴油机进气、排气阀门导杆等

续表

公差等级	应用举例
6	普通机床导轨面，柴油机机体结合面等
7	2 级平板，机床主轴箱结合面，液压泵盖、减速器壳体结合面等
8	机床传动箱体、挂轮箱体、溜板箱体，柴油机汽缸体，连杆分离面，缸盖结合面，汽车发动机缸盖，曲轴箱结合面，液压管件和法兰连接面等
9	自动车床床身底面，摩托车曲轴箱体，汽车变速箱壳体，手动机械的支承面等

表 3-14　圆度、圆柱度公差等级应用

公差等级	应用举例
0，1	高精度量仪主轴，高精度机床主轴，滚动轴承的滚珠和滚柱等
2	精密量仪主轴、外套、阀套高压油泵柱塞及套，纺锭轴承，高速柴油机进气、排气门，精密机床主轴轴颈，针阀圆柱表面，喷油泵柱塞及柱塞套等
3	高精度外圆磨床轴承，磨床砂轮主轴套筒，喷油嘴针，阀体，高精度轴承内外圈等
4	较精密机床主轴、主轴箱孔，高压阀门，活塞，活塞销，阀体孔，高压油泵柱塞，较高精度滚动轴承配合轴，铣削动力头箱体孔等
5	一般计量仪器主轴、测杆外圆柱面，陀螺仪轴颈，一般机床主轴轴颈及轴承孔，柴油机、汽油机的活塞、活塞销，与 P6 级滚动轴承配合的轴颈等
6	一般机床主轴及前轴承孔，泵、压缩机的活塞、汽缸，汽油发动机凸轮轴，纺机锭子，减速传动轴轴颈，高速船用发动机曲轴、拖拉机曲轴主轴颈，与 P6 级滚动轴承配合的外壳孔，与 P0 级滚动轴承配合的轴颈等
7	大功率低速柴油机曲轴轴颈、活塞、活塞销、连杆、汽缸，高速柴油机箱体轴承孔，千斤顶或压力油缸活塞，机车传动轴，水泵及通用减速器转轴轴颈，与 P0 级滚动轴承配合的外壳孔等
8	低速发动机、大功率曲柄轴轴颈，压气机连杆盖、体，拖拉机汽缸、活塞，炼胶机冷铸轴辊，印刷机传墨辊，内燃机曲轴轴颈，柴油机凸轮轴承孔，凸轮轴，拖拉机、小型船用柴油机汽缸套等
9	空气压缩机缸体，液压传动筒，通用机械杠杆与拉杆用套筒销子，拖拉机活塞环、套筒孔

表 3-15　平行度、垂直度、倾斜度公差等级应用

公差等级	应用举例
1	高精度机床、测量仪器、量具等主要工作面和基准面等
2，3	精密机床、测量仪器、量具、模具的工作面和基准面，精密机床的导轨，重要箱体主轴孔对基准面的要求，精密机床主轴轴肩端面，滚动轴承座圈端面，普通机床的主要导轨，精密刀具的工作面和基准面等
4，5	普通机床导轨，重要支承面，机床主轴孔对基准的平行度，精密机床重要零件，计量仪器、量具、模具的工作面和基准面，床头箱体重要孔，通用减速器壳体孔，齿轮泵的油孔端面，发动机轴和离合器的凸缘，汽缸支承端面，安装精密滚动轴承壳体孔的凸肩等

续表

公差等级	应用举例
6，7，8	一般机床的工作面和基准面，压力机和锻锤的工作面，中等精度钻模的工作面，机床一般轴承孔对基准的平行度，变速器箱体孔，主轴花键对定心直径部位轴线的平行度，重型机械轴承盖端面，卷扬机、手动传动装置中的传动轴，一般导轨、主轴箱体孔，刀架，砂轮架，汽缸配合面对基准轴线，活塞销孔对活塞中心线的垂直度，滚动轴承内、外圈端面对轴线的垂直度等
9，10	低精度零件，重型机械滚动轴承端盖，柴油机、煤气发动机箱体曲轴孔、曲轴颈、花键轴和轴肩端面，皮带运输机法兰盘等端面对轴线的垂直度，手动卷扬机及传动装置中的轴承端面，减速器壳体平面等

表 3-16　同轴度、对称度、跳动公差等级应用

公差等级	应用举例
1，2	精密测量仪器的主轴和顶尖，柴油机喷油嘴针阀等
3，4	机床主轴轴颈，砂轮轴轴颈，汽轮机主轴，测量仪器的小齿轮轴，安装高精度齿轮的轴颈等
5	机床轴颈，机床主轴箱孔，套筒，测量仪器的测量杆，轴承座孔，汽轮机主轴，柱塞油泵转子，高精度轴承外圈，一般精度轴承内圈等
6，7	内燃机曲轴，凸轮轴轴颈，柴油机机体主轴承孔，水泵轴，油泵柱塞，汽车后桥输出轴，安装一般精度齿轮的轴颈，涡轮盘，测量仪器杠杆轴，电机转子，普通滚动轴承内圈，印刷机传墨辊的轴颈，键槽等
8，9	内燃机凸轮轴孔，连杆小端铜套，齿轮轴，水泵叶轮，离心泵体，汽缸套外径配合面对内径工作面，运输机械滚筒表面，压缩机十字头，安装低精度齿轮用轴颈，棉花精梳机前后滚子，自行车中轴等

3. 形位公差原则的选用

选择公差原则和公差要求时，应根据被测要素的功能要求、各公差原则的应用场合、可行性和经济性等方面来考虑，表 3-17 列出了几种公差原则和公差要求的应用场合和示例，可供选择时参考。

表 3-17　公差原则和公差要求选择示例

公差原则	应用场合	示　例
独立原则	尺寸精度与形位精度需要分别满足要求	齿轮箱体孔的尺寸精度与两孔轴线的平行度；连杆活塞销孔的尺寸精度与圆柱度；滚动轴承内、外圈滚道的尺寸精度与形状精度
	尺寸精度与形位精度要求相差较大	滚筒类零件尺寸精度要求很低，形状精度要求较高；平板的尺寸精度要求不高，形状精度要求很高；通油孔的尺寸有一定精度要求，形状精度无要求

续表

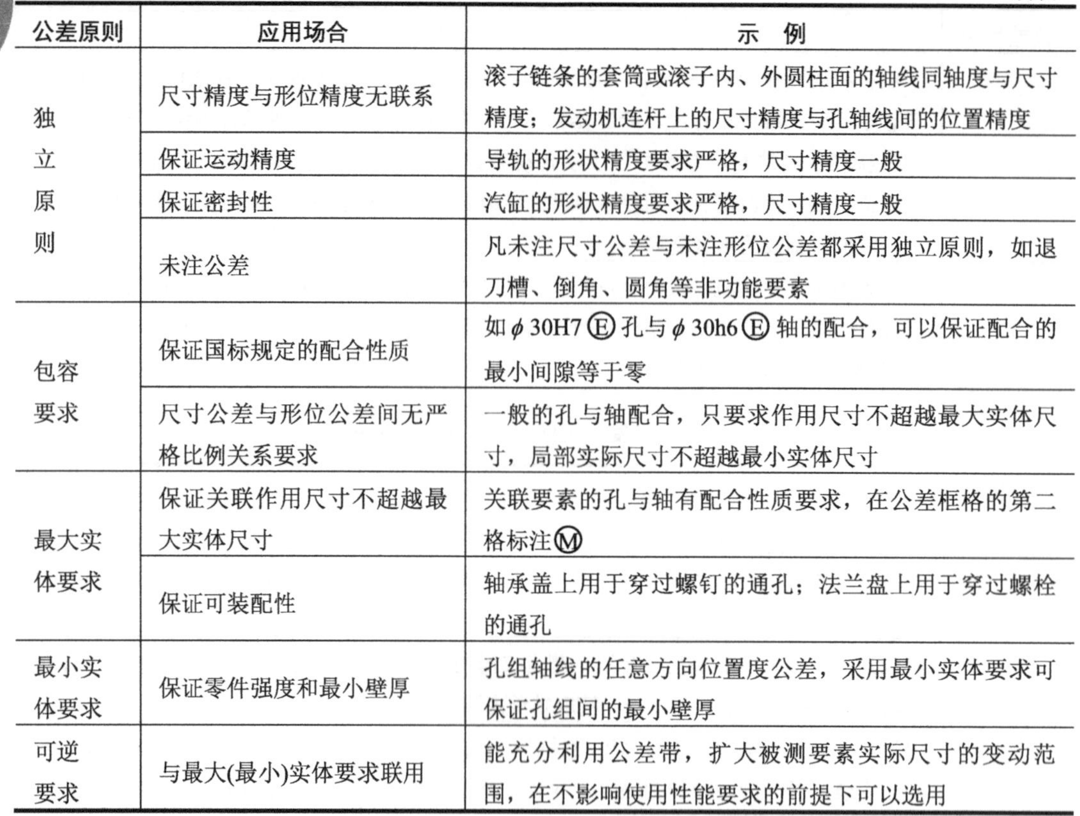

公差原则	应用场合	示　例
独立原则	尺寸精度与形位精度无联系	滚子链条的套筒或滚子内、外圆柱面的轴线同轴度与尺寸精度；发动机连杆上的尺寸精度与孔轴线间的位置精度
	保证运动精度	导轨的形状精度要求严格，尺寸精度一般
	保证密封性	汽缸的形状精度要求严格，尺寸精度一般
	未注公差	凡未注尺寸公差与未注形位公差都采用独立原则，如退刀槽、倒角、圆角等非功能要素
包容要求	保证国标规定的配合性质	如ϕ30H7Ⓔ孔与ϕ30h6Ⓔ轴的配合，可以保证配合的最小间隙等于零
	尺寸公差与形位公差间无严格比例关系要求	一般的孔与轴配合，只要求作用尺寸不超越最大实体尺寸，局部实际尺寸不超越最小实体尺寸
最大实体要求	保证关联作用尺寸不超越最大实体尺寸	关联要素的孔与轴有配合性质要求，在公差框格的第二格标注Ⓜ
	保证可装配性	轴承盖上用于穿过螺钉的通孔；法兰盘上用于穿过螺栓的通孔
最小实体要求	保证零件强度和最小壁厚	孔组轴线的任意方向位置度公差，采用最小实体要求可保证孔组间的最小壁厚
可逆要求	与最大(最小)实体要求联用	能充分利用公差带，扩大被测要素实际尺寸的变动范围，在不影响使用性能要求的前提下可以选用

1) 基准的选择

基准是确定关联要素间方向和位置的依据。在选择公差项目时，必须同时考虑要采用的基准。基准有单一基准、组合基准及多基准几种形式。选择基准时，一般应从如下几方面考虑。

(1) 根据要素的功能及对被测要素间的几何关系来选择基准。如轴类零件，常以两个轴承为支承运转，其运动轴线是安装轴承的两轴颈公共轴线。因此，从功能要求和控制其他要素的位置精度来看，应选这两处轴颈的公共轴线(组合基准)为基准。

(2) 根据装配关系应选零件上相互配合、相互接触的定位要素作为各自的基准。如盘、套类零件多以其内孔轴线径向定位装配或以其端面轴向定位，因此根据需要可选其轴线或端面作为基准。

(3) 从零件结构考虑，应选较宽大的平面、较长的轴线作为基准，以使定位稳定。对结构复杂的零件，一般应选三个基准面，以确定被测要素在空间的方向和位置。

(4) 从加工检测方面考虑，应选择在加工、检测中方便装夹定位的要素为基准。

2) 未注几何公差的规定

为了简化图样，对一般机床加工能保证的几何精度，不必在图样上注出几何公差。图样上没有具体注明几何公差值的要素，其几何精度应按下列规定执行。

(1) 对未注直线度、平面度、垂直度、对称度和圆跳动各规定了 H、K、L 三个公差等级，其公差值如表 3-18～表 3-21 所示。采用规定的未注公差值时，应在标题栏附件或技术要求中注出公差等级代号及标准编号，如“GB/T1184-H”。

(2) 未注圆度公差值等于直径公差值，但不能大于表 3-21 中的径向圆跳动值。

(3) 未注圆柱度公差由圆度、直线度和素线平行度的注出公差或未注公差控制。

(4) 未注平行度公差值等于尺寸公差值或直线度和平面度未注公差值中的较大者。

(5) 未注同轴度的公差值可以和表 3-21 中规定的圆跳动的未注公差值相等。

(6) 未注线、面轮廓度，倾斜度，位置度和全跳动的公差值均应由各要素的注出或未注线性尺寸公差或角度公差控制。

表 3-18　直线度和平面度未注公差值

公差等级	基本长度范围/mm					
	≤10	＞10～30	＞30～100	＞100～300	＞300～1000	＞1000～3000
H	0.02	0.05	0.1	0.2	0.3	0.4
K	0.05	0.1	0.2	0.4	0.6	0.8
L	0.1	0.2	0.4	0.8	1.2	1.6

表 3-19　垂直度未注公差值

公差等级	基本长度范围/mm			
	≤100	＞100～300	＞300～1000	＞1000～3000
H	0.2	0.3	0.4	0.5
K	0.4	0.6	0.8	1
L	0.6	1	1.5	2

表 3-20　对称度未注公差值

公差等级	基本长度范围/mm			
	≤100	＞100～300	＞300～1000	＞1000～3000
H	0.5	0.5	0.5	0.5
K	0.6	0.6	0.8	1
L	0.6	1	1.5	2

表 3-21　圆跳动未注公差值

公差等级	公差值/mm
H	0.1
K	0.2
L	0.5

3) 公差选择举例

图 3-27 所示为减速器的输出轴，两轴颈ϕ55j6 与 P0 级滚动轴承内圈相配合，为保证配合性质，采用了包容要求，为保证轴承的旋转精度，在遵循包容要求的前提下，又进一步提出圆柱度公差的要求，其公差值由表 3-9 查得为 0.005mm。该两轴颈上安装滚动轴承

后，将分别与减速器箱体的两孔配合，因此需限制两轴颈的同轴度误差，以保证轴承外圈和箱体孔的安装精度，为检测方便，实际给出了两轴颈的径向圆跳动公差 0.025mm(跳动公差 7 级)。ϕ62mm 处的两轴肩都是止推面，起一定的定位作用，为保证定位精度，提出了两轴肩相对于基准轴线的端面圆跳动公差 0.015mm(由表 3-11 查得)。

ϕ56r6 和ϕ45m6 分别与齿轮和带轮配合，为保证配合性质，也采用了包容要求，为保证齿轮的运动精度，对与齿轮配合的ϕ56r6 圆柱又进一步提出了对基准轴线的径向圆跳动公差 0.025mm(跳动公差 7 级)。对ϕ56r6 和ϕ45m6 轴颈上的键槽 16N9 和 12N9 都提出了对称度公差 0.02mm(对称度公差 8 级)，以保证键槽的安装精度和安装后的受力状态。

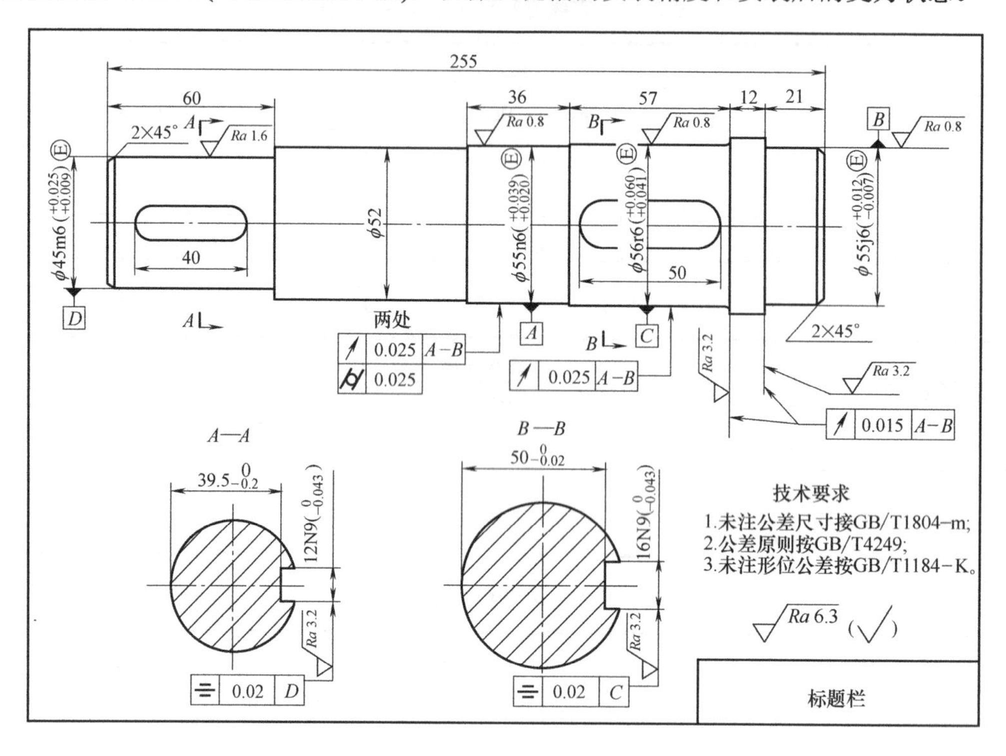

图 3-27　减速器输出轴几何公差标注示例

任务实施

图 3-1 中各公差项目的含义及有关计算如下。

(1) [— | ϕ0.02 Ⓜ]表示ϕ20 孔的中心线的直线度为 0.02mm 且具有最大实体要求。

(2) [◎ | ϕ0.03 | A]表示ϕ40 孔的中心线对ϕ20 孔的中心线的同轴度为 0.03mm。

(3) [⊥ | ϕ0.06 | B]表示ϕ40 孔的中心线对套筒左端面的垂直度为 0.06mm。

由式(3-1)知最大实体尺寸(MMS)为

$$D_M=D_{min}=\phi 20+\phi 0=\phi 20$$

由式(3-5)知最小实体尺寸(LMS)为

$$D_L=D_{max}=\phi 20+\phi 0.033=\phi 20.033$$

LMC 时的轴线直线度公差为

$$t=\phi 0.02+\phi 0.033=\phi 0.053$$

MMC 时的轴线直线度公差为

$$t=\phi 0.02+\phi 0=\phi 0.02$$

由式(3-9)知最大实体实效尺寸(MMVS)为

$$D_{MV}=D_M-t=\phi 20-\phi 0.02=\phi 19.98$$

作用尺寸为

$$D_{fe}=D_a-f=\phi 20-\phi 0.025=\phi 19.975$$

图 3-1(c)表中各值如图 3-28 所示。

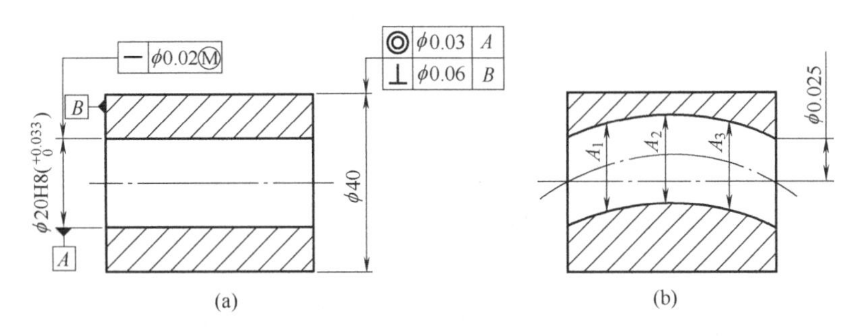

最大实体尺寸 MMS/mm	最小实体尺寸 LMS/mm	LMC时的轴线直线度公差值/mm	MMC时的轴线直线度公差值 /mm	最大实体实效尺寸MMVC/mm	作用尺寸/mm
φ20	φ20.033	φ0.053	φ0.02	φ19.98	φ19.975

(c)

图 3-28　计算数值

检查合格条件：采用位置量规(轴型通规——模拟被测孔的最大实体实效边界)检测被测要素的体外作用尺寸 D_{fe}，采用两点法检测被测要素的实际尺寸 D_a，其合格条件为

$$D_{fe}\geqslant\phi 19.98\text{mm},\quad \phi 20\leqslant D_a\leqslant\phi 20.033\text{mm}$$

因为 $A_1=A_2=\cdots=20.01$，所以该零件合格。

练习与实践

一、选择题

1. 定向公差带的(　　)由被测实际要素的位置而定。

   A. 大小　　B. 方向　　C. 形状　　D. 位置

2. 若某平面的平面度误差为 f，则该平面对基准平面的平行度误差(　　)f。

   A. 大于　　B. 小于　　C. 等于　　D. 无关

3. 最大实体要求、最小实体要求都只能用于(　　)。

   A. 基准要素　　B. 被测要素　　C. 轮廓要素　　D. 中心要素

4. 形位未注公差标准中没有规定(　　)的未注公差，是因为它可以由该要素的尺寸公差来控制。

A. 直线度　　B. 圆度　　C. 平行度　　D. 对称度

5. 当图样上被测要素没有标注位置公差时，要按未注公差处理，此时尺寸公差与位置公差应遵守(　　)。

A. 公差原则　　B. 包容原则　　C. 最大实体原则　D. 独立原则

6. 对于同一被测要素，位置误差包含被测要素的(　　)误差。

A. 形状　　B. 几何　　C. 尺寸　　D. 粗糙度

7. 在两个平面平行度公差的要求下，其(　　)公差等级应不低于平行度的公差等级。

A. 垂直度　　B. 位置度　　C. 倾斜度　　D. 平面度

8. 在选择形位公差的公差等级时，通常采用(　　)法。

A. 计算　　B. 试验　　C. 分析　　D. 类比

二、填空题

1. 圆柱度和径向全跳动公差带的相同点是________，不同点是_______。

2. 在形位公差中，当被测要素是一空间直线时，若给定一个方向，其公差带是_____之间的区域；若给定任意方向，其公差带是_________区域。

3. 圆度的公差带形状是_________，圆柱度的公差带形状是_________。

4. 当给定一个方向时，对称度的公差带形状是_________。

5. 由于______包括了圆柱度误差和同轴度误差，当______不大于给定的圆柱度公差值时，可以肯定圆柱度误差不会超差。

6. 当零件端面制成_________时，端面圆跳动可能为零，但却存在垂直度误差。

7. 径向圆跳动公差带与圆度公差带在形状方面_____________，但前者公差带圆心的位置是_________，而后者公差带圆心的位置是______。

8. 单一要素的包容原则使用符号______________，并注于___________________，当要素处于最大实体状态时，其形状公差等于__________________________。

9. 采用包容原则时，形位公差随________________________________而改变，当要素处于________状态时，其形位公差为最大，其数值____________________于尺寸公差。

三、简答题

1. 形位公差项目分类如何？其名称和符号是什么？

2. 形位公差带与尺寸公差带有何区别？形位公差的四要素是什么？

3. 下列形位公差项目的公差带有何相同点和不同点？

(1) 圆度和径向圆跳动公差带。

(2) 端面对轴线的垂直度和端面全跳动公差带。

(3) 圆柱度和径向全跳动公差带。

4. 公差原则有哪些？独立原则和包容要求的含义是什么？

5. 试说明图 3-29 所示零件有何形位公差要求？遵守哪种公差原则？若图中零件尺寸误差为-0.2mm，形位误差为ϕ0.2mm，试说明该零件是否合格。

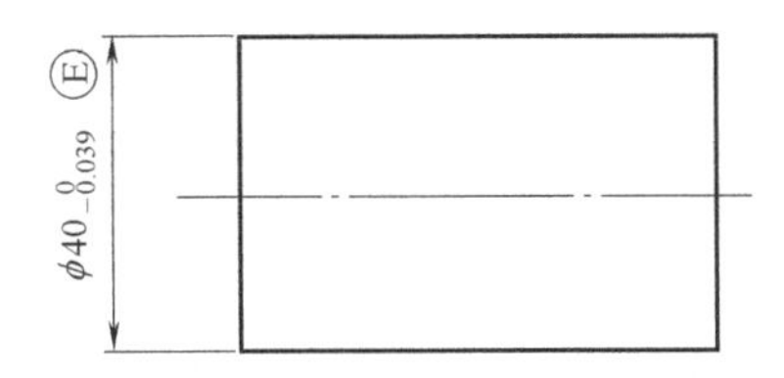

图 3-29　简答题 5 图

6. 图 3-30 所示销轴的三种形位公差标注，它们的公差带有何不同？

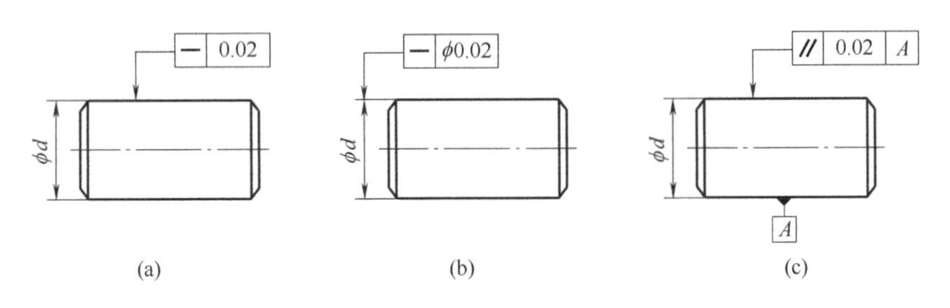

图 3-30　简答题 6 图

四、标注题

1. 图 3-31 所示零件的技术要求是：①2-ϕd 轴线对其公共轴线的同轴度公差为 0.02mm；②ϕD 轴线对 2-ϕd 公共轴线的垂直度公差为 100/0.02mm；③ϕD 轴线对 2-ϕd 公共轴线的偏离量不大于 ± 10μm 。试用形位公差代号标出这些要求。

2. 将下列形位公差要求标注在图 3-32 上。

(1) 圆锥截面圆度公差为 0.006mm。

(2) 圆锥素线直线度公差为 7 级(L=50mm)，并且只允许材料向外凸起。

(3) ϕ80H7 遵守包容要求，ϕ80H7 孔表面的圆柱度公差为 0.005mm。

(4) 圆锥面对ϕ80H7 轴线的斜向圆跳动公差为 0.02mm。

(5) 右端面对左端面的平行度公差为 0.005mm。

(6) 其余形位公差按 GB/T1184 中 K 级制造。

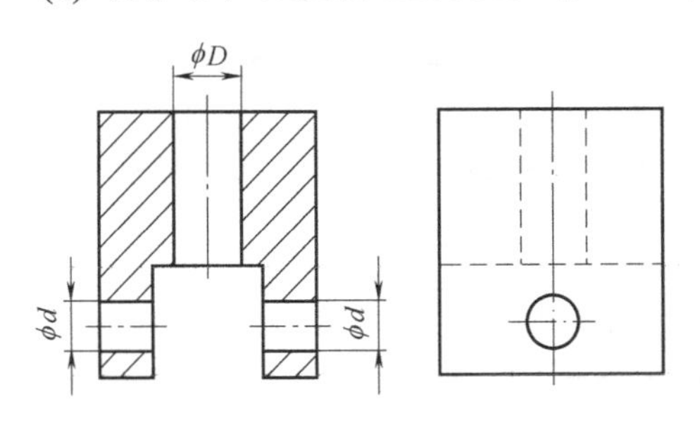

图 3-31　标注题 1 图

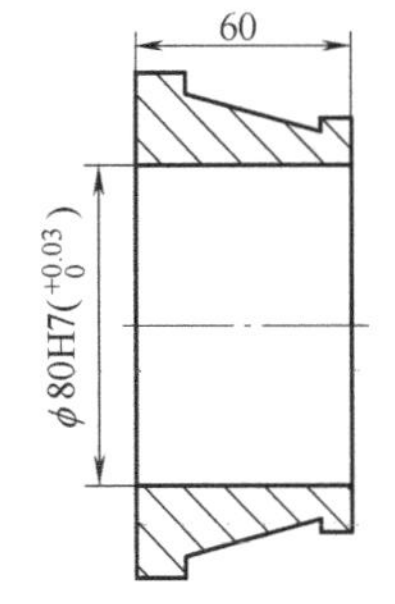

图 3-32　标注题 2 图

3. 将下列形位公差要求，分别标注在图 3-33(a)、(b)上。

(1) 标注在图 3-33(a)上的形位公差要求。

① $\phi40_{-0.03}^{\ 0}$ 圆柱面对两 $\phi25_{-0.021}^{\ 0}$ 公共轴线的圆跳动公差为 0.015mm。

② 两 $\phi25_{-0.021}^{\ 0}$ 轴颈的圆度公差为 0.01mm。

③ $\phi40_{-0.03}^{0}$ 左、右端面对 2-$\phi25_{-0.021}^{0}$ 公共轴线的端面圆跳动公差为 0.02mm。

④ 键槽 $10_{-0.036}^{0}$ 中心平面对 $\phi40_{-0.03}^{0}$ 轴线的对称度公差为 0.015mm。

(2) 标注在图 3-33(b)上的形位公差要求。

① 底平面的平面度公差为 0.012mm。

② $\phi20_{0}^{+0.021}$ 两孔的轴线分别对它们的公共轴线的同轴度公差为 0.015mm。

③ $\phi20_{0}^{+0.021}$ 两孔的轴线对底面的平行度公差为 0.01mm，两孔表面的圆柱度公差为 0.008mm。

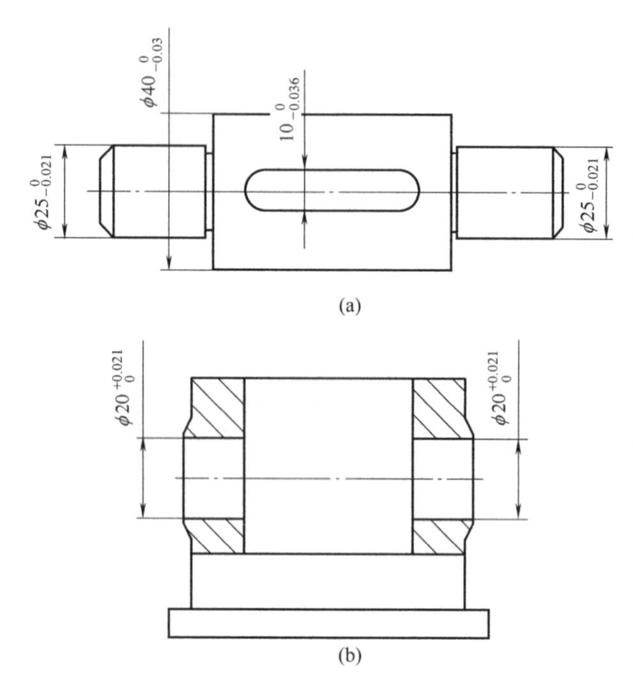

图 3-33　标注题 3 图

五、计算题

图样标注如图 3-34 所示，试计算 $\phi50_{0}^{+0.13}$ 孔的最大实体尺寸、最小实体尺寸和最大实体实效尺寸。按该图样加工一个孔后测得其横截面形状正确，实际尺寸处处皆为 50.10mm，孔的轴线对基准端面 A 的垂直度误差为 $\phi0.04$mm，试述该孔的合格条件，并判断该孔是否合格。

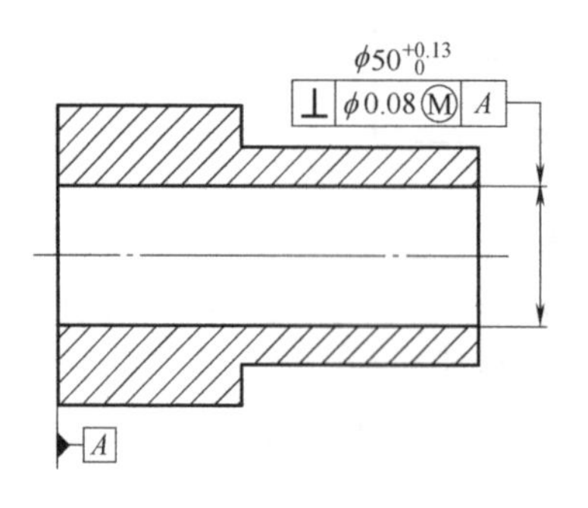

图 3-34　计算题图

任务 3.2　形位公差的检测

任务提出

图 3-35 所示为用打表法测量一块 350×350 的平板时获得的各测点的读数值，用最小包容区域法确定平面度误差值。

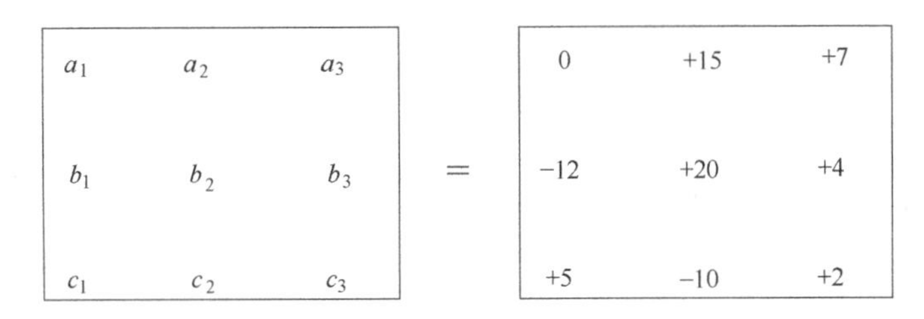

图 3-35　形位公差检测案例

任务分析

要想实现对零件形状和位置精度的控制，只在图样上给出零件相应几何要素的行为公差要求是不够的，还必须要通过相应的检测，以确定完工零件是否符合设计要求。因此，要完成此任务，必须掌握最小包容区域、形位误差的评定和形位误差的检测原则等相关知识。

知识准备

3.2.1　形状误差的评定

形状误差是被测提取(实际)要素的形状对其拟合(理想)要素的变动量。当被测提取要素与拟合要素进行比较时，由于拟合要素所处的位置不同，得到的最大变动量也会不同。为了正确和统一地评定形状误差，就必须明确拟合要素的位置，即规定形状误差的评定准则。

1. 形状误差的评定准则——最小条件

最小条件是指被测提取要素对其拟合要素的最大变动量为最小。如图 3-36 中，拟合直线Ⅰ、Ⅱ、Ⅲ处于不同的位置，被测提取要素相对于拟合要素的最大变动量分别为 f_1、f_2、f_3 且 $f_1<f_2<f_3$，所以拟合直线Ⅰ的位置符合最小条件。

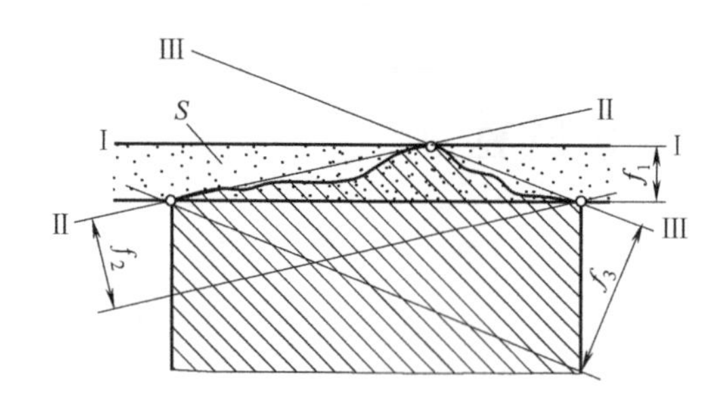

图 3-36　最小条件和最小区域

2. 形状误差的评定方法——最小区域法

形状误差值用拟合要素的位置符合最小条件的最小包容区域的宽度或直径表示。最小包容区域是指包容被测提取要素时，具有最小宽度 f 或直径 ϕf 的包容区域。最小包容区域的形状与其公差带相同。

最小区域是根据被测提取要素与包容区域的接触状态判别的。

(1) 评定给定平面内的直线度误差，包容区域为二平行直线，实际直线应至少与包容直线有两高夹一低、或两低夹一高三点接触，这个包容区就是最小区域 *S*，如图 3-37 所示。

(2) 评定圆度误差时，包容区域为两同心圆间的区域，实际圆轮廓应至少有内外交替的四点与两包容圆接触，如图 3-37(a)所示的最小区域 *S*。

(3) 评定平面度误差时，包容区域为两平行平面间的区域，如图 3-37(b)所示的最小区域 *S*，被测平面至少有三点或四点按下列三种准则之一分别与此两平行平面接触。

① 三角形准则是指存在三个极高点与一个极低点(或相反)，其中一个极低点(或极高点)位于三个极高点(或极低点)构成的三角形之内。

② 交叉准则是指两个极高点的连线与两个极低点的连线在包容平面上的投影相交。

③ 直线准则是指两平行包容平面与实际被测表面接触为高低相间的三点，且它们在包容平面上的投影位于同一直线上。

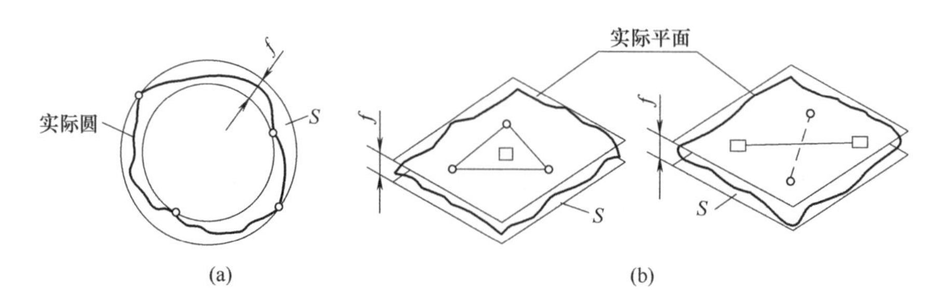

图 3-37　最小包容区域

例 3-2　用合像水平仪测量一窄长平面的直线度误差，仪器的分度值为 0.01mm/m，选用的桥板节距 L=165mm，测量记录数据如表 3-22 所示，要求用作图法求被测平面的直线度误差。表中相对值为 a_0-a_i，a_0 可取任意数，但要有利于数字的简化，以便作图，本例取 a_0=497 格，累积值为将各点相对值顺序累加。

表 3-22　测量读数值

测点序号	0	1	2	3	4	5
读数值/格	—	497	495	496	495	499
相对值/格	0	0	+2	+1	+2	−2
累积值/格	0	0	+2	+3	+5	+3

解：作图方法如下。

以 0 点为原点，累积值(格数)为纵坐标 Y，被测点到 0 点的距离为横坐标 X，按适当的比例建立直角坐标系。根据各测点对应的累积值在坐标上描点，将各点依次用直线连接起来，即得误差折线，如图 3-38 所示。

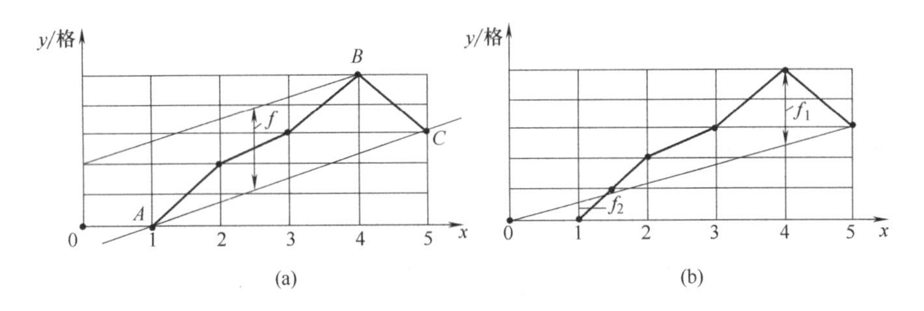

图 3-38　直线度误差的评定

(1) 用两端点的连线法评定误差值，如图 3-38(b)所示。

以折线首尾两点的连线作为评定基准(理想要素)，折线上最高点和最低点到该连线的 Y 坐标绝对值之和，就是直线度误差的格数。即

$$f^{端}=(f_1+f_2)\times0.01\times L=(2.5+0.6)\times0.01\times165\approx5.1\ \mu m$$

(2) 用最小包容区域法评定误差值，如图 3-38(a)所示。

若两平行包容直线与误差图形的接触状态符合相间准则(即符合“两高夹一低”或“两低夹一高”的判断准则)时，此两平行包容直线沿纵坐标方向的距离为直线度误差格数。显然，在图 3-38(a)中，A、C 属最低点，B 为夹在 A、C 间的最高点，故 AC 连线和过 B 点且平行于 AC 连线的直线是符合相间准则的两平行包容直线，两平行线沿纵坐标方向的距离为 2.8 格，故按最小包容区域法评定的直线度误差为

$$f^{包}=2.8\times0.01\times165\approx4.6\ \mu m$$

一般情况下，两端点连线法的评定结果大于最小包容区域法，即 $f^{端}>f^{包}$，只有当误差图形位于两端点连线的一侧时，两种方法的评定结果才相同，但按 GB/T1958—2004 的规定，有时允许用两端点连线法来评定直线度误差，但如发生争议，则以最小包容区域法来仲裁。

3.2.2　位置误差的评定

定向、定位和跳动误差是关联提取要素对拟合要素的变动量，拟合要素的定向或定位由基准确定。

定向、定位和跳动误差的最小包容区域的形状完全相同于其对应的公差带，用方向或

位置最小包容区域包容实际被测提取要素时，该最小包容区域必须与基准保持图样上给定的几何关系，且使包容区域的宽度和直径为最小。

图 3-39(a)所示面对面的垂直度的方向最小包容区域是包容被测实际平面且与基准保持垂直的两平行平面之间的区域；图 3-39(b)所示阶梯轴的同轴度的位置最小包容区域是包容被测实际中心线且与基准轴线同轴的圆柱面内的区域。

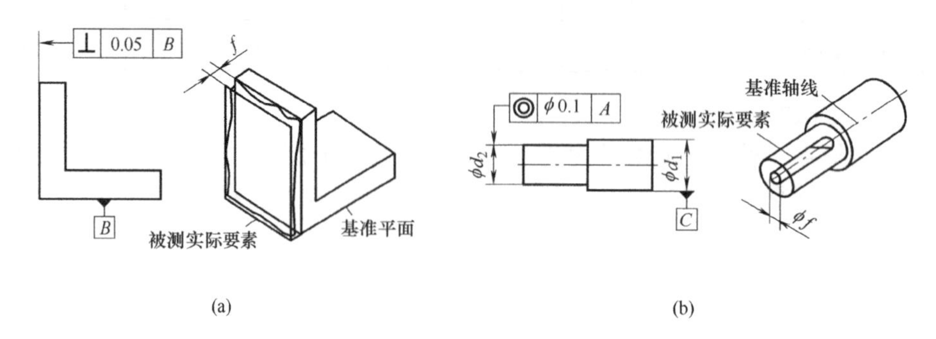

图 3-39　方向和位置最小包容区域

3.2.3　形位误差的检测原则

由于零件结构的形式多种多样，误差的项目又较多，所以其检测方法也很多。为了能正确地测量误差和合理地选择检测方案，国家标准 GB/T1958—2004《产品几何技术规范(GPS)　形状和位置公差　检测规定》规定了几何误差检测的五条原则，它是各种检测方案的概括。检测几何误差时，应根据被测对象的特点和检测条件，按照这些原则选择最合理的检测方案。

1. 与拟合要素比较原则

与拟合要素比较原则就是将被测实际要素与拟合(理想)要素相比较，量值由直接法或间接法获得。测量时，拟合要素用模拟法获得。拟合要素可以是实物，也可以是一束光线、水平面或运动轨迹。

图 3-40(a)为用刀口尺测量给定平面内的直线度误差，刀口尺体现拟合直线，将刀口尺与被测提取要素直接接触，并使两者之间的最大空隙为最小，则此最大空隙即为被测提取要素的直线度误差。当空隙较小时，可用标准光隙估读；当空隙较大时，可用厚薄规测量。

图 3-40(b)为用水平仪测量机床床身导轨的直线度误差，将水平仪放在桥板上，先调整被测零件，使被测要素大致处于水平位置，然后沿被测要素按节距移动水平仪进行测量。将测得数据列表作图进行处理，如前述例 3-2 所示，即可求得导轨的直线度误差。

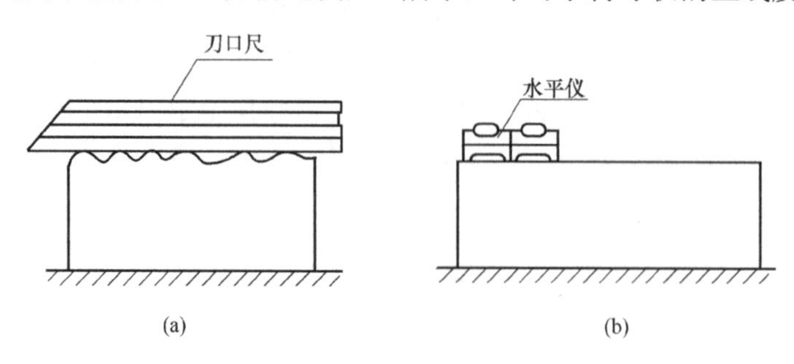

图 3-40　直线度误差的测量

对平面度要求很高的小平面，如量块的测量表面和测量仪器的工作台等，可用平晶测量。如图 3-41(a)所示，用平晶测量是利用光的干涉原理，以平晶的工作平面体现拟合平面，测量时，将平晶贴在被测表面上，观测它们之间的干涉条纹，被测表面的平面度误差为封闭的干涉条纹数乘以光波波长的一半；对于不封闭的干涉条纹，为条纹的弯曲度与相邻两条纹间距之比再乘以光波波长的一半。

对于较大平面的平面度误差，可用自准直仪和反射镜测量，如图 3-41(b)所示，将反射镜放在被测表面上，调整自准直仪大致与被测表面平行，按一定的布点和方向逐点测量。另外也可用指示表打表测量。所得数据需进行坐标变换，使其数据符合最小包容区域法的评定准则之一，然后取其最大值与最小值之差即得平面度误差值。

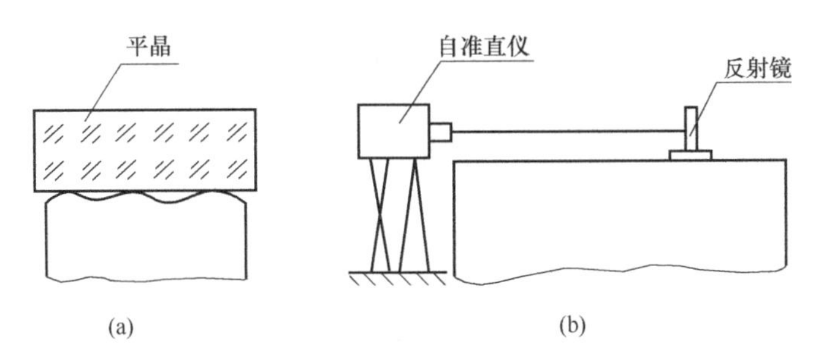

图 3-41　平面度的测量

圆度误差可用圆度仪或光学分度头等进行测量，将实际测量出的轮廓圆与理想圆进行比较，得到被测轮廓的圆度误差。线、面轮廓度误差可用轮廓样板进行比较测量。

2．测量坐标值原则

测量坐标值原则就是用坐标测量装置(如三坐标测量机、工具显微镜)测量被测实际要素的坐标值(如直角坐标值、极坐标值、圆柱坐标值)，并经过数据处理获得几何误差值。图 3-42 为用坐标测量机测量位置度误差的示例。由坐标测量机测得各孔实际位置的坐标值(x^1、y^1)、(x^2、y^2)、(x^3、y^3)、(x^4、y^4)，计算出相对理论正确尺寸的偏差，有

$$\begin{cases}\Delta x_i = x_i - \Box \\ \Delta y_i = y_i - \Box\end{cases}$$

于是，各孔的位置度误差值可按下式求得：

$$\phi f_i = 2\sqrt{(\Delta x_i)^2 + (\Delta y_i)^2} \qquad (i=1,2,3,4)$$

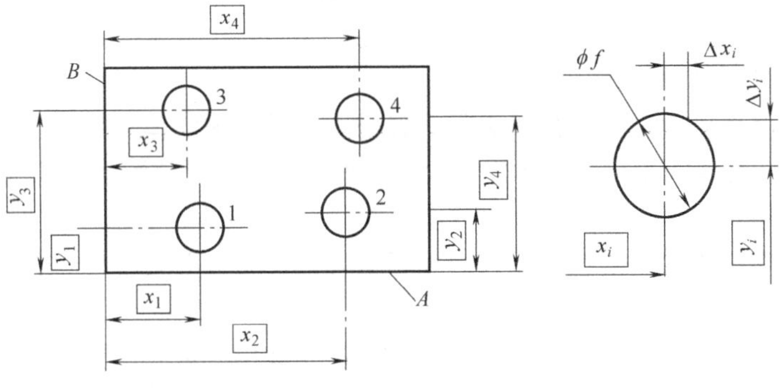

图 3-42　用坐标测量机测量位置度误差示意图

3. 测量特征参数原则

测量特征参数原则就是测量被测实际要素中具有代表性的参数(即特征参数)来表示几何误差值。特征参数是指能近似反映几何误差的数。因此，应用测量特征参数原则测得的几何误差，与按定义确定的几何误差相比，只是一个近似值。例如，以平面内任意方向的最大直线度误差来表示平面度误差；在轴的若干轴向截面内测量其素线的直线度误差，然后取各截面内测得的最大直线度误差作为任意方向的轴线直线度误差；用两点法测量圆度误差，在一个横截面内的几个方向上测量直径，取最大、最小直径差的一半作为圆度误差。

虽然测量特征参数原则得到的形位误差只是一个近似值，存在着测量原理误差，但该原则的检测方法较简单，应用该原则无须复杂的数据处理，可使测量过程和测量设备简化。因此，在不影响使用功能的前提下，应用该原则可以获得良好的经济效果。该原则常用于生产车间现场，是一种应用较为普遍的检测原则。

4. 测量跳动原则

测量跳动原则就是在被测实际要素绕基准轴线回转过程中，沿给定方向测量其对某参考点或线的变动量，变动量是指指示器最大与最小读数之差。

当图样上标注圆跳动或全跳动公差时，可用该原则进行测量。图 3-43 所示为测量跳动的示例。图 3-43(a)为被测工件通过心轴安装在两同轴顶尖之间，此两同轴顶尖的中心线体现基准轴线；图 3-43(b)为用 V 形块体现基准轴线。测量时，当被测工件绕基准轴线回转一周，指示表不做轴向(或径向)移动时，可测得径向圆跳动误差(或端面圆跳动误差)；当指示表在测量中做轴向(或径向)移动时，可测得径向全跳动误差(或端面全跳动误差)。

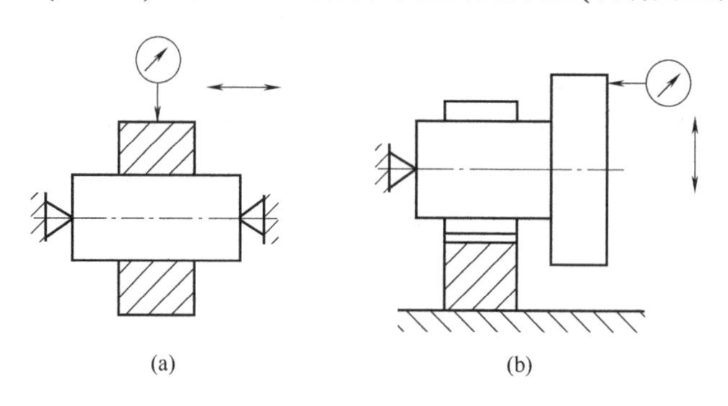

图 3-43 测量跳动误差

5. 控制实效边界原则

控制实效边界原则就是检验被测实际要素是否超过最大实体实效边界，以判断零件合格与否。该原则只适用于采用最大实体要求的零件。一般采用位置量规检验。

位置量规是模拟最大实体实效边界的全形量规。若被测实际要素能被位置量规通过，则被测实际要素在最大实体实效边界内，表示该项形位公差要求合格。若不能通过，则表示被测实际要素超越了最大实体实效边界。

图 3-44(a)所示零件的位置度误差，可以用图 3-44(b)所示的位置度量规测量。工件被测孔的最大实体实效边界尺寸为ϕ7.506mm，故量规四个小测量圆柱的基本尺寸也是

$\phi 7.506$mm，基准要素 B 本身也按最大实体要求标注，应遵守最大实体实效边界，其边界尺寸为 $\phi 10.015$mm，故量规定位部分的基本尺寸也为 $\phi 10.015$mm。

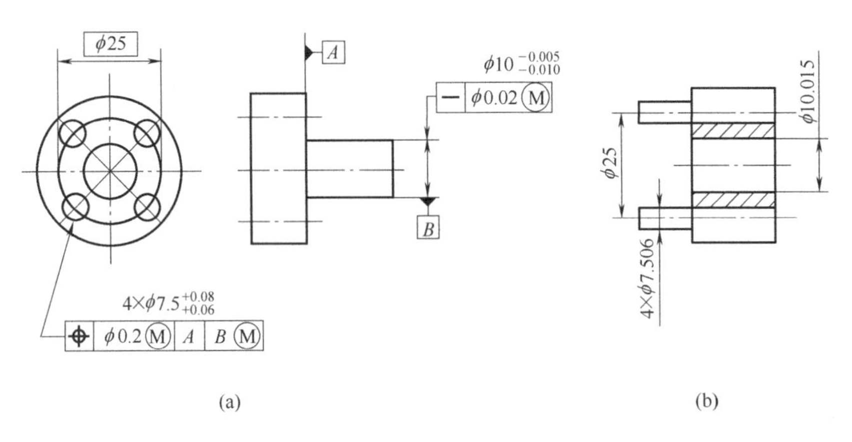

图 3-44　用位置量规检验位置度误差

任务实施

按最小包容区域法确定平面度误差值如下。

分析图 3-35 初始数据，将第一列的数都加 7，而将第三列的数都减 7，将结果列表后，再将第一行减 5，而将第三行加 5，又将结果列表，如图 3-45 所示。

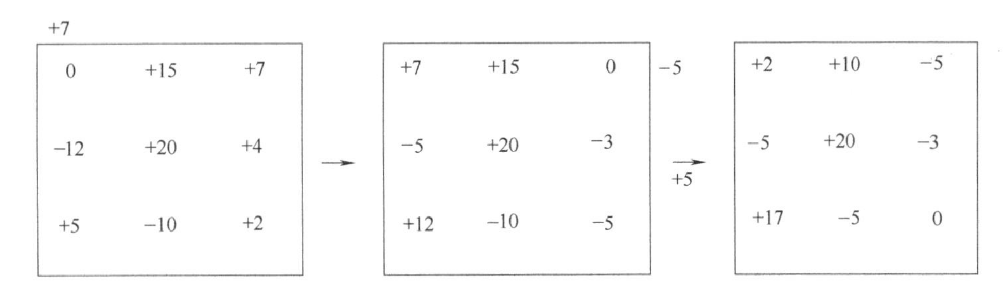

图 3-45　几何公差检测案例平面度误差

经两次坐标变换后，符合三角形准则，故平面度误差值为

$$f=|+20-(-5)|\ \mu m=25\ \mu m$$

练习与实践

一、填空题

1. 最小条件要求被测实际要素对其理想要素的____________________为最小。

2. ____________________是评定形位误差唯一性的原则。

3. 评定形状误差时应用最小条件的实质是正确体现____________的位置，评定位置误差时应用最小条件的实质是正确体现________________。

二、简答题

1. 国家标准规定了哪几种形位误差的检测原则？检测形位误差时是否必须遵守这些原则？

2. 什么叫最小条件？评定形状误差时是否一定要符合最小条件？

3. 试简要叙述形位误差检测的步骤。

4. 最小包容区域、定向最小包容区域与定位最小包容区域三者有何差异？若同一要素需同时规定形状公差、定向公差和定位公差时，三者的关系应如何处理？

项目 4　表面粗糙度及其检测

学习目标

- 了解表面粗糙度的基本概念及对零件使用性能的影响。
- 掌握表面粗糙度评定参数的选用。
- 掌握表面粗糙度的标注符号及在图样上的标注方法。
- 掌握表面粗糙度的检测方法。

任务 4.1　表面粗糙度

任务提出

表面质量的特性是零件最重要的特性之一，在计量科学中表面质量的检测具有重要的地位。如图 4-1 所示的轴套零件，图中符号代表什么含义？

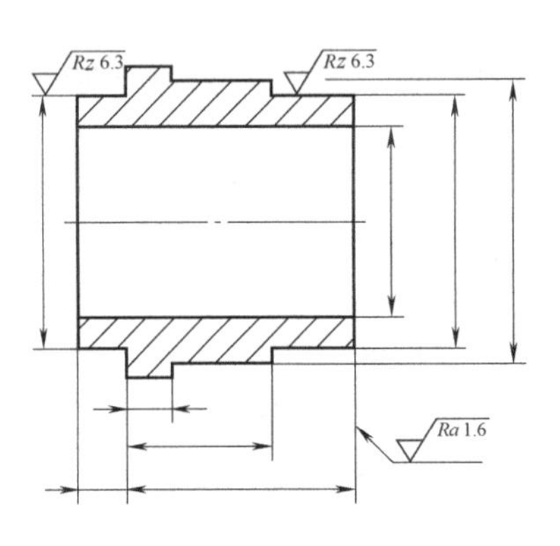

图 4-1　轴套零件

任务分析

表面粗糙度是检验零件质量的主要依据，它对零件的配合性质、耐磨性、抗腐象征性、接触刚度、抗疲劳强度、密封性质和外观等都有影响。它的合理与否直接关系到产品的质量、使用寿命和生产成本。要完成此任务，我们必须掌握表面粗糙度的基本含义、评定参数及标注方法等相关知识。

知识准备

4.1.1 表面粗糙度概述

1. 表面粗糙度的定义

表面粗糙度是指零件在加工过程中由于不同的加工方法、机床与工具的精度、振动及磨损等因素在加工表面所形成的具有较小间距和较小峰谷的微观不平状况，它属于微观几何误差。图 4-2(a)所示为放大的实际工作表面示意图，图 4-2(b)所示为实际工作表面波形分解图，其中，h_R、h_W 为波高，λ_R、λ_W 为波距。表面粗糙度误差与宏观几何形状误差和波形误差的区别，一般以一定的波距 λ 与波高 h 之比来划分。一般 $\lambda/h>1000$ 者为宏观几何形状误差，$\lambda/h<40$ 者为表面粗糙度误差，$\lambda/h=40\sim1000$ 者为波度误差。表面粗糙度值越大，零件的表面性能越差；粗糙度值越小，则零件的表面性能越好。但是减少表面粗糙度值，就要提高加工精度，增加加工成本。因此国家标准规定了零件表面粗糙度的评定参数，以便在保证使用功能的前提下，选用较为经济的评定参数值。

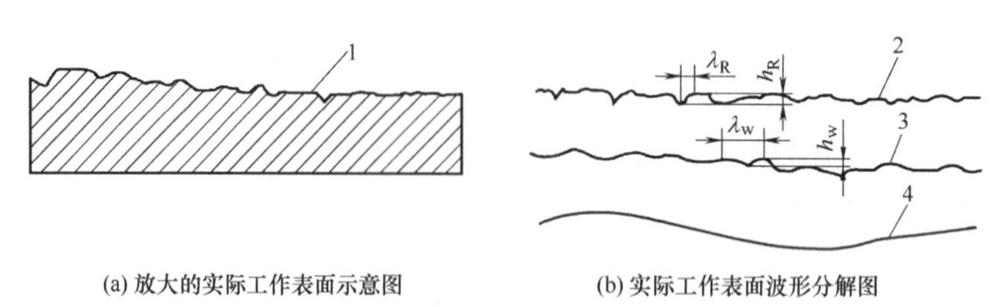

(a) 放大的实际工作表面示意图　　(b) 实际工作表面波形分解图

图 4-2　表面粗糙度

1—实际工作表面；2—表面粗糙度；3—波纹度；4—表面宏观几何形状

2. 表面粗糙度对机械零件使用性能的影响

表面粗糙度对机械零件使用性能及其寿命影响较大，尤其对在高温、高速和高压条件下工作的机械零件影响更大，其影响主要表现在以下几个方面。

1) 对耐磨性的影响

具有表面粗糙度的两个零件，当它们接触并产生相对运动时只是一些峰顶间的接触，从而减少了接触面积，比压增大，使磨损加剧。零件越粗糙，阻力就越大，零件磨损也就越快。

但需要指出的是，零件表面越光滑，磨损量不一定越小。因为零件的耐磨性除受表面粗糙度影响外，还与磨损下来的金属微粒的刻划，以及润滑油被挤出和分子间的吸附作用等因素有关。所以，过于光滑表面的耐磨性不一定好。

2) 对配合性质的影响

对于间隙配合，相对运动的表面因其粗糙不平而迅速磨损，致使间隙增大；对于过盈配合，表面轮廓峰顶在装配时易被挤平，实际有效过盈减小，致使连接强度降低。因此，表面粗糙度会影响配合性质的可靠性和稳定性。

3) 对抗疲劳强度的影响

零件表面越粗糙，凹痕越深，波谷的曲率半径也越小，对应力集中越敏感。特别是当零件承受交变载荷时，由于应力集中的影响，使疲劳强度降低，导致零件表面产生裂纹而损坏。

4) 对接触刚度的影响

由于两表面接触时，实际接触面仅为理想接触面积的一部分。零件表面越粗糙，实际接触面积就越小，单位面积压力增大，零件表面局部变形必然增大，接触刚度降低，影响零件的工作精度和抗振性。

5) 对抗腐蚀性的影响

粗糙的表面，易使腐蚀性物质存积在表面的微观凹谷处，并渗入金属内部，致使腐蚀加剧。因此，提高零件表面粗糙度的质量，可以增强其抗腐蚀的能力。

此外，表面粗糙度大小还对零件结合的密封性，对流体流动的阻力，对机器、仪器的外观质量及测量精度等都有很大影响。

为提高产品质量，促进互换性生产，适应国际交流和对外贸易，保证机械零件的使用性能，应正确贯彻实施新的表面粗糙度标准。到目前为止，我国常用的表面粗糙度国家标准为：GB/T3505—2009《产品几何技术规范(GPS)　表面结构　轮廓法　表面结构的术语、定义及参数》；GB/T1031—2009《产品几何技术规范(GPS)　表面粗糙度　参数及其数值》；GB/T131—2006《产品几何技术规范(GPS)　技术产品文件中表面结构的表示法》；GB/T10610—2009《产品几何技术规范(GPS)　表面结构　轮廓法　评定表面结构的规则和方法》等。

4.1.2　表面粗糙度的评定

1. 主要术语及定义

1) 取样长度 l

取样长度是判别和测量表面粗糙度时所规定的一段基准线长度，如图 4-3 所示。一般表面越粗糙，取样长度就越大；取样长度不可太短或太长；一般应包括 5 个或 5 个以上的峰(谷)点，具体取值参考表 4-1。

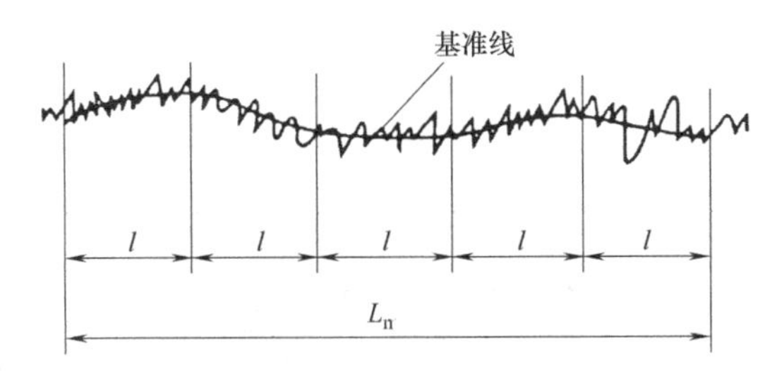

图 4-3　取样长度和评定长度

2) 评定长度 L_n

评定长度是由于加工零件表面有着不同程度的不均匀性，为了充分、合理地反映被测表面粗糙度的特征，而规定的一段最小测量长度。它包括一个或几个取样长度，如图 4-3 所示。

3) 轮廓中线 m

轮廓中线是评定表面粗糙度数值大小的一条基准线，基准线通常有以下两种：

(1) 轮廓最小二乘中线。如图 4-4(a)所示，轮廓的最小二乘中线是在取样长度范围内，实际被测轮廓线上的各点至该线的距离平方和为最小，即

$$\int_0^l y^2 \mathrm{d}x = \text{极小值}$$

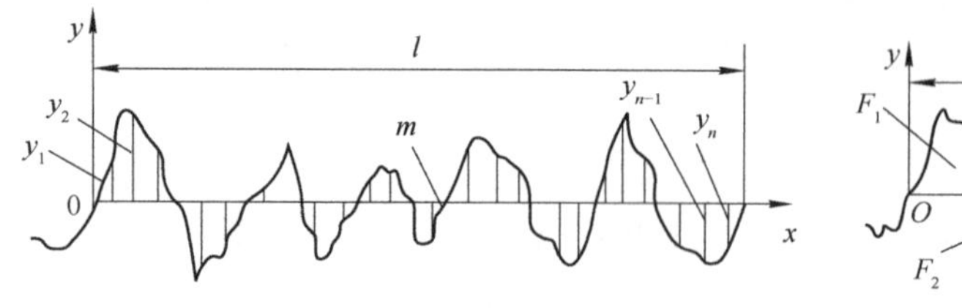

(a) 最小二乘中线

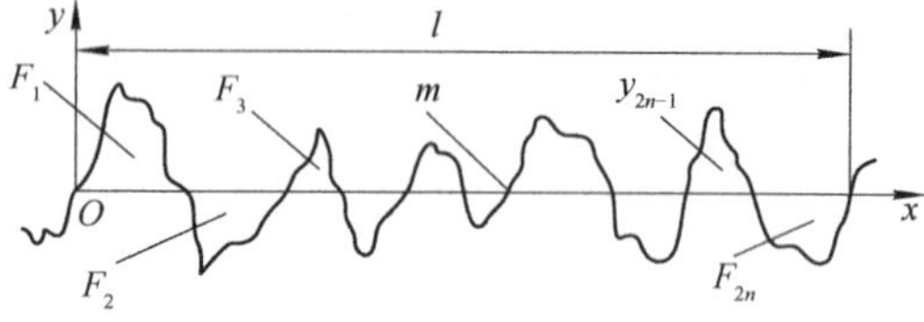

(b) 算术平均中线

图 4-4 轮廓中线

(2) 轮廓算术平均中线。如图 4-4(b)所示，轮廓算术平均中线是在取样长度范围内，将实际轮廓划分上下两部分，且使上下面积相等的直线，即

$$F_1+F_3+\cdots+F_{2n-1}=F_2+F_4+\cdots+F_{2n}$$

用最小二乘确定的中线是唯一的，但比较烦琐。用算术平均方法确定中线是一种近似的图解法，较为简便，因而得到广泛应用。

4) 加工纹理方向

加工纹理方向是加工完后在零件表面上留下的痕迹方向。

2. 评定参数及数值

1) 高度参数(粗糙度评定)

(1) 轮廓算术平均偏差 Ra。

Ra 为在取样长度 l 内，被测轮廓上各点至轮廓中线偏距 y 绝对值的平均值，如图 4-5 所示，其数学表达式为

$$Ra=\frac{1}{l}\int_0^l |y(x)|\mathrm{d}x \approx \frac{1}{m}\sum_{i=1}^{n} y_i \tag{4-1}$$

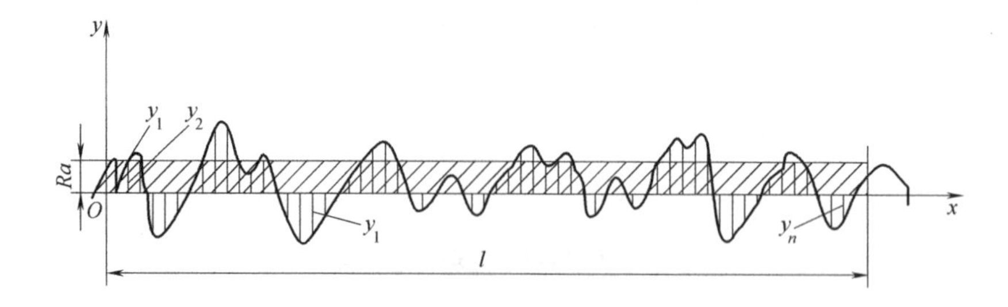

图 4-5 轮廓算术平均偏差 Ra

一般来说，Ra 值越大，表面越粗糙。Ra 能较全面客观地反映表面微观几何形状特征，或者说 Ra 能提供的表面信息量是比较多的。

(2) 微观不平度十点高度 *Rz*。

Rz 为在取样长度内 5 个最大轮廓峰高(Y_p)的平均值和 5 个最大轮廓谷深(Y_v)的平均值之和，如图 4-6 所示，其数学表达式为

$$Rz = \frac{\sum_{i=1}^{5} y_{p_i}}{5} + \frac{\sum_{i=1}^{5} y_{v_i}}{5} \tag{4-2}$$

Rz 的数值越大，表面越粗糙。由于 *Rz* 是选择 10 个特殊点来测量的，故在反映微观形状特征时，不如 *Ra* 充分。但其测量、计算方便，所以 *Rz* 参数的应用仍是较多的。

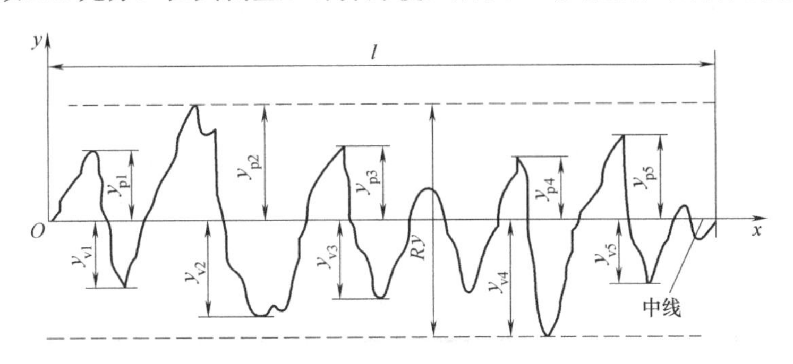

图 4-6　高度特征参数 *Rz*

(3) 轮廓的最大高度 *Ry*。

Ry 为在取样长度内轮廓峰顶线与轮廓谷底线之间的距离，如图 4-7 所示。

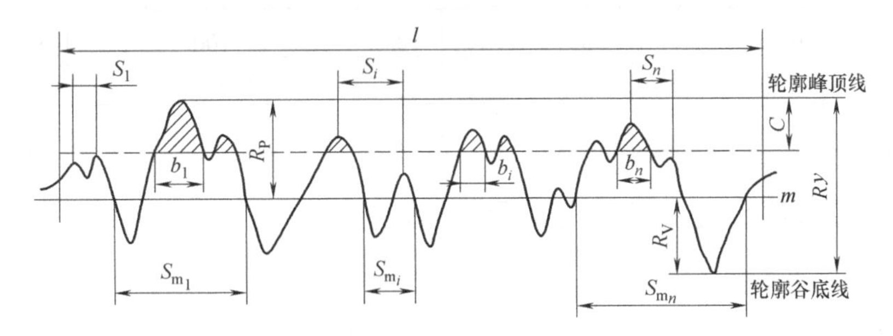

图 4-7　轮廓的最大高度 *Ry*、轮廓的单峰平均间距 *S*、微观不平度的平均间距 S_m 及支承长度率 t_p

Ry 值越大，表面加工的痕迹越深。由于 *Ry* 值是微观不平度十点中最高点和最低点至中线的垂直距离之和，所以它不能反映表面的全面几何特征，但 *Ry* 可与 *Ra* 或 *Rz* 连用。

当粗糙度值为 0.025～6.300 时，轮廓好测量，标 *Ra*(一般用电动轮廓仪进行测量)；*Rz* 用于控制不允许出现较深加工痕迹的表面，*Rz* 常与 *Ra* 联用。此外，当被测表面段很短(不足一个取样长度)，不适宜采用 *Ra* 评定时，也常采用 *Rz* 参数。

2) 间距评定参数

(1) 轮廓单峰间距 S_i：两相邻轮廓单峰的最高点在中线上的投影长度。

(2) 轮廓单峰平均间距 *S*：在取样长度 *l* 内，轮廓的单峰间距 S_i 的平均值，如图 4-7 所示。

(3) 轮廓微观不平度的间距 S_{m_i}：含有一个轮廓峰和相邻的轮廓谷在中线上的一段长度。

(4) 轮廓微观不平度的平均间距 S_m：在取样长度 *l* 内，轮廓微观不平度间距 S_{m_i} 的平均值，如图 4-7 所示。

轮廓峰和轮廓单峰是两个完全不同的概念。轮廓单峰是指两相邻轮廓最低点之间的轮廓部分；轮廓峰是指轮廓与中线相交，连接两相邻交点向外的轮廓部分。

3) 形状特征参数

(1) 轮廓支承长度η_p：平行于中线且与峰顶线相距为 C 的一条直线与轮廓峰相截，所截得的各线段长度 b_i 之和，如图 4-7 所示。

(2) 轮廓支承长度率 t_p(反映耐磨性)：轮廓支承长度η_p与取样长度 l 之比。

(3) 轮廓支承长度率 t_p 与零件的实际轮廓形状有关，是反映零件表面耐磨性能的指标。t_p 越大，表示零件表面凸起的实体部分越大，承载面积就越大，因而接触刚度就越高，表面就越耐磨。

3. 评定参数的数值规定

表面粗糙度的参数值已经标准化，设计时应按国家标准 GB/T1031—2009《产品几何技术规范(GPS)　表面粗糙度　参数及其数值》规定的参数值系列选取。幅度参数值列于表 4-1 和表 4-2。

表 4-1　*Ra* 的数值(摘自 GB/T1031—2009)　　单位：μm

0.012	0.050	0.20	0.80	3.2	12.5	50
0.025	0.100	0.40	1.60	6.3	25	100

表 4-2　*Rz* 的数值(摘自 GB/T1031—2009)　　单位：μm

0.025	0.20	1.60	12.5	100	800
0.050	0.40	3.2	25	200	1600
0.100	0.80	6.3	50	400	

4.1.3　表面粗糙度评定参数的选择及其标注

1. 表面粗糙度参数选择

表面粗糙度的三类特性评定参数中，最常采用的是高度参数。选择表面粗糙度参数时应注意以下几点。

(1) 对于光滑表面和半光滑表面，一般采用 *Ra* 作为评定参数。*Ra* 值反映实际轮廓微观几何形状特性的信息量大，而且 *Ra* 值用触针式电动轮廓仪测量比较容易。

(2) 对于极光滑和极粗糙表面，宜采用 *Rz* 作为评定参数。*Rz* 值通常用光切显微镜测量。但 *Rz* 不如 *Ra* 对表面微观几何形状特性反映得全面。

(3) 对不允许出现较大加工痕迹和受交变应力作用的表面，应采用 *Ry* 作为评定参数。*Ry* 概念简单、测量简便，但 *Ry* 不如 *Ra* 或 *Rz* 反映得全面。因此对于狭小表面，*Ry* 具有实际意义。另外，可按实际情况，*Ry* 与 *Ra* 或 *Rz* 联用，综合控制表面粗糙度。

(4) 对密封性要求高的表面，可使用间距特性参数 S_m 和 S。

(5) 对耐磨性要求高的表面，可规定 t_p。

2. 表面粗糙度评定参数值的选择

表面粗糙度参数值的选用，应该既要满足零件表面的功能要求，又要考虑经济合理

性。一般应遵从以下原则。

(1) 同一零件上，工作表面比非工作表面的参数值要小。

(2) 摩擦表面要比非摩擦表面的参数值小。有相对运动的工作表面，运动速度越高，其参数值越小。

(3) 配合精度越高，参数值越小。间隙配合比过盈配合的参数值小。

(4) 配合性质相同时，零件尺寸越小，参数值越小。

(5) 要求密封、耐腐蚀或具有装饰性的表面，参数值要小。

具体选用时，可参照已有的类似零件图，用类比法确定。在满足零件功能要求的前提下，应尽量选用较大的表面粗糙度参数值，以降低加工成本。一般来说，零件的工作表面、配合表面、密封表面、运动速度高和单位压力大的摩擦表面等，对表面平整光滑程度要求高，参数值应取小些。非工作表面、非配合表面、尺寸精度低的表面，参数 *Ra* 的数值与加工方法的关系及其应用实例可参考表 4-3。

表 4-3　常用的表面粗糙度 *Ra* 的数值与加工方法

表面特征		表面粗糙度 *Ra* 值	加工方法	适用范围
加工面	粗加工面	100 50 25	粗车、粗刨、粗铣、钻孔、锉、膛	非接触表面
	半光面	12.5 6.3 3.2	精车、精铣、精刨、精膛、粗磨、扩孔、粗铰、细锉	接触表面和不太精确定位的配合表面
	光面	1.6 0.8 0.4	精车、精磨、抛光、铰、刮、研	要求精确定位的重要配合表面
	最光面	0.2 0.1 0.05	精抛光、研磨、超精磨、镜面磨	高精度、高速运动零件的配合表面等
毛坯面			铸、锻、轧等，经表面清理	无须进行加工的表面

3. 表面粗糙度符号

表面粗糙度的评定参数及其数值确定后，还应按 GB/T131—2006《产品几何技术规范(GPS)　技术产品文件中表面结构的表示法》的规定把表面粗糙度要求正确地标注在零件图上。表面粗糙度的基本符号及其意义见表 4-4。

表 4-4　表面粗糙度的基本符号及其意义

符　号	意　义
	基本符号，表示表面可用任何方法获得。当不加注粗糙度参数值或有关说明时，仅适用于简化代号标注
	表示表面是用去除材料的方法获得，如车、铣、钻、磨、剪切、抛光、腐蚀、电火花加工、气割等
	表示表面是用不去除材料的方法获得，如锻、铸、冲压等，或者是用于保持原供应状况的表面(包括保持上道工序的状况)
	在上述三个符号的长边上均可加一横线，用于标注有关参数和说明

续表

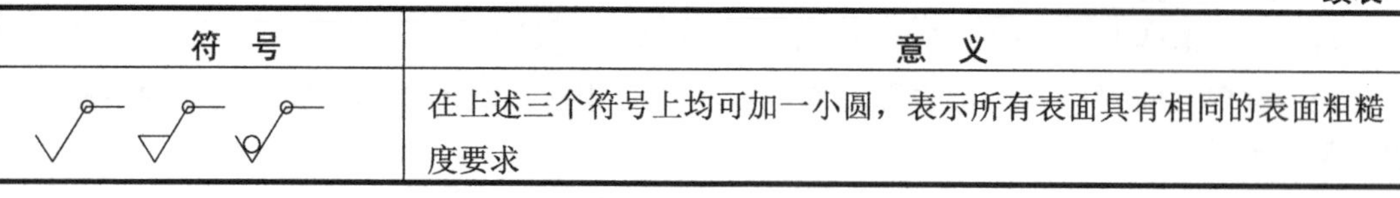

符　号	意　义
（带小圆的三个符号）	在上述三个符号上均可加一小圆，表示所有表面具有相同的表面粗糙度要求

4. 表面粗糙度的代号

表面粗糙度数值及其相关规定在符号中的标注位置如图 4-8 所示。表面粗糙度幅度参数的标注及其意义见表 4-3。图 4-8 中，*a* 为表面结构的单一要求，包括参数代号、极限数值等；*b* 为第二个表面结构要求；*c* 为加工方法；*d* 为加工纹理方向符号(见表 4-5)；*e* 为加工余量(mm)。

若需要控制表面加工纹理方向时，加注加工纹理方向符号。标准规定了加工纹理方向符号，如表 4-5 所示。

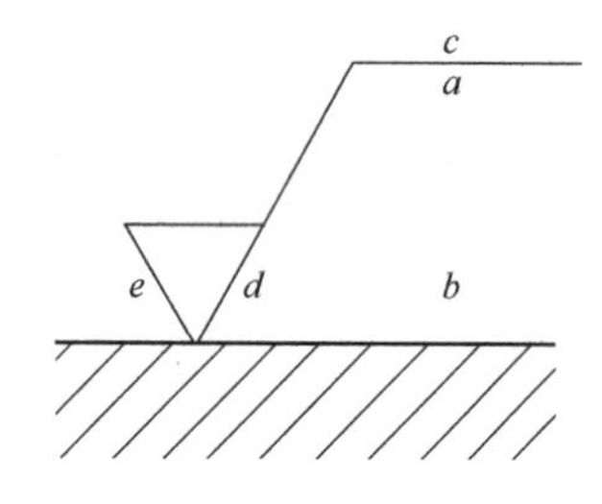

图 4-8　表面粗糙度的数值及有关规定的注写

表 4-5　加工纹理方向符号(摘自 GB/T131—2006)

符　号	图例与说明	符　号	图例与说明
=	纹理方向 纹理沿平行方向	*M*	纹理呈多方向
		C	纹理近似为以表面的中心为圆心的同心圆
⊥	纹理方向 纹理沿垂直方向	*R*	纹理近似为通过表面中心的辐线
X	纹理方向 纹理沿两交叉方向	*P*	纹理无方向或呈凸起的细粒状

注：若表中所列符号不能清楚表明所要求的纹理方向，应在图样上用文字说明。

5. 表面粗糙度在图样上的标注

1) 表面粗糙度的标注

表面粗糙度的标注示例及含义见表 4-6。

表 4-6　表面粗糙度的标注示例及含义

序　号	符　号	含　义
1	*Rz* 0.4	表示不允许去除材料，单向上限值，默认传输带，R 轮廓，粗糙度的最大高度 0.4μm，评定长度为 5 个取样长度(默认)，“16%”规则(默认)
2	*Rz* max0.2	表示去除材料，单向上限值，默认传输带，R 轮廓，粗糙度的最大高度 0.2 μm，评定长度为 5 个取样长度(默认)，“最大规则”
3	0.008−0.8/*Ra* 3.2	表示去除材料，单向上限值，传输带 0.008～0.8mm，R 轮廓，算术平均偏差 3.2 μm，评定长度为 5 个取样长度(默认)，“16%”规则(默认)
4	−0.8/*Ra* 3.2	表示去除材料，单向上限值，传输带根据 GB/T6062 取样长度 0.8mm，R 轮廓，算术平均偏差 3.2 μm，评定长度为 3 个取样长度，“16%”规则(默认)
5	U *Ra* max3.2 L *Ra* 0.8	表示不允许去除材料，双向极限值，两极限值均使用默认传输带，R 轮廓，上限值：算术平均偏差 3.2 μm，评定长度为 5 个取样长度(默认)，“最大规则”；下限值：算术平均偏差 0.8 μm，评定长度为 5 个取样长度(默认)，“16%”规则(默认)
6	0.008−4/*Ra* 50 0.008−4/*Ra* 6.3 3	表示去除材料，双向极限值，上极限 *Ra*=50 μm，下极限 *Ra*=6.3 μm，上、下极限传输带均为 0.008～4mm，默认的评定长度均为 20mm，“16%”规则(默认)，加工余量为 3mm
7	铣 *Ra* 0.8 −2.5/*Rz* 3.2 ⊥	表示去除材料，两个单向上限值：①默认传输带和评定长度，算术平均偏差 0.8 μm，“16%”规则(默认)；②传输带 −2.5 μm，默认的评定长度，轮廓的最大高度 3.2 μm，“16%”规则(默认)
8	*y*　*z*	简化符号：符号及所加字母的含义由图样中的标注说明

2) 表面粗糙度在图样上的标注注法

(1) 标注原则。

表面粗糙度符号、代号一般注在可见轮廓线或其延长线(见图 4-9 和图 4-10)和指引线(见图 4-11)、尺寸线、尺寸界线(见图 4-12)上；也可标注在公差框格上方(见图 4-11)或圆柱和棱柱表面上。符号的尖端必须从材料外指向表面。其中注在螺纹直径上的符号表示螺纹工作表面的粗糙度。在同一图样上，每一表面一般只标注一次符号、代号，并尽可能靠近有关的尺寸线(见图 4-12)；如果每个棱柱表面有不同的要求，则分别单独标注。倒角、圆角和键槽的粗糙度标注方法见图 4-13 和图 4-14。

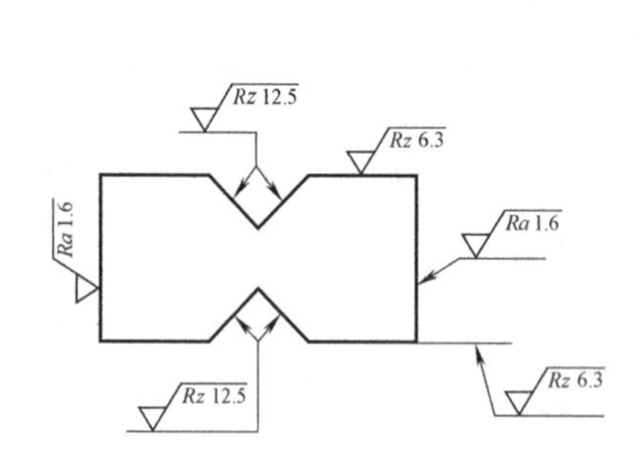

图 4-9　表面粗糙度在轮廓线上的标注

铣
Rz 3.2
车
Rz 3.2

图 4-10　用指引线引出标注表面粗糙度

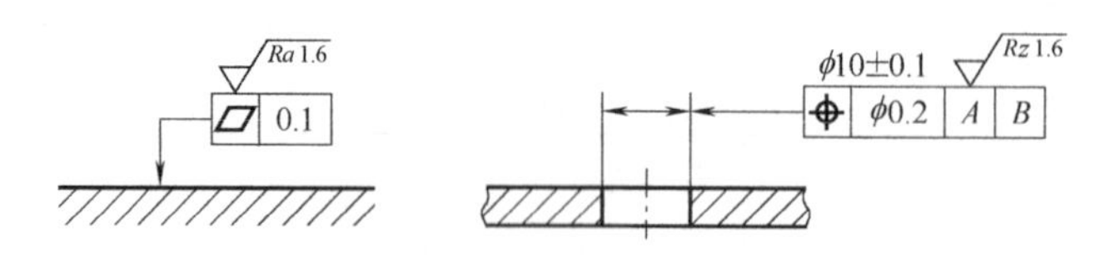

图 4-11　表面粗糙度标注在形位公差框格的上方

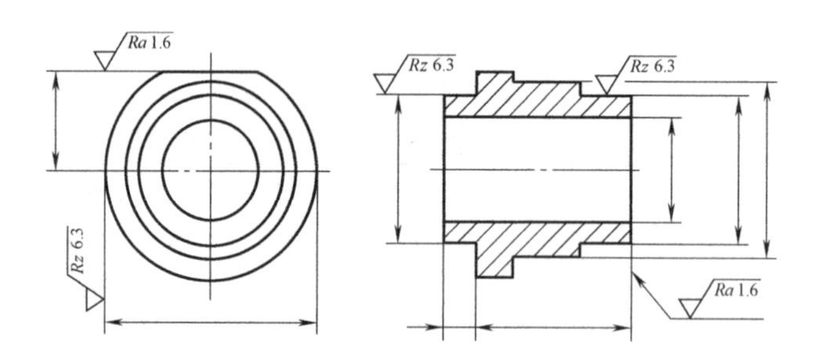

图 4-12　表面粗糙度标注在圆柱特征的延长线上

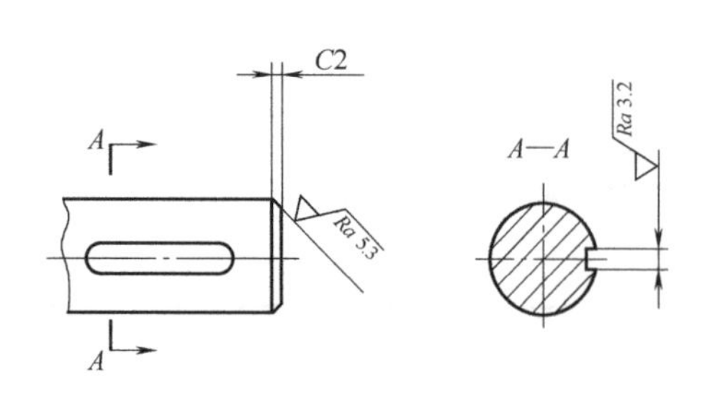

图 4-13　键槽的表面粗糙度注法

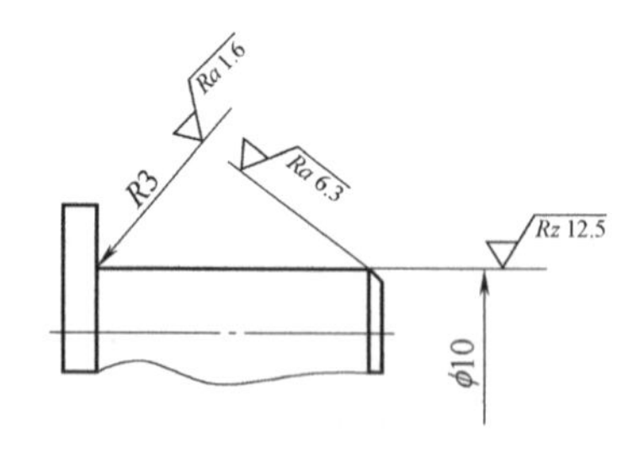

图 4-14　圆角和倒角的表面粗糙度注法

(2) 简化注法。

当零件除注出表面外，其余所有表面具有相同的表面粗糙度要求时，其符号、代号可在图样上统一标注，并采用简化注法，如图 4-15 和图 4-16 所示，表示除 *Rz* 值为 1.6 和 6.3 的表面外，其余所有表面粗糙度均为 *Ra* 值 3.2，两种注法意义相同。

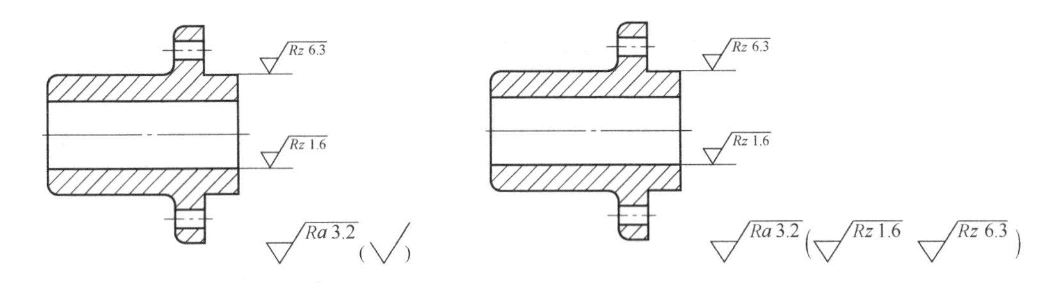

图 4-15　简化标注(一)　　　　图 4-16　简化标注(二)

当多个表面具有相同的表面结构要求或图纸空间有限时，也可采用简化注法，以等式的形式给出，见图 4-17 和图 4-18。

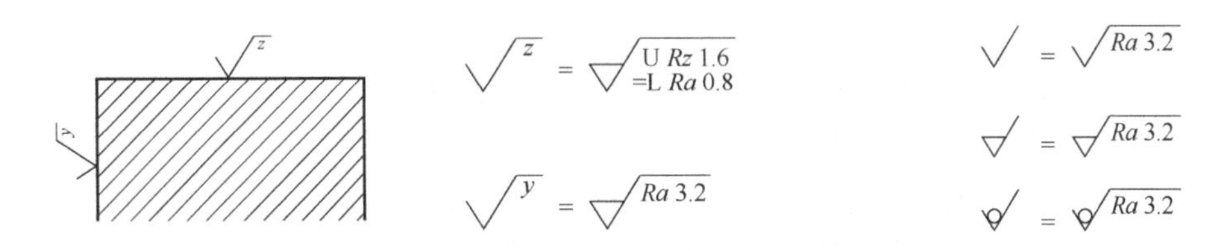

图 4-17　图纸空间有限时的简化注法　　　　图 4-18　只用符号时的简化注法

任务实施

由知识准备可知图 4-1 中表面粗糙度各项含义如下。

(1) √*Rz*6.3 含义：表示去除材料，单向上限值，默认传输带，R 轮廓，粗糙度的最大高度 6.3 μm，评定长度为 5 个取样长度(默认)，“16%”规则(默认)。

(2) √*Ra*1.6 含义：表示去除材料，单向上限值，默认传输带，R 轮廓，算术平均偏差 1.6 μm，评定长度为 5 个取样长度(默认)，“16%”规则(默认)。

练习与实践

一、判断题(正确的打√，错误的打×)

1. 确定表面粗糙度时，通常可在三项高度特性参数中选取。　(　　)

2. *Rz* 参数由于测量点不多，因此在反映微观几何形状高度方面的特性不如 *Ra* 参数充分。　(　　)

3. 选择表面粗糙度评定参数值应尽量小为好。　(　　)

4. 零件的表面精度越高，通常表面粗糙度参数值相应取得越小。 (　　)

5. 零件的表面粗糙度值越小，则零件的尺寸精度应越高。 (　　)

6. 要求配合精度高的工件，其表面粗糙度数值应大。 (　　)

7. Ry 参数对某些表面上不允许出现较深的加工痕迹和小零件的表面质量有实用意义。 (　　)

8. 规定取样长度的目的在于限制或减少表面波纹度对表面粗糙度测量结果的影响。 (　　)

9. 取样长度过短不能反映表面粗糙度的真实情况，因此越长越好。 (　　)

二、选择题

1. 评定参数(　　)更能充分反映被测表面的实际情况。

   A. 轮廓的最大高度　　B. 微观不平度十点高度

   C. 轮廓算术平均偏差　　D. 轮廓的支承长度率

2. 表面粗糙度的基本评定参数是(　　)。

   A. S_m　　B. R_a　　C. t_p　　D. S

3. 表面粗糙度是指(　　)。

   A. 表面微观的几何形状误差　　B. 表面波纹度

   C. 表面宏观的几何形状误差　　D. 表面形状误差

4. 表面粗糙度值越小，则零件的(　　)。

   A. 耐磨性好　　B. 传动灵敏性差　　C．加工容易

5. 选择表面粗糙度评定参数值时，下列论述正确的有(　　)。

   A. 同一零件上工作表面应比非工作表面参数值大

   B. 摩擦表面应比非摩擦表面参数值小

   C. 尺寸精度要求高，参数值应小

6. 下列论述正确的有(　　)。

   A. 表面粗糙度属于表面微观性质的形状误差

   B. 表面粗糙度属于表面宏观性质的形状误差

   C. 表面粗糙度属于表面波纹度误差

7. 表面粗糙度符号在图样上应标注在(　　)。

   A. 可见轮廓线上　　B. 符号尖端从材料外指向被注表面　　C. 虚线上

三、填空题

1. 表面粗糙度指________________________________。

2. 评定长度是指________，它可以包含几个________。

3. 测量表面粗糙度时，规定取样长度的目的在于________。

4. 国家标准中规定表面粗糙度的主要评定参数有________、________、________三项。

5. 同一零件上，工件表面的粗糙度参数值________非工作表面的粗糙度参数值。

四、简答题

1. 评定表面粗糙度的主要轮廓参数有哪些？分别论述其含义和代号。

2. 轮廓中线的含义和作用是什么？为什么规定了取样长度还要规定评定长度？两者之间有什么关系？

3. 表面粗糙度的选用原则是什么？如何选用？

4. 解释图 4-19 中标注的各表面粗糙度要求的含义。

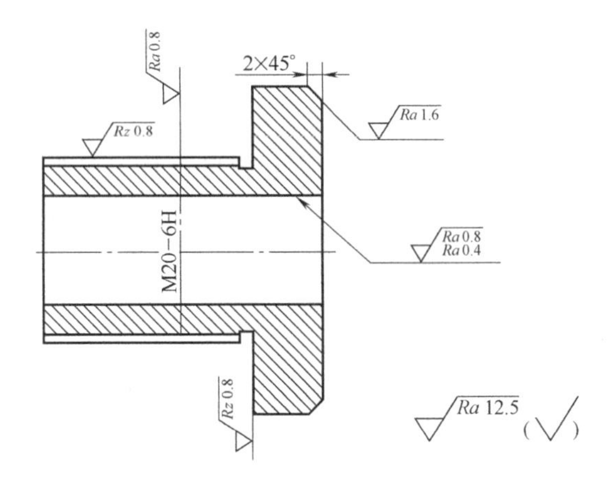

图 4-19　简答题 4 图

5. 将下列要求标注在图 4-20 上，各加工面均采用去除材料法获得。

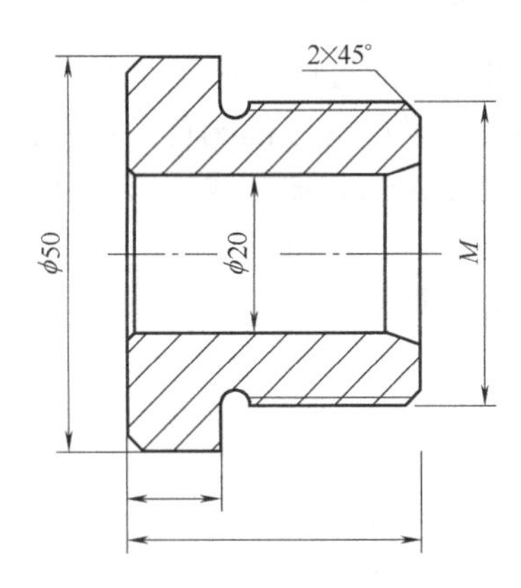

图 4-20　简答题 5 图

(1) 直径为 ϕ50mm 的圆柱外表面粗糙度 Ra 的允许值为 3.2μm。

(2) 左端面的表面粗糙度 Ra 的允许值为 1.6μm。

(3) 直径为 ϕ50mm 的圆柱的右端面的表面粗糙度 Ra 的允许值为 1.6μm。

(4) 内孔表面粗糙度 Ra 的允许值为 0.4μm。

(5) 螺纹工作面的表面粗糙度 Rz 的最大值为 1.6μm，最小值为 0.8μm。

(6) 其余各加工面的表面粗糙度 Ra 的允许值为 25μm。

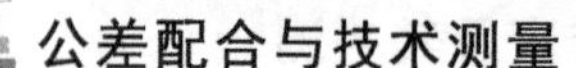

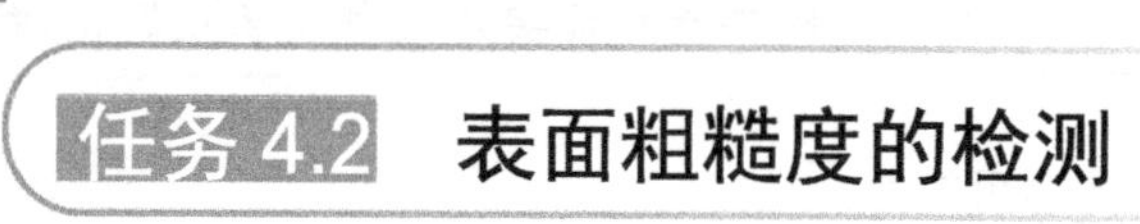

任务 4.2 表面粗糙度的检测

任务提出

如图 4-1 所示为轴套零件中所标注的表面粗糙度符号，零件在加工过程中必须按其要求进行加工，但加工后如何测量、验证其是否合格？测量数据如何处理？

任务分析

由任务可知，要解决此任务需要我们掌握表面粗糙度的检测方法及检测程序。

知识准备

4.2.1 表面粗糙度常用的检测方法

最早人们是用标准样件或样块，通过肉眼观察或用手触摸，对表面粗糙度做出定性的综合评定。1929 年，德国的施马尔茨(G.Schmalz)首先对表面微观不平度的深度进行了定量测量。1936 年，美国的艾卜特(E.J.Abbott)研制成功第一台车间用的测量表面粗糙度的轮廓仪。1940 年，英国 TaylorHob-son 公司研制成功表面粗糙度测量仪“泰吕塞夫(TALYSURF)”。以后，各国又相继研制出多种测量表面粗糙度的仪器。目前，测量表面粗糙度常用的方法有以下几种。

1. 比较法

用比较法检验表面粗糙度是生产车间常用的方法。以表面粗糙度比较样块(见图 4-21)工作面上的粗糙度为标准，用视觉法或触觉法与被测表面进行比较，以判定被测表面是否符合规定。用样块进行比较检验时，样块和被测表面的材质、加工方法应尽可能一致。样块比较法简单易行，适合在生产现场使用。比较法的判断准确程度与检验人员的技术熟练程度有关。比较法可用目测(Ra>2.5 μm)直接判断或借助于放大镜、显微镜比较(Ra>0.32～0.50 μm)或凭触觉来判断表面粗糙度。其缺点是精度较差，只能做定性分析比较。

2. 光切法

光切法是利用光切原理测量表面粗糙度的方法。常采用的仪器是光切显微镜(双管显微镜)，该仪器适宜于测量用车、铣、刨等加工方法所加工的金属零件的平面或外圆表面。光切法主要用来测量粗糙度参数 Rz 的值，其测量范围为 0.8～80 μm 。

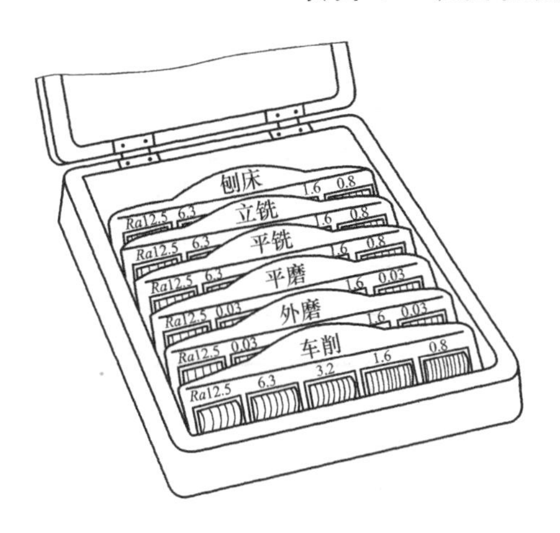

图 4-21　表面粗糙度比较样块

光切显微镜的外形如图 4-22 所示，它由底座 1、立柱 2、支臂 5、目镜 13、物镜组 8 及工作台 7 等部分组成。

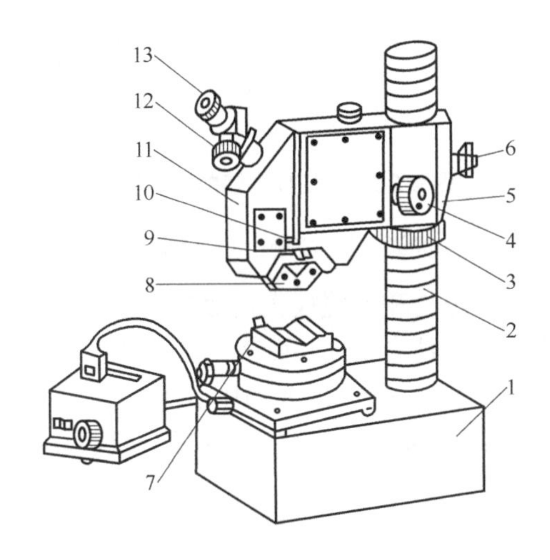

图 4-22　光切显微镜

1—底座；2—立柱；3—升降螺母；4—微调手轮；5—支臂；6—支臂锁紧螺钉；7—工作台；8—物镜组；9—物镜锁紧机构；10—遮光板手轮；11—壳体；12—目镜测微器；13—目镜

仪器备有四种不同倍数(7X、14X、30X、60X)的物镜组，可根据被测表面粗糙度大小(估测)来选择相应倍数的物镜组(见表 4-7)。

测量原理如图 4-23 所示，被测表面为 P_1、P_2 阶梯表面，当一平行光束从 45° 方向投射到阶梯表面时，即被折成 S_1 和 S_2 两段，从垂直于光束的方向上就可以在显微镜内看到 S_1 和 S_2 两段光带的放大像 S'_1、S'_2，同时距离 h 也被放大为 h'。只要我们用测微目镜测出 h'值，就可以根据放大关系算出 h 值。

表 4-7 双管显微镜测量参数

物镜倍数	总放大倍数	视场直径/mm	系数 E/(μm /格)	测量范围/ μm
7×	60×	2.7	1.28	15～50
14×	120×	1.3	0.63	5～15
30×	260×	0.6	0.29	1.5～5
60×	520×	0.3	0.16	0.8～1.5

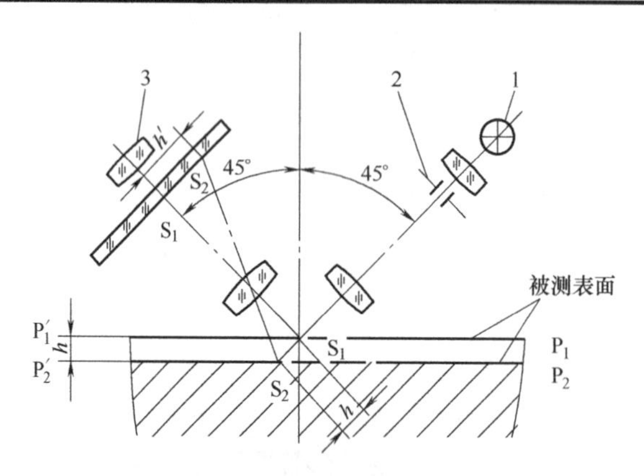

图 4-23 光切显微镜的测量原理

1—光源；2—狭缝；3—目镜测微器

由于投射角及目镜千分尺结构和物镜放大倍数的关系，在目镜千分尺鼓轮上读出的数值 a_i(单位：mm)并不等于实际工件高度 h_i，而需要通过换算，公式为

$$h_i = a_i \times E \times 10^2 (\mu\text{m})$$

式中：h_i 为第 i 个实际高度；a_i 为第 i 个峰(谷)的千分尺鼓轮值(mm)；E 为换算系数(见表 4-7)。

根据 Rz 的定义，有

$$Rz = \frac{(h_2 + h_4 + h_6 + h_8 + h_{10}) + (h_1 + h_3 + h_5 + h_7 + h_9)}{5}$$

实际测量时，不必测一个 a_i，就换算一个 h_i，在一个取样长度内可按下式进行一次换算：

$$Rz = \frac{(a_2 + a_4 + a_6 + a_8 + a_{10}) + (a_1 + a_3 + a_5 + a_7 + a_9)}{5} \times E \times 10^2 (\mu\text{m})$$

3. 干涉法

干涉法是利用光波干涉原理，以光波波长为基准来测量表面粗糙度的。常采用的仪器是干涉显微镜，适宜用来测量粗糙度参数 Rz，其测量范围为 0.025～0.8 μm 。

根据干涉原理设计制造的仪器称为干涉显微镜，其基本光路系统如图 4-24(a)所示。由光源 1 发出的光线经平面镜 5 反射向上，至半透半反分光镜 9 后分成两束。一束向上射至被测表面 18 返回，另一束向左射至参考镜 13 返回。此两束光线会合后形成一组干涉条纹。干涉条纹的相对弯曲程度反映被测表面微观不平度的状况，如图 4-24(b)所示。仪器的测微装置可按定义测出相应的评定参数 Rz 值。

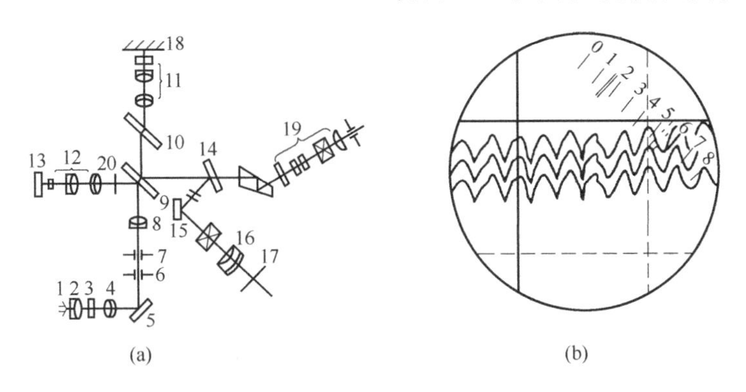

图 4-24　干涉法测量原理示意图

4．针描法

针描法(又称感触法)是通过针尖(金刚石制成，半径为 2～3 μm)感触微观不平度的截面轮廓的方法。它实际上是一种接触式电测量方法，所以测量仪器一般称为电动轮廓测量仪。它可以测定 Ra=0.025～5μm 的表面。该方法测量快速可靠，操作简便，测量精度高，并易于实现自动测量和微机数据处理，应用最为广泛，但被测表面易被触针划伤。

针描法的工作原理如图 4-25 所示，测量时仪器触针尖端在被测表面上垂直于加工纹理方向的截面上，做水平移动测量，当触针直接在工件被测表面上轻轻划过时，由于被测表面轮廓峰谷起伏，触针将在垂直于被测轮廓表面的方向上产生上下移动，把这种移动通过电子装置将信号加以放大，然后通过打印机或其他输出装置将有关粗糙度的数据或图形输出来，从指示仪表可直接得出一个测量行程 Ra 值。这是 Ra 值测量最常用的方法。也可以用仪器的记录装置描绘粗糙度轮廓曲线的放大图，再计算 Ra 或 Rz 值。

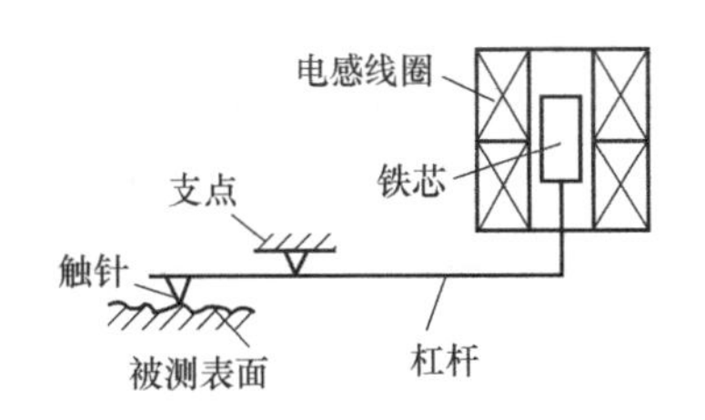

图 4-25　针描法测量原理示意图

按针描原理设计制造的表面粗糙度测量仪器通常称为轮廓仪。根据转换原理的不同，可以有电感式轮廓仪、电容式轮廓仪、压电式轮廓仪等。轮廓仪可测 Ra、Rz、S_m 及 t_p 等多个参数。

5．激光反射法

激光反射法的基本原理是用激光束以一定的角度照射到被测表面，除了一部分光被吸收以外，大部分被反射和散射。反射光与散射光的强度及其分布与被照射表面的微观不平度状况有关。通常，反射光较为集中形成明亮的光斑，散射光则分布在光斑周围形成较弱的光带。较为光洁的表面，光斑较强，光带较弱且宽度较小；较为粗糙的表面，则光斑较弱，光带较强且宽度较大。

6. 印模法

印模法是利用一些无流动性和弹性的塑性材料贴合在被测表面上，将被测表面的轮廓复制成模，然后测量印模，从而来评定被测表面的粗糙度。该方法适用于某些既不能使用仪器直接测量，也不便于用样板相对比的表面，如深孔、盲孔、凹槽、内螺纹等。

4.2.2 表面粗糙度的检测程序

对工件表面粗糙度进行检测时可以参照表 4-8。

表 4-8 表面粗糙度的检测程序

序 号	测量方法	检验程序说明
1	目测检查	当工件表面粗糙度比规定的粗糙度明显的好或不好时，不需用更精确的方法检验。工件表面存在着明显影响表面功能的表面缺陷时，选择目测法检验判定
2	比较检查	若用目测检查不能做出判定，可采用视觉或显微镜将被测表面与粗糙度比较样块进行比较判定
3	仪器检查	若用粗糙度比较样块不能做出判定，应采用仪器测量： ①对不均匀表面，在最有可能出现粗糙度参数极限值的部位上进行测量； ②对表面粗糙度均匀的表面，应在几个均布位置上分别测量，至少测量 3 次； ③当给定表面粗糙度参数上限或下限时，应在表面粗糙度参数可能出现最大值或最小值处测量； ④表面粗糙度参数注明是最大值的要求时，通常在表面可能出现最大值(如有一个可见的深槽)处，至少测量 3 次。 测量方向： ①当图样或技术文件中规定测量方向时，按规定方向进行测量； ②当图样或技术文件中没有指定方向时，则应在能给出粗糙度参数最大值的方向测量，该方向垂直于被测表面的加工纹理方向； ③对无明显加工纹理的表面，测量方向可以是任意的，一般可选择几个方向进行测量，取其最大值为粗糙度参数的数值

任务实施

通过知识准备可知，图 4-1 所示轴套零件上表面粗糙度值可采用光切法进行实际检测，判断零件是否合格，其检测步骤如下。

(1) 根据被测表面的粗糙度要求，按表 4-7 中数据选择一对合适的物镜并分别安装在两镜管的下端，选择合适的取样长度。

(2) 将光源插头插接变压器并通电源。

(3) 擦净被测工件并置于工作台上，使加工痕迹与工作台纵向移动方向垂直。

(4) 放松支臂锁紧螺钉 6(见图 4-22)，旋转升降螺母 3，使支臂缓慢下降(注意：下降时，切勿使物镜碰击工作台工作表面)，直到工件表面上出现一绿色光带后锁紧螺钉 6，转动工作台，使光带方向与加工痕迹垂直。

(5) 调节仪器支架微调手轮 4 进行细调焦，配合调整目镜 13，直到场中央出现最清晰

窄亮带。

(6) 进行测量。松开目镜紧固螺丝，转动目镜千分尺，使目镜中的十字线的水平线在取样长度内平行于光带后清晰边缘，此线即定为平行于轮廓中线的任一直线，在取样长度内找出 5 个高峰点和 5 个最低谷点，并使水平线与之相切，如图 4-26 所示，分别记下目镜分划板和鼓轮的读数 $a_1 \sim a_{10}$，填写在表 4-9 中，并根据公式计算 Rz 值。

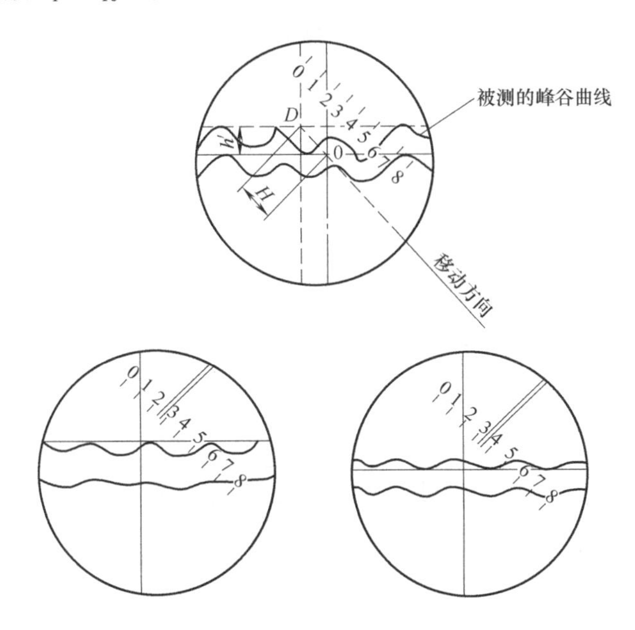

图 4-26　读数目镜示意图

(7) 取 $L_n = 3l$，测出 3 个 Rz 值，取平均值作为测量结果。

(8) 根据计算结果，判断被测表面粗糙度的适用性。

表 4-9　光切法检测表面粗糙度数据表

<table>
<tr><td colspan="7">光切显微镜检测表面粗糙度</td></tr>
<tr><td colspan="2" rowspan="2">被测零件</td><td>名　称</td><td>被测表面粗糙度允许值 Rz</td><td>取样长度 l</td><td colspan="2">评定长度 L_n</td></tr>
<tr><td></td><td></td><td></td><td colspan="2"></td></tr>
<tr><td colspan="2" rowspan="2">器具名称</td><td>名　称</td><td>物镜组的放大倍数</td><td>套筒的分度值</td><td colspan="2">测量范围</td></tr>
<tr><td></td><td></td><td></td><td colspan="2"></td></tr>
<tr><td colspan="7">测量记录和计算</td></tr>
<tr><td>测量序号</td><td>测量读数</td><td>1</td><td>2</td><td>3</td><td>4</td><td>5</td></tr>
<tr><td rowspan="3">1</td><td>峰顶</td><td>$a_2=$</td><td>$a_4=$</td><td>$a_6=$</td><td>$a_8=$</td><td>$a_{10}=$</td></tr>
<tr><td>谷底</td><td>$a_1=$</td><td>$a_3=$</td><td>$a_5=$</td><td>$a_7=$</td><td>$a_9=$</td></tr>
<tr><td colspan="6">$Rz_1=\frac{(a_2+a_4+a_6+a_8+a_{10})+(a_1+a_3+a_5+a_7+a_9)}{5}\times E\times 10^2(\mu m)=$</td></tr>
</table>

续表

光切显微镜检测表面粗糙度

被测零件	名　称	被测表面粗糙度允许值 Rz	取样长度 l	评定长度 L_n
器具名称	名　称	物镜组的放大倍数	套筒的分度值	测量范围

测量记录和计算

测量序号	测量读数	1	2	3	4	5
2	峰顶	$a_2=$	$a_4=$	$a_6=$	$a_8=$	$a_{10}=$
	谷底	$a_1=$	$a_3=$	$a_5=$	$a_7=$	$a_9=$
	$Rz_2=\frac{(a_2+a_4+a_6+a_8+a_{10})+(a_1+a_3+a_5+a_7+a_9)}{5}\times E\times10^2(\mu m)=$					
3	峰顶	$a_2=$	$a_4=$	$a_6=$	$a_8=$	$a_{10}=$
	谷底	$a_1=$	$a_3=$	$a_5=$	$a_7=$	$a_9=$
	$Rz_3=\frac{(a_2+a_4+a_6+a_8+a_{10})+(a_1+a_3+a_5+a_7+a_9)}{5}\times E\times10^2(\mu m)=$					
计算在评定长度 L_n 内 Rz 的平均值：$Rz=\frac{Rz_1+Rz_2+Rz_3}{3}=$				判断合格性：		

练习与实践

一、选择题

1. 电动轮廓仪是根据(　　)原理制成的。
   A. 针描　　B. 印模　　C. 干涉　　D. 光切
2. 车间生产中评定表面粗糙度最常用的方法是(　　)。
   A. 光切法　　B. 针描法　　C. 干涉法　　D. 比较法
3. 双管显微镜是根据(　　)原理制成的。
   A. 针描　　B. 印模　　C. 干涉　　D. 光切

二、填空题

1. 双管显微镜主要用于测量表面粗糙度的________值。
2. 测量表面粗糙度时，用光切显微镜(双管显微镜)可以测量的参数为________。
3. 电动轮廓仪利用________________法来测量表面粗糙度。

三、简答题

1. 常用的表面粗糙度测量方法有哪几种？电动轮廓仪、光切显微镜、干涉显微镜各适用于测量哪些参数？

2. 表面粗糙度国家标准中规定了哪些评定参数？哪些是主参数，它们各有什么特点？与之相应的有哪些测量方法和测量仪器？大致的测量范围是多少？

项目 5　常用典型结合的公差及其检测

学习目标

- 掌握滚动轴承的分类、精度等级及其配合件的公差与选用。
- 掌握普通螺纹的分类、公差配合标准及其几何参数的检测。
- 了解平键连接的配合种类及应用。
- 了解花键连接的定心方式。
- 掌握平键和矩形花键的形位公差和表面粗糙度在图样上的标注。
- 了解平键的检测项目和矩形花键的检测方法。
- 明确齿轮传动的应用要求，熟悉与应用要求相对应的评定指标的含义及表示代号。
- 掌握齿轮精度等级的表达方法、评定指标的检验方法、传动精度的设计方法。

任务 5.1　滚动轴承的公差配合与检测

任务提出

滚动轴承是机械制造业中应用极为广泛的高精度标准化部件，它的基本结构如图 5-1 所示，由外圈、内圈、滚动体和保持架组成。滚动轴承工作时，要求运转平稳、旋转精度高、噪音小，其工作性能和使用寿命不仅取决于本身的制造精度，还和与它相配合的轴颈和轴承座孔的尺寸精度、形位精度和表面粗糙度等因素有关。

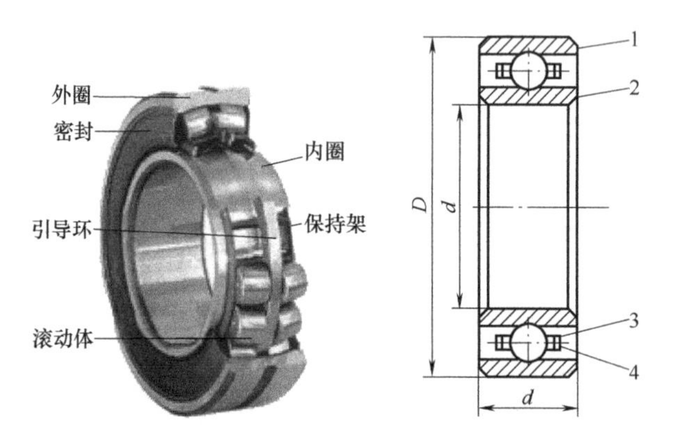

图 5-1　滚动轴承

1—外圈；2—内圈；3—滚动体；4—保持架

如图 5-2 所示，在 C616 车床主轴后支承上，装有两个单列向心球轴承，其外形尺寸为 $d \times D \times B$=50mm×90mm×20mm，如何选定轴承的精度等级？如何确定轴承与轴颈和外壳孔的配合？

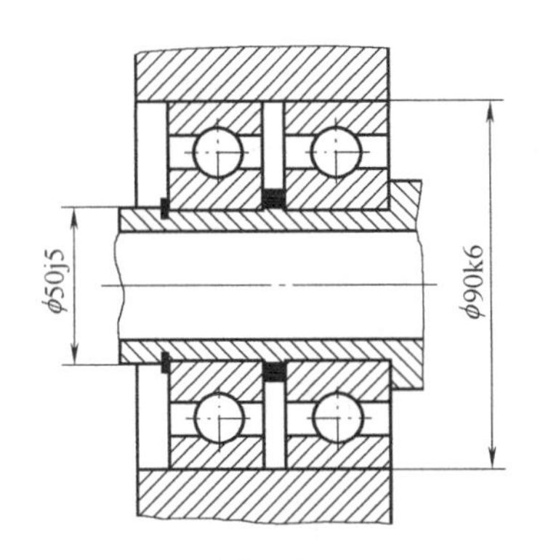

图 5-2　C616 车床主轴的后轴承结构

任务分析

为了保证机器的工作性能，安装在机器上的滚动轴承必须满足下列两项要求：①必要的旋转精度；②合适的径向游隙和轴向游隙。在选择滚动轴承时，除了确定滚动轴承的型号外，还必须选择滚动轴承的精度等级、滚动轴承与轴和外壳孔的配合、轴和外壳孔的形位公差及表面粗糙度参数。

知识准备

5.1.1　滚动轴承的精度等级及应用

1. 滚动轴承的类型

滚动轴承按滚动体形状可分为球轴承、圆柱(圆锥)滚子轴承和滚针轴承；按承受载荷的方向可分为向心轴承(承受径向载荷)、向心推力轴承(同时承受径向力和轴向力)和推力轴承(承受轴向力)；按工作时能否调心可分为调心轴承和非调心轴承(刚性轴承)；按滚动体的列数可分为单列轴承、双列轴承和多列轴承；按其部件能否分离可分为可分离轴承和不可分离轴承。

2. 滚动轴承的精度等级及其应用

1) 滚动轴承的精度等级

国家标准 GB/T 307.3—2005《滚动轴承　通用技术规则》规定：按尺寸精度和旋转精度对滚动轴承的公差等级分级。向心轴承(圆锥滚子轴承除外)分为 0、6(6x)、5、4、2 五级，其中 0 级精度最低，2 级精度最高；圆锥滚子轴承分为 0、6x、5、4 四级；推力轴承分为 0、6、5、4 四级。

滚动轴承的精度等级是按其外形尺寸精度和运动旋转精度划分的。外形尺寸精度是指滚动轴承的内圈内径、外圈外径和轴承宽度的尺寸公差；运动旋转精度是指滚动轴承的内圈内表面、外圈外表面的径向跳动，轴承端面对轴承滚道的跳动，轴承端面对轴承内孔的跳动等。

2) 滚动轴承各精度等级的应用

0 级轴承是普通级轴承，在机械制造中应用最广。通常用于对旋转精度和运动平稳性要求不高、中等负荷、中等转速的一般场合。如减速器的旋转机构；普通机床的变速机构；汽车、拖拉机的变速机构；普通电动机、水泵、压缩机、汽轮机等旋转机构中的轴承。

5、6 级轴承用于旋转精度和运动平稳性要求较高或转速较高的旋转机构中。如普通机床主轴的前轴承多采用 5 级轴承，后轴承多采用 6 级轴承；精密机床的变速机构中的轴承通常采用 6 级轴承。

4 级轴承多用于旋转精度高和转速高的旋转机构中，如精密磨床和车床的主轴轴承。

2 级轴承用于旋转精度和转速特别高的旋转机构中，如高精度齿轮磨床的主轴轴承。

5.1.2　滚动轴承公差及其特点

国家标准 GB/T307.1—2005、GB/T307.2—2005、GB/T307.3—2005 规定，滚动轴承的公差带是特殊的公差带，它与别的机件组成配合时，都是以滚动轴承作为配合基准件来选择基准制。例如，滚动轴承的内圈内径与轴颈的配合采用基孔制，滚动轴承的外圈外径与外壳孔的配合采用基轴制。

1. 滚动轴承的内径公差带

轴承内圈通常与轴一起旋转，为防止内圈和轴颈的配合产生相对滑动而磨损，影响轴承的工作性能，因此要求配合面具有一定的过盈，但过盈量不能太大。如果作为基准孔的轴承内圈仍采用基本偏差为 H 的公差带，轴颈也选用光滑圆柱结合国家标准中的公差带，则在这样的配合时，无论选择过渡配合(过盈量偏小)或过盈配合(过盈量偏大)都不能满足轴承工作的需要。若轴颈采用非标准的公差带，则又违反了标准化与互换性的原则，为此，国家标准规定：轴承内圈的基准孔公差带位置位于以公称内径 d_m 为零线的下方，如图 5-3 所示。这项规定与一般基准孔的公差带分布位置截然相反，数值也完全不同(见表 5-1)。

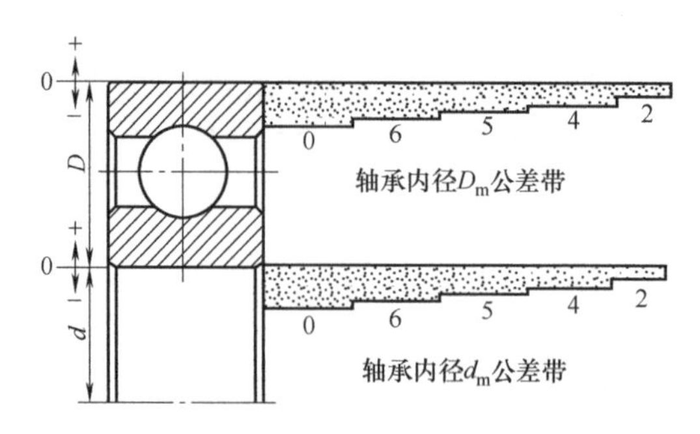

图 5-3　轴承内、外径公差带图

表 5-1　向心轴承内圈公差(摘自 GB/T307.1—2005)　　单位：μm

d/mm	精度等级	Δd_{mp}		Δd_s④		V_{dsp}①			V_{dmp}	K_{ia}	S_d	S_{ia}③	ΔB_s			V_{Bs}
						直径系列										
						9	0、1	2、3、4					全部	正常	修正②	
		上偏差	下偏差	上偏差	下偏差	最大			最大	最大	最大	最大	上偏差	下偏差		最大
18＜d≤30	0	0	−10	−5	—	13	10	8	8	13	—	—	0	−120	−250	20
	6	0	−8	—	—	10	8	6	6	8	—	—	0	−120	−250	20
	5	0	−6	—	—	6	5	5	3	4	8	8	0	−120	−250	5
	4	0	−5	0	−5	5	4	4	2.5	3	4	4	0	−120	−250	2.5
	2	0	−2.5	0	2.5	—	2.5	2.5	1.5	2.5	1.5	2.5	0	−120	−250	1.5
30＜d≤50	0	0	−12	—	—	15	12	9	9	15	—	—	0	−120	−250	20
	6	0	−10	—	—	13	10	8	8	10	—	—	0	−120	−250	20
	5	0	−8	—	—	8	6	6	4	5	8	8	0	−120	−250	5
	4	0	−6	0	−6	6	5	5	3	4	4	4	0	−120	−250	3
	2	0	−2.5	0	−2.5	—	2.5	2.5	1.5	2.5	1.5	2.5	0	−120	−250	1.5

注：①直径系列 7、8 无规定值。

②指用于成对或成组安装时单个轴承的内圈宽度公差。

③仅适用于沟型球轴承。

④表中 4、2 级公差值仅适用于直径系列 0、1、2、3 及 4。

表中“—”表示均未规定公差值。

2. 滚动轴承的外径公差带

轴承外圈因安装在外壳孔中，通常不旋转，考虑到工作时温度升高会使轴热胀而产生轴向移动，因此两端轴承中有一端应是游动支承，可使外圈与外壳孔的配合稍微松一点，使之能补偿轴的热胀伸长量，不至于使轴变弯而被卡住，影响正常运转，为此，国家标准规定：轴承外圈的公差带位置位于公称外径 D_m 为零线的下方，与基本偏差为 h 的公差带相类似，但公差值不同，如图 5-3 所示。其与一般基准轴公差带的分布位置相同，但数值不同(见表 5-2)。

表 5-2 向心轴承外圈公差(GB/T 307.1—2005) 单位：μm

D/mm	精度等级	ΔD_{mp}		ΔD_s①		V_{Dsp}② 直径系列					V_{Dmp}	K_{ea}	S_D	S_{ea}③	ΔC_s		V_{Cs}
		上偏差	下偏差	上偏差	下偏差	9	0、1	2、3、4	2、3、4	0、1	最大	最大	最大	最大	上偏差	下偏差	最大
50＜D≤80	0	0	−13	−4	—	16	13	10	20	—	10	25	—	—	与同一轴承内圈的 ΔB_s 相同		与同一轴承内圈的 V_{Bs} 相同
	6	0	−11	—	—	14	11	8	16	16	8	13	—	—			
	5	0	−9	—	—	9	7	7	—	—	5	8	8	10			6
	4	0	−7	0	−7	7	5	5	—	—	3.5	5	4	5			3
	2	0	−4	0	−4	—	4	4	4	4	2	4	1.5	4			1.5
80＜D≤120	0	0	−15	—	—	19	19	11	26	—	11	35	—	—			与同一轴承内圈的 V_{Bs} 相同
	6	0	−13	—	—	16	16	10	20	20	10	18	—	—			
	5	0	−10	—	—	10	8	8	—	—	5	10	9	11			8
	4	0	−8	0	−8	8	6	6	—	—	4	6	5	6			4
	2	0	−5	0	−5	—	5	5	5	5	2.5	5	2.5	5			2.5

注：①仅适用于 4，2 级轴承直径系列 0，1，2，3 及 4。

②对 0，6 级轴承，用于内、外环安装前或拆卸后，直径系列 7 和 8 无规定值。

③仅适用于沟型球轴承。

表中“—”表示均未规定公差值。

3. 滚动轴承公差带取值

由于滚动轴承的内、外圈均是薄壁零件，制造和存放时极易变形，若相配零件的形状较正确，则在装配后容易得到矫正。根据这些特点，轴承内圈与轴、外圈与外壳孔起配合作用的为平均直径。因此，国家标准 GB/T307.1—2005 不仅规定了两种尺寸公差，还规定了两种形状公差，目的是控制轴承的变形程度、控制轴承与轴和外壳孔配合的精度。

两种尺寸公差是：①轴承单一内径(d_s)与外径(D_s)的偏差(Δd_s，ΔD_s)；②轴承单一平面平均内径(d_{mp})与外径(D_{mp})的偏差(Δd_{mp}，ΔD_{mp})。

两种形状公差是：①轴承单一径向平面内，内径(d_s)与外径(D_s)的变动量(V_{dsp}，V_{Dsp})；②轴承平均内径与外径的变动量(V_{dmp}，V_{Dmp})。

向心轴承内径、外径的尺寸公差和形状公差以及轴承的旋转精度公差，分别见表 5-1 和表 5-2，从 0 级精度至 2 级精度的平均直径公差相当于 IT7～IT3 级的尺寸公差。

表 5-1 和表 5-2 中，K_{ia}、K_{ea} 为成套轴承内、外圈的径向圆跳动允许值；S_{ia}、S_{ea} 为成

套轴承内、外圈轴向跳动的允许值；S_d 为内圈端面对内孔垂直度的允许值；S_D 为外圈外表面对端面垂直度的允许值；V_{Bs} 为内圈宽度变动的允许值；ΔB_s 为内圈单一宽度偏差允许值；ΔC_s 为外圈宽度偏差允许值；V_{Cs} 为外圈宽度变动的允许值。表中的“直径系列”是指同一内径的轴承，由于使用场合不同，所需承受的载荷大小和寿命极限也就不相同，必须使用直径大小不同的滚动体，因而使滚动轴承的外径和宽度也随之改变，这种内径相同但外径不相同的结构变化叫作滚动轴承的直径系列。

5.1.3　滚动轴承与轴及外壳孔的配合

滚动轴承配合就是指成套轴承的内孔与轴和外径与外壳孔的尺寸配合。合理地选择其配合对于充分发挥轴承的技术性能，保证机器正常运转、提高机械效率、延长使用寿命都有极重要的意义。

1. 轴颈及外壳孔公差带的种类

滚动轴承是一种标准化部件，由专门工厂生产。为了轴承便于互换，轴承内圈与轴的配合采用基孔制，外圈与外壳孔的配合采用基轴制。根据生产实际情况，国标对轴承内、外公差带在制造时已确定，故轴承与轴颈、外壳孔的配合要由轴颈和外壳孔的公差带决定。滚动轴承国家标准 GB/T275—1993 规定了与滚动轴承配合的 16 种外壳孔公差带和 17 种轴颈公差带，这些滚动轴承配合的常用公差带如图 5-4 所示。

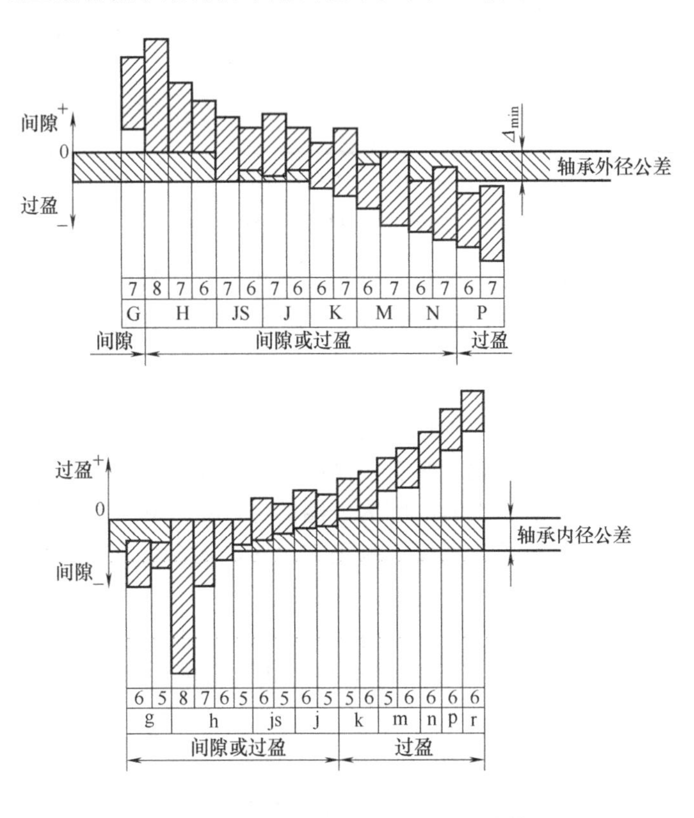

图 5-4　滚动轴承配合的常用公差带

由此可见，轴承内圈与轴颈的配合比公差与配合国标中基孔制同名配合紧一些，g5、g6、h5、h6 轴颈与轴承内圈的配合已变成过渡配合，k5、k6、m5、m6 已变成过盈配合，其余也都有所变紧。轴承外圈与外壳孔的配合与国标中基轴制的同名配合相比较，虽然尺寸公差有所不同，但配合性质基本相同。此外，国家标准推荐了与 0 级、6 级、5 级、4 级轴承相配合的轴颈和外壳孔的公差带，见表 5-3。

表 5-3　与滚动轴承相配合的轴颈和外壳孔公差带

轴承精度	轴颈公差带		外壳孔公差带		
	过渡配合	过盈配合	间隙配合	过渡配合	过盈配合
0	—	k6、m6、n6、p6、r6、k5、m5	H8 G7、H7 H6	J7、JS7、K7、M7、N7 J6、JS6、K6、M6、N6	P7 P6
6	g6、h6、j6、js6 g5、h5、j5	0	g8、h7 g6、h6、j6、js6 g5、h5、j5	J7、JS7、K7、M7、N7 J6、JS6、K6、M6、N6	P7 P6
5	h5、j5、js5	k6、m6 k5、m5	H6	JS6、K6、M6	—
4	h5、js5、h4	k5、m5	—	K6	—

注：①孔 N6 与 0 级精度轴承(外径 D<150mm)和 6 级精度轴承(外径 D<315mm)的配合为过盈配合。

②轴 r6 用于内径 d>120～150mm，轴 r7 用于内径 d>180～500mm。

上述公差带只适用于对轴承的旋转精度和运转平稳性无特殊要求，轴为实心轴或厚壁钢制轴，外壳为铸钢或铸铁制件，且轴承的工作温度不超过 100℃的使用场合。

2. 滚动轴承配合的选择

正确地选择配合，对于保证滚动轴承的正常运转，延长其使用寿命，充分发挥轴承的承载能力关系极大。为了使滚动轴承具有较高的定心精度，一般在选择轴承的两个套圈的配合时，都偏向紧密。但要防止太紧，因为内圈的弹性胀大和外圈的收缩会使轴承内部间隙减小甚至完全消除并产生过盈，不仅影响正常运转，还会使套圈材料产生较大的应力，从而使轴承的使用寿命降低。

因此，选择轴承配合时，应综合考虑轴承的工作条件，考虑作用在轴承上的负荷大小、方向和性质，考虑工作温度、轴承类型和尺寸，考虑旋转精度和运转速度等一系列因素。

1) 轴和轴承座孔公差等级的选择

与轴承配合的轴和轴承座孔公差等级与轴承精度有关。对于常用的轴承公差等级(0 级、6(6x)级)，一般情况下，与之相配合的轴取 IT6，轴承座孔取 IT7。

对旋转精度和运转平稳性有较高要求的场合，在提高轴承公差等级的同时，与轴承配合的轴颈与轴承座孔应按相应精度提高。

2) 配合的选择

(1) 负荷类型。

滚动轴承运转时，作用在轴承套圈上的径向负荷，一般是由定向负荷(如皮带的拉力)和旋转负荷(如机件的惯性离心力)合成的。滚动轴承内、外套圈可能承受以下三种负荷。

① 定向负荷。作用于轴承上的合成径向负荷与轴承套圈相对静止，即负荷方向始终不变地作用于滚动轴承套圈滚道的局部区域上，套圈承受的这种负荷称为定向负荷，如图 5-5(a)所示不旋转的外圈和图 5-5(b)所示不旋转的内圈，受到方向始终不变的 F_0 的作用。减速器转轴两端轴承外圈、汽车与拖拉机前轮(从动轮)轴承内圈受力就是典型的例子。此时，套圈相对于负荷方向静止的受力特点是负荷集中作用，套圈滚道局部容易产生磨损。承受这类负荷的轴承与外壳孔或轴颈组成配合时，一般选较松的过渡配合，或较小的间隙配合，以便让滚动轴承套圈滚道间的摩擦力矩带动轴承套圈缓慢转位，以延长轴承的使用寿命。

② 循环负荷。作用于轴承上的合成径向负荷与轴承套圈相对旋转(如旋转工件上的惯性离心力、旋转镗杆上作用的径向切削力等)，即合成径向负荷顺次作用于轴承套圈滚道的整个圆周上，套圈承受的这种负荷称为循环负荷，如图 5-5(a)所示旋转的内圈和图 5-5(b)所示选择的外圈，受到方向旋转变化的 F_0 的作用。减速器转轴两端轴承内圈、汽车与拖拉机前轮(从动轮)轴承外圈受力就是循环负荷的典型例子。此时套圈相对于负荷方向旋转的受力特点是负荷呈周期作用，套圈滚道产生均匀磨损。通常承受循环负荷的轴承套圈与轴颈或外壳孔相配合时，应选过盈配合或较紧的过渡配合，其过盈量的大小以不使轴承套圈与轴颈或外壳孔的配合表面之间出现爬行现象为原则。

③ 摆动负荷。作用于轴承上的合成径向负荷相对于承载轴承套圈在一定区域内相对摆动，即在轴承套圈滚道的局部圆周上受到大小和方向经常变动的负荷向量的交变作用时，轴承套圈所承受的负荷称为摆动负荷，如图 5-5(c)所示的外圈和图 5-5(d)所示的内圈，受到定向负荷 F_0 和循环负荷 F_1 的同时作用，两者的合成负荷将由小到大，再由大到小地周期性变化。通常受摆动负荷的套圈，其配合要求与循环负荷相同或略松一点。

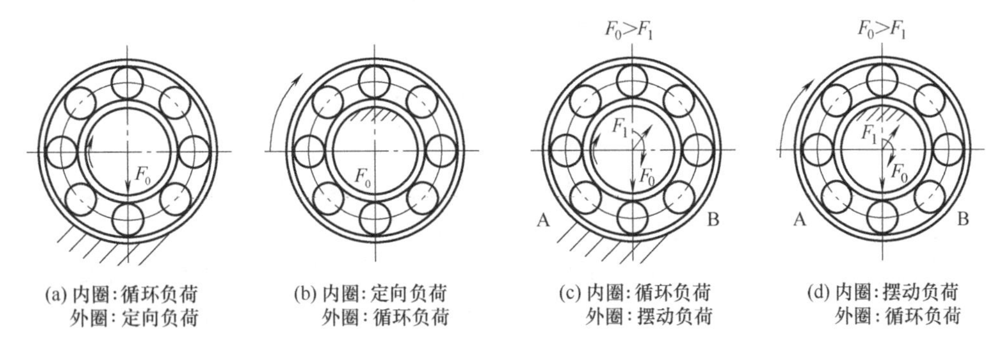

图 5-5　滚动轴承承受的负荷类型

(2) 负荷大小。

滚动轴承套圈与轴颈或外壳孔配合的最小过盈量，取决于负荷的大小。负荷的大小可用当量径向动负荷 F_r 与轴承的额定动负荷 C_r 的比值来区分，通常规定：当 $F_r \leqslant 0.07C_r$

时，为轻负荷；当 $0.07C_r < F_r \leqslant 0.15C_r$ 时，为正常负荷；当 $F_r > 0.15C_r$ 时，为重负荷。

选择滚动轴承与轴颈的配合和与外壳孔的配合时，应当考虑轴承所受负荷的大小。负荷越大，过盈量应选得越大，因为承受较重的负荷或冲击负荷时，轴承套圈容易变形，使结合面间实际过盈减小和轴承内部的实际间隙增大，配合面受力不均，甚至引起配合松动。因此，承受轻负荷、正常负荷、重负荷的轴承与轴颈和外壳孔的配合性质，应当依次渐紧。

当轴承内圈承受循环负荷时，它与轴颈配合所需的最小过盈量 Y_{min} 可按下式计算：

$$Y_{min}=-13P_rK/10^6b(\text{mm}) \tag{5-1}$$

式中：P_r 为轴承承受的最大径向负荷，单位为 kN；K 为与轴承系列有关的系数，轻系列 K=2.8，中系列 K=2.3，重系列 K=2；b 为轴承内圈的配合宽度，单位为 m，$b=B-2r$，其中 B 为轴承宽度，r 为内圈倒角。

为避免套圈破裂，必须按不超出套圈允许的强烈要求，核算其最大过盈量 Y_{max}，可按下式计算：

$$Y_{max}=-\frac{11.4kd[\sigma_p]}{(2k-2)\times10^3}(\text{mm}) \tag{5-2}$$

式中：$[\sigma_p]$为允许的拉应力，单位为 10^5 Pa，轴承钢的拉应力$[\sigma_p]\approx400(10^5$ Pa)；d 为轴承内圈内径，单位为 m。

若已选定轴承的精度等级和型号，即可根据计算得到 Y_{min}，从国家标准中查出轴承内径平均直径 d_{mp} 的公差带，选取轴的公差带代号以及最接近计算结果的配合。

(3) 工作温度。

滚动轴承工作时，由于摩擦发热和其他热源的影响，轴承套圈的温度可能高于与之相配合零件的温度，内圈轴颈的配合将会变松，外圈外壳孔的配合将会变紧。因此，轴承的工作温度通常应低于 100℃，当轴承工作温度高于 100℃时，应对所选用的配合适当修正(减小外圈与外壳孔的过盈，增加内圈与轴颈的过盈)。

(4) 径向游隙。

轴承游隙的大小对滚动轴承的承载能力有很大的影响。采用过盈配合会导致轴承游隙的减小，应检验安装后轴承的游隙是否满足使用要求，以便正确选择配合级轴承游隙。合理选择轴承游隙的方法，应在原始游隙的基础上，综合考虑因配合性质、轴承内外圈温度差、工作负荷等因素变化所引起的游隙变化规律。GB/T4604—1993 规定，轴承的径向游隙共分为 2、0、3、4、5 组，0 组为基本游隙组。

游隙大小必须合适，过大不仅使转轴发生较大的径向跳动和轴向窜动，还会使轴承产生较大的振动和噪声，过小又会使轴承滚动体与套圈产生较大的接触应力，使轴承摩擦发热从而降低使用寿命。在常温状态下工作的具有基本组径向游隙的轴承(供应的轴承无游隙标记，即是基本组游隙)，按表选取轴颈和外壳孔公差带一般都能保证有适度的游隙。但如因重负荷轴承内径选取过盈量较大的配合，则为了补偿变形引起的游隙过小，应选用大于基本组游隙的轴承。

(5) 轴承尺寸大小。

滚动轴承的尺寸越大，选取的配合应越紧。随着轴承的尺寸增大，选取过盈配合的过盈应适当增大，选取间隙配合的间隙应适当减小。对于重型机械上使用的尺寸特别大的滚动轴承，应采用比较松的配合。

(6) 旋转精度和速度。

对于负荷较大、旋转精度要求较高的滚动轴承，为了消除弹性变形和振动的影响，应避免采用间隙配合。对于精密机床使用的轻负荷轴承，为了避免外壳孔与轴颈的形状误差对轴承精度产生不良影响，常采用间隙较小的间隙配合。如内圈磨床磨头处的轴承，其内圈间隙为 1～4μm，外圈间隙为 4～10μm。一般认为，轴承的旋转速度越高，配合也应越紧。对于旋转速度较高，又在冲击振动负荷下工作的轴承，与轴颈和外壳孔的配合最好选用过盈配合。

(7) 其他因素。

轴和轴承座的材料、强度和导热性能、从外部进入支承的以及在轴承中产生的热的导热途径和热量、支承安装和调整性能等都会影响公差带的选择。

空心轴颈比实心轴颈、薄壁外壳比厚壁外壳、轻合金外壳比钢铁外壳所采用的配合要紧一些；采用剖分式外壳结构时，为避免外圈产生椭圆变形，宜采用较松的配合，以免出现过盈时将轴承外圈夹扁导致卡阻事故；对于高于 k7(包括 k7)的配合或外壳孔的公差等级小于 IT6 级时，应选用整体式外壳体。

为了便于轴承的安装和拆卸，对于重型机械宜采用较松的轴承配合，如果既要求可拆卸，同时又要求采用较紧的配合时，可采用分离型轴承或内圈带锥孔和紧定套、退卸套的轴承。

当要求轴承的内圈或外圈能够沿轴向游动时，该轴承内圈与轴颈或外壳孔的配合应选较松的配合。

由于过盈配合使滚动轴承的径向游隙减小，当轴承的两个套圈之一须采用过盈量特别大的过盈配合时，应当注意选择具有大于基本组的径向游隙的轴承。

3. 选择滚动轴承配合的方法

采取类比法选择轴颈和外壳孔的公差带时，可综合考虑上述因素的影响，参考表 5-4～表 5-7，按照表所列条件选择。

表 5-4　向心轴承和外壳孔的配合(孔公差带代号)

<table>
<tr><th colspan="2">运转状态</th><th rowspan="2">负　荷</th><th rowspan="2">其　他</th><th colspan="2">公差带①</th></tr>
<tr><th>说　明</th><th>应用举例</th><th>球轴承</th><th>滚子轴承</th></tr>
<tr><td>额定的外圈负荷</td><td rowspan="5">一般机械、铁路机车车辆轴箱、电动机、泵、曲轴主轴承</td><td>轻、正常、重</td><td rowspan="3">轴向易移动，可采用剖分式外壳</td><td colspan="2">H7、G7②</td></tr>
<tr><td rowspan="4">摆动负荷</td><td>冲击</td><td colspan="2" rowspan="2">J7、JS7</td></tr>
<tr><td>轻、正常</td></tr>
<tr><td>正常、重</td><td rowspan="5">轴向能移动，采用整体式外壳</td><td colspan="2">K7</td></tr>
<tr><td>冲击</td><td colspan="2">M7</td></tr>
<tr><td rowspan="3">旋转的外圈负荷</td><td rowspan="3">张紧滑轮、轮毂轴承</td><td>轻</td><td>J7</td><td>K7</td></tr>
<tr><td>正常</td><td>K7、M7</td><td>M7、N7</td></tr>
<tr><td>重</td><td>—</td><td>N7、P7</td></tr>
</table>

注：①并列公差带随尺寸的增大从左至右选择，对选择精度有较高要求时，可相应提高一个公差等级。

②不适用于剖分式外壳。

表 5-5 向心轴承和轴的配合(轴公差带代号)

运转状态		负荷	深沟球轴承、调心球轴承和角接触球轴承	圆柱滚子轴承	调心滚子轴承	公差带
圆柱孔轴承						
说　明	应用举例		轴承公称直径/mm			
旋转的内圈负荷和摆动负荷	一般通用机械、电动机、机床主轴、泵、内燃机、正齿轮传动装置、铁路机车车辆轴箱、破碎机等	轻负荷	≤18	—	—	h5
			>18～100	≤40	≤40	j6①
			>100～200	>40～140	>40～100	k6①
			—	>140～200	>100～200	m6①
		正常负荷	≤18	—	—	j5、js5
			>18～100	≤40	≤40	k5②
			>100～140	>40～100	>40～65	m5②
			>140～200	>100～140	>65～100	m6
			>200～280	>140～200	>100～140	n6
			—	>200～400	>140～280	p6
			—	—	>280～500	r6
		重负荷	—	>50～140	>50～100	n6③
			—	>140～200	>100～140	p6③
			—	>200	>140～200	r6③
			—	—	>200～280	r7③
固定的内圈负荷	静止于轴上的各类轮子，张紧轮、绳索轮、振动筛、惯性振荡器	所有负荷	所有尺寸			f6
						g6
						h6
						j6
仅有轴向载荷			所有尺寸			j6、js6

圆锥孔轴承(带锥形套)			
所有负载	铁路机车车辆轴箱	装在推卸套上的所有尺寸	h8(IT6)④⑤
	一般机械传动	装在紧定装置上的所有尺寸	h9(IT7)④⑤

注：①凡对精度有较高要求的场合，应用 j5、k5、…代替 j6、k6、…。

②圆锥滚子轴承、角接触球轴承配合对游隙影响不大，可用 k6、m6 代替 k5、m5。

③重负荷下的轴承游隙应选择大于 P0 组。

④凡有较高精度或转速要求的场合，应选择 h6(IT5)代替 h8(IT6)等。

⑤IT6、IT7 表示圆柱公差值。

表 5-6 推力轴承和轴的配合(轴公差带代号)

轴工作条件		推力球和推力滚子轴承	推力调心滚子轴承[②]	公 差 带
		轴承公称内径/mm		
纯轴向载荷		所有尺寸		j6、js6
固定的轴圈负载	径向和轴向联合负载	—	≤250	j6
		—	＞250	js6
旋转的轴圈负载或摆动负载		—	＞200	k6[①]
		—	＞200～400	m6
		—	＞400	n6

注：①要求较小过盈时，可以分别用 j6、k6、m6 代替 k6、m6、n6。

②也包括推力圆锥滚子轴承、推力角接触球轴承。

表 5-7 推力轴承和外壳孔的配合(孔公差带代号)

座圈工作条件		轴承类型	公差带	备 注
纯轴向载荷		推力球轴承	H8	—
		推力圆柱、圆柱滚子轴承	H7	—
		推力调心滚子轴承	—	外壳孔与座圈间的间隙为 0.001D(D 为轴承公称外径)
固定的轴圈负载	径向和轴向联合负载	推力角接触球轴承、推力调心滚子轴承、推力圆锥滚子轴承	H7	—
旋转的轴圈负载或摆动负载			K7	一般使用条件
			M7	具有较大径向负载

4. 轴颈及外壳孔的形位公差与表面粗糙度

1) 形状和位置公差

轴承的内、外圈是薄壁件，易变形，尤其超轻、特轻系列的轴承，其形状误差在装配后靠轴颈和外壳孔的正确形状可以得到矫正。为了保证轴承安装正确、传动平稳，通常对轴颈和外壳孔的表面提出圆柱度要求。为保证轴承工作时有较高的旋转精度(特别是在高速旋转的场合)，应限制与套圈端面接触的轴肩及外壳孔肩的倾斜，从而避免轴承装配后滚道位置不正，旋转不稳，因此标准又规定了轴肩和外壳孔肩的端面圆跳动公差，见表 5-8。

表 5-8 轴和外壳孔的形位公差

基本尺寸 b/mm		圆柱度 t				端面圆跳动 t_1			
		轴 颈		外 壳 孔		轴 肩		外壳孔肩	
		滚动轴承精度等级							
		0	6(6x)	0	6(6x)	0	6(6x)	0	6(6x)
大于	到	公差值/μm							
0	6	2.5	1.5	4	2.5	5	3	8	5
6	10	2.5	1.5	4	2.5	6	4	10	6
10	18	3.0	2.0	5	3.0	8	5	12	8
18	30	4.0	2.5	6	4.0	10	6	15	10

续表

基本尺寸 b/mm		圆柱度 t				端面圆跳动 t_1			
		轴 颈		外 壳 孔		轴 肩		外壳孔肩	
		滚动轴承精度等级							
		0	6(6x)	0	6(6x)	0	6(6x)	0	6(6x)
大于	到	公差值/μm							
30	50	4.0	2.5	7	4.0	12	8	20	12
50	80	5.0	3.0	8	5.0	15	10	25	15
80	120	6.0	4.0	10	6.0	15	10	25	15
120	180	8.0	5.0	12	8.0	20	12	30	20
180	250	10.0	7.0	14	10.0	20	12	30	20
250	315	12.0	8.0	16	12.0	25	15	40	25
315	400	13.0	9.0	18	13.0	25	15	40	25
400	500	15.0	10.0	20	15.0	25	15	40	25

2) 表面粗糙度

轴颈和外壳孔的表面粗糙度，会使有效过盈量减少，接触刚度下降，而导致支承不良。为此，标准还规定了与轴承配合的轴颈和外壳孔的表面粗糙度要求，见表 5-9。

表 5-9 配合面的表面粗糙度

轴或轴承座直径 d/mm		轴或外壳配合表面直径公差等级								
		IT7			IT6			IT5		
		表面粗糙度/μm								
大于	到	R_z	Ra		Rz	Ra		Rz	Ra	
			磨	车		磨	车		磨	车
—	80	10	1.6	3.2	6.3	0.8	1.6	4	0.4	0.8
80	500	16	1.6	3.2	10	1.6	3.2	6.3	0.8	1.6
500	—	25	3.2	6.3	25	3.2	6.3	10	1.6	3.2
端面		25	3.2	6.3	25	3.2	6.3	10	1.6	3.2

任务实施

根据知识准备可知，其解决的方法步骤如下。

(1) 分析并确定滚动轴承的精度等级。

① C616 车床属轻型车床，主轴承受轻载荷。

② C616 车床主轴的旋转精度和转速较高，选择 6 级精度的滚动轴承。

(2) 分析并确定滚动轴承与轴颈和外壳孔的配合。

① 滚动轴承内圈与主轴轴颈组成配合后同步旋转，外圈装在外壳孔中不旋转。

② 主轴后支承主要承受齿轮传动的支反力，内圈承受循环负荷，外圈承受定向负荷，故前者配合应紧，后者配合略松。

③ 参考表 5-4 和表 5-5 选出外壳孔公差带为ϕ90J6，轴颈公差带为ϕ50j5。

④ 机床主轴前轴承已实行轴向定位，若后轴承外圈与外壳孔的配合无间隙，则不能补偿由于温度变化引起的主轴微量伸缩；若外圈与外壳孔的配合有间隙，则会引起主轴跳动，影响车床的精度。为了满足使用要求，考虑将外壳孔的公差带提高一个公差等级，改用 ϕ90K6。

⑤ 按滚动轴承公差国家标准，由表 5-1 查出 6 级精度滚动轴承单一平面平均内径偏差(Δd_{mp})为 $\phi 50_{-0.01}^{0}$，由表 5-2 查出 6 级精度滚动轴承单一平面平均外径偏差(ΔD_{mp})为 $\phi 90_{-0.013}^{0}$。

根据公差与配合国家标准(GB/T1800.3—1998)查得，轴颈为 $\phi 50\text{j}5(_{-0.005}^{+0.006})$，外壳孔公差带为 $\phi 90\text{K}6_{-0.018}^{+0.004}$。轴颈和外壳孔的配合尺寸和技术要求在图样上的标注如图 5-6 所示。

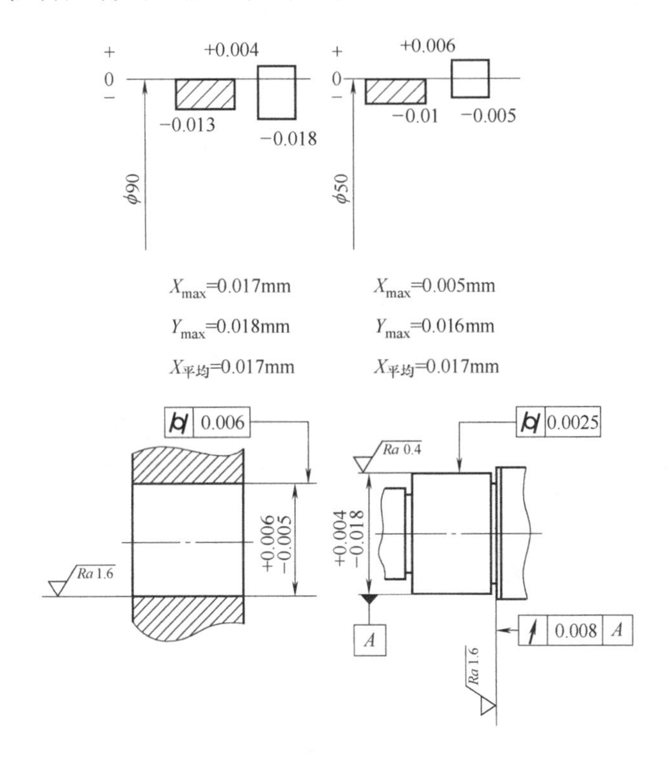

图 5-6　C616 车床主轴后轴承的公差与配合

练习与实践

一、判断题(正确的打√，错误的打×)

1. 滚动轴承内圈与轴的配合，采用基孔制。 (　　)
2. 滚动轴承内圈与轴的配合，采用间隙配合。 (　　)
3. 滚动轴承配合，在图样上只须标注轴颈和外壳孔的公差带代号。 (　　)
4. 0 级轴承应用于转速较高和旋转精度也要求较高的机械中。 (　　)
5. 滚动轴承国家标准将内圈内径的公差带规定在零线的下方。 (　　)
6. 滚动轴承内圈与基本偏差为 g 的轴形成间隙配合。 (　　)

二、选择题

1. 下列配合零件应选用基轴制的有(　　)。
   A. 滚动轴承外圈与外壳孔
   B. 同一轴与多孔相配，且有不同的配合性质
   C. 滚动轴承内圈与轴
   D. 轴为冷拉圆钢，不需再加工
2. 下列孔、轴配合中，应选用过渡配合的有(　　)。
   A. 既要求对中，又要拆卸方便　　B. 工作时有相对运动
   C. 要求定心好，载荷由键传递　　D. 高温下工作，零件变形大
3. 下列配合零件，应选用过盈配合的有(　　)。
   A. 需要传递足够大的转矩　　B. 不可拆连接　　C. 有轴向运动
   D. 要求定心且常拆卸　　E. 承受较大的冲击负荷
4. 不同工作条件下，配合间隙应考虑增加的有(　　)。
   A. 有冲击负荷　　B. 有轴向运动
   C. 旋转速度增高　　D. 配合长度增大　　E. 经常拆卸
5. 滚动轴承外圈与基本偏差为 H 的外壳孔形成(　　)配合。
   A. 间隙　　B. 过盈　　C. 过渡
6. 滚动轴承内圈与基本偏差为 h 的轴颈形成(　　)配合。
   A. 间隙　　B. 过盈　　C. 过渡
7. 承受局部负荷的套圈应选(　　)配合。
   A. 较松的过渡　　B. 较紧的间隙
   C. 过盈　　D. 较紧的过渡

三、填空题

1. 滚动轴承的负荷类型有__________负荷、_________负荷、_________负荷。

2. 滚动轴承内孔与轴颈的配合应采用_____________制，轴承外径与机座孔的配合应采用____________制。

3. 根据国家标准的规定，向心滚动轴承按其尺寸公差和旋转精度分为________个公差等级，其中____级精度最低，____级精度最高。

4. 滚动轴承国家标准将内圈内径的公差带规定在零线的_____，在多数情况下轴承内圈随轴一起转动，两者之间配合必须有一定的____。

5. 为使轴承的安装与拆卸方便，对重型机械用的大型或特大型的轴承，宜采用______配合。

6. 当轴承的旋转速度较高，又在冲击振动负荷下工作时，轴承与轴和外壳孔的配合最好选用______________配合。

7. ________级轴承常称为普通轴承，在机械中应用最广。

四、计算与简答题

1. 滚动轴承的配合选择应考虑哪些主要因素？
2. 滚动轴承内、外公差带有何特点？
3. 滚动轴承承受载荷的类型与选择配合有何关系？

4. 滚动轴承内圈内孔及外圈外圆柱面公差带分别与一般基孔制的基准孔及一般基轴制的基准轴公差带有何不同？

5. 有一 D306 滚动轴承(公称内径 d=30mm，公称外径 D=72mm)，轴与轴承内圈配合为 js5，外壳孔与轴承外圈的配合为 J6，试画出公差带图，并计算出它们的配合间隙与过盈以及平均间隙或过盈。

6. 一深沟球轴承 6310(d = 50mm，D = 110mm，6 级精度)与轴承内径配合的轴用 k6，与轴承外径配合的孔用 H7。试绘出这两对配合的公差带图，并计算其极限间隙或过盈。

任务 5.2　螺纹的公差配合与测量

任务提出

螺纹是各种机电设备仪器仪表中应用最广泛的标准件之一。它由相互结合的内、外螺纹组成，通过旋合后牙侧面的接触作用来实现其功能。有一外螺纹 M24—6h，在工具显微镜上测量得，实际中径为 21.935mm，实际螺距为 3.040mm，左侧牙侧角误差为−70′，右侧牙侧角误差为−30′，请问该外螺纹是否合格？

任务分析

在影响螺纹互换性的五个参数中，除了大径和小径外，其余三个(即中径误差、螺距误差和牙型半角误差)可以综合用中径公差加以控制，所以螺纹中径公差是衡量螺纹互换性的主要指标。要完成此任务，需要学生在学习螺纹连接的设计基础上，掌握螺纹的基本知识、螺纹公差与配合及螺纹检测等相关知识。

知识准备

5.2.1　螺纹及几何参数特性

1. 螺纹的分类及使用要求

螺纹在机械制造和仪器制造中应用十分广泛，它是一种最典型的具有互换性的连接结构。在制造业中，螺纹连接和传动的应用有很多，占有非常重要的地位。根据其结合性质和使用要求的不同，大致可分为三类。

1) 普通螺纹

普通螺纹也称紧固螺纹，主要用于连接和紧固机械零部件，是应用最为广泛的一种螺纹。普通螺纹分为粗牙螺纹和细牙螺纹两种，对这类螺纹结合的要求是可旋合性和连接的可靠性，同时要求具有拆卸方便的特点。

可旋合性是指不经过任何选择或修配，并且不要特别用力，即可将内、外螺纹自由地

旋合。连接可靠性是指内、外螺纹旋合后，接触均匀以减少内、外螺纹发生破坏的危险，且在长期使用过程中，有足够可靠的结合力，确保机器或者装置的使用性能。

2) 传动螺纹

传动螺纹主要用于传递精确的位移及传递动力和运动，如机床中的丝杠和螺母、千斤顶的起重螺杆等。对这类螺纹结合的要求是传动准确、可靠，传动比保持恒定，螺牙接触良好，有足够的耐磨性，有一定的保证间隙以便传动及储存润滑油。

3) 紧密螺纹

紧密螺纹也称密封螺纹，用于需要密封的螺纹连接，如管螺纹的连接。对这类螺纹结合的要求是具有良好的旋合性及密封性，不漏水、不漏气和不漏油。

2. 普通螺纹的牙型和几何参数

1) 牙型

普通螺纹的基本牙型，是在等边原始三角形的基础上，削去顶部和底部所形成的，如图 5-7 所示。普通螺纹的基本尺寸见表 5-10，其直径与螺距的标准组合系列见表 5-11。

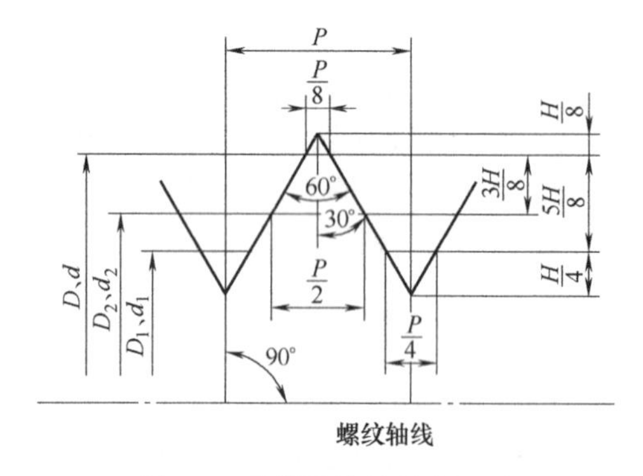

图 5-7　普通螺纹的基本牙型

D—内螺纹大径；d—外螺纹大径；D_2—内螺纹中径；d_2—外螺纹中径；
D_1—内螺纹小径；d_1—外螺纹小径；P—螺距；H—原始三角形高度

2) 几何参数

普通螺纹的基本几何要素有以下几种。

(1) 螺纹大径(D、d)。

大径是指与外螺纹牙顶或与内螺纹牙底重合的假想圆柱面或圆锥面的直径。国家标准规定，普通螺纹大径的基本尺寸为螺纹的公称直径。螺纹大径的公称位置在原始三角形上部 $H/8$ 削平处。

螺纹大径旧标准称为外径。内螺纹的大径 D 又称“底径”，外螺纹的大径 d 又称“顶径”。相结合的内、外螺纹的大径基本尺寸相等，即 $D=d$。

(2) 螺纹小径(D_1、d_1)。

小径是指与外螺纹牙底或内螺纹牙顶相重合的假想圆柱面或圆锥面的直径。相结合的内、外螺纹的小径基本尺寸相等，即 $D_1=d_1$。螺纹小径旧标准称为内径。内螺纹的小径 D_1 又称“顶径”，外螺纹的小径 d_1 又称“底径”。螺纹小径的公称位置在原始三角形下部 $H/4$ 削平处。

表5-10　普通螺纹的基本尺寸(摘自GB/T196—2003)

公称直径(大径) D、d	螺距 P	中径 D_2、d_2	小径 D_1、d_1
5	0.8	4.480	4.134
	0.5	4.675	4.459
5.5	0.5	5.175	4.959
6	1	5.350	4.917
	0.75	5.513	5.188
7	1	6.350	5.517
	0.75	6.513	6.188
8	1.25	7.188	6.647
	1	7.350	6.917
	0.75	7.513	7.188
9	1.25	8.188	7.647
	1	8.350	7.917
	0.75	8.513	8.188
10	1.5	9.026	8.376
	1.25	9.188	8.647
	1	9.350	8.917
	0.75	9.513	9.188
11	1.5	10.026	9.376
	1	10.350	9.917
		10.513	10.188
12	1.75	10.863	10.106
	1.5	11.026	10.376
	1.25	11.188	10.647
	1	11.350	10.917
14	2	12.701	11.835
	1.5	13.026	12.376
	1.25	13.188	12.647
	1	13.350	12.917
15	1.5	14.026	13.376
	1	14.350	13.917
16	2	14.701	13.835
	1.5	15.026	14.376
	1	15.350	14.917
17	1.5	16.026	15.376
	1	16.350	15.917
18	2.5	16.376	15.294
	2	16.701	15.835
	1.5	17.026	16.376
	1	17.350	16.917
20	2.5	18.376	17.294
	2	18.701	17.835
	1.5	19.026	18.376
	1	19.350	18.917
22	2.5	20.376	19.294
	2	20.701	19.835
	1.5	21.026	20.376
	1	21.350	20.917
24	3	22.051	20.752
	2	22.701	21.835
	1.5	23.026	22.376
	1	23.350	22.917
25	2	23.701	22.835
	1.5	24.026	23.376
	1	24.350	23.917
26	1.5	25.026	24.376
27	3	25.051	23.752
	2	25.701	24.835
	1.5	26.026	25.376
	1	26.350	25.917
28	2	26.701	25.835
	1.5	27.026	26.376
	1	27.350	26.917
30	3.5	27.727	26.211
	3	28.051	26.752
	2	28.701	27.835
	1.5	29.026	28.376
	1	29.350	28.917
32	2	30.701	29.835
	1.5	31.026	30.376

表 5-11　直径与螺距的标准组合系列(摘自 GB/T193—2003)

公称直径 D、d			螺距 P										
第 1 系列	第 2 系列	第 3 系列	粗牙	细　牙									
				3	2	1.5	1.25	1	0.75	0.5	0.35	0.25	0.2
5			0.8							0.5			
		5.5								0.5			
6			1						0.75				
	7		1						0.75				
8			1.25					1	0.75				
		9	1.25					1	0.75				
10			1.5				1.25	1	0.75				
		11						1	0.75				
12			1.75	1.5		1.5	1.25	1					
	14		2			1.5	1.25[1]	1					
		15				1.5		1					
16			2			1.5		1					
		17				1.5		1					
	18		2.5		2	1.5		1					
20			2.5		2	1.5		1					
	22		2.5		2	1.5		1					
24			3		2	1.5		1					
		25			2	1.5		1					
		26				1.5							
	27		3		2	1.5		1					
		28			2	1.5		1					
30			3.5	(3)	2	1.5							
		32			2	1.5		1					
	33		3.5	(3)	2	1.5							
		35[2]				1.5							
36			4	3	2	1.5							
		38				1.5							
	39		4	3	2	1.5							

注：①仅用于发动机的火花塞。

②仅用于轴承的锁紧螺母。

(3) 螺纹中径(D_2、d_2)。

螺纹中径是指一个假想圆柱或圆锥的直径，该假想圆柱的母线通过螺纹牙型上沟槽和凸起宽度相等的地方，此假想圆柱称为中径圆柱。内螺纹的中径用 D_2 表示，外螺纹的中径用 d_2 表示。相结合的内、外螺纹中径的基本尺寸相等，即 $D_2=d_2$。

中径圆柱的母线称为中径线，其轴线即为螺纹轴线。螺纹中径的公称位置在原始三角形 $H/2$ 处，如图 5-8 所示。

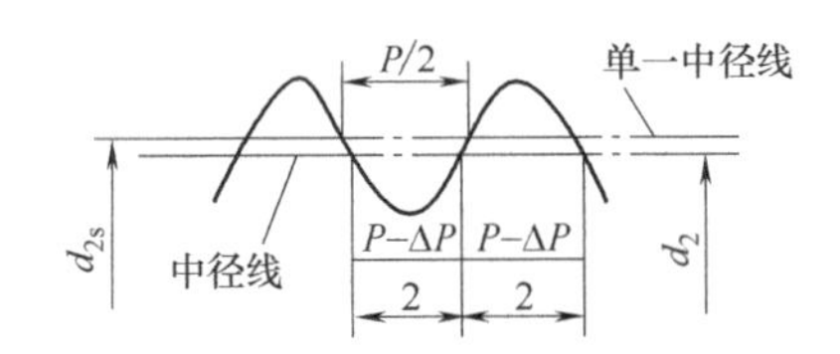

图 5-8　螺纹的单一中径与中径

根据上述定义，螺纹中径完全不受螺纹大径、小径尺寸变化的影响，定义中给出的中径是泛指的，其特点是中径线通过牙型上沟槽度等于突起宽度的地方。对于单线螺纹或奇数多线螺纹来说，螺纹的凸起(牙)与沟槽是相对的，沿垂直于轴线方向上测得的任意两相对牙侧间的距离，即为螺纹的中径。

(4) 单一中径。

单一中径是指一个假想圆柱的直径，该圆柱的母线通过牙型上沟槽宽度等于螺距基本尺寸一半的地方，用以表示螺纹中径的实际尺寸。当螺距无误差时，单一中径就是中径；当螺距有偏差时，则二者不相等，如图 5-8 所示，图中 ΔP 为螺距误差。

对普通外螺纹，$\alpha/2=30°$，$d_{2单一}=d_2-0.866\Delta P$　　(5-3)

对普通内螺纹，$\alpha/2=30°$，$D_{2单一}=D_2+0.866\Delta P$　　(5-4)

(5) 作用中径。

作用中径是指在规定的旋合长度内，恰好包容实际螺纹牙型的一个假想螺纹的中径。这个假想螺纹具有理想的螺距、牙型半角级牙型高度，并另在牙顶处和牙底处留有间隙，以保证包容时不与实际螺纹牙型的大径、小径发生干涉。螺纹的作用中径如图 5-9 所示。

(6) 螺距(P)与导程(L)。

螺距是指相邻两牙在中径线上对应两点间的轴向距离。导程是指在同一条螺旋线上，相邻两牙在中径线上对应两点的轴向距离。也就是当螺母不动时，螺栓转一整转，螺栓沿轴线方向行进的距离。

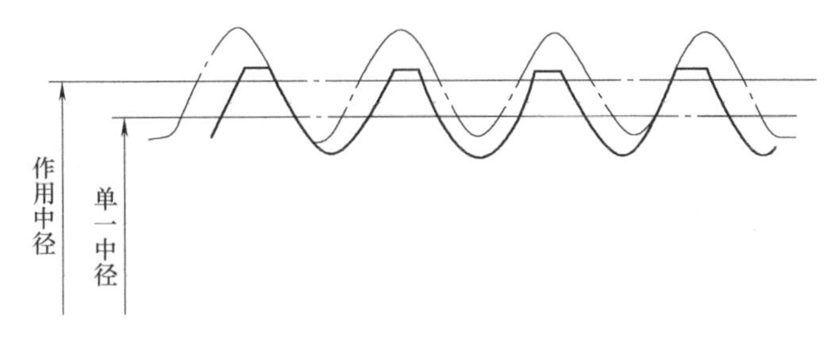

图 5-9　螺纹的作用中径

对于单线螺纹，螺距与导程同值；对于多线螺纹，导程等于螺距 P 与螺纹线数 n 的乘积，即导程 $L=nP$。由此可以分清螺距与导程的区别。螺距应按国家标准规定的系列选用，普通螺纹的螺距分粗牙和细牙两种。

(7) 牙型角(α)和牙型半角($\alpha/2$)。

牙型角是指在通过螺纹轴线剖面内的螺纹牙型上，相邻两牙侧间的夹角。普通公制螺纹的牙型角 $\alpha=60°$ 。牙型半角是指在螺纹牙型上，牙侧与螺纹轴线的垂线间的夹角。普通公制螺纹的牙型半角 $\alpha/2=30°$ ，如图 5-10 所示。

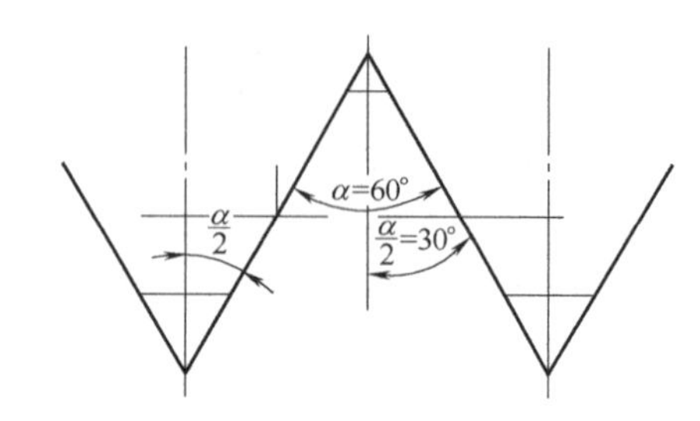

图 5-10 普通螺纹的牙型角和牙型半角

牙型半角的大小和倾斜方向会影响螺纹的旋合性和接触面积，故牙型半角 $\alpha/2$ 也是螺纹公差与配合的主要参数之一。

(8) 螺纹升角(φ)。

螺纹升角(φ)是指在螺纹中径圆柱上螺旋线的切线与垂直于螺纹轴线的平面所夹的角。它与螺距(P)和中径(d_2)之间的关系为

$$\tan\varphi=nP/(\pi d_2) \tag{5-5}$$

式中：n 为螺纹线数。

(9) 螺牙三角形高度(H)和牙型高度。

螺牙三角形高度是指由三角形定点沿垂直于轴线方向到其底边的距离。普通螺纹的原始三角形是一个等边三角形，其边长为 P，高为 H，如图 5-7 所示。牙型高度是在螺纹牙型上，牙顶和牙底之间垂直于螺纹轴线的距离。紧固螺纹的螺纹牙型高度等于 $5H/8$。

(10) 螺纹旋合长度(L)和螺牙接触高度。

螺纹旋合长度是指两个相互配合的螺纹，沿螺纹轴线方向上相互旋合部分的长度。螺牙接触高度是指两个相互配合的螺纹，螺牙牙侧重合部分在垂直于螺纹轴线方向上的距离。螺纹旋合长度和螺牙接触高度如图 5-11 所示。

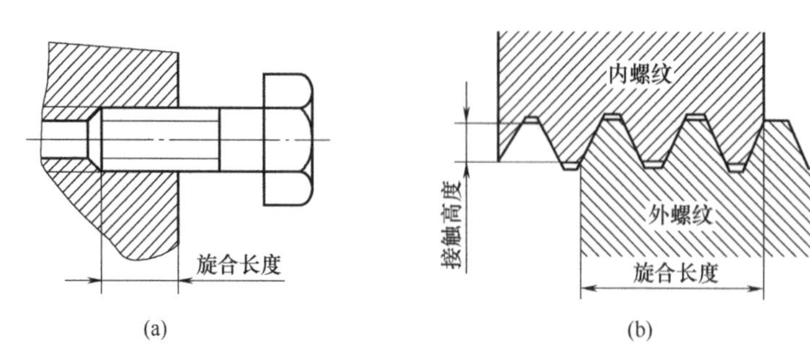

图 5-11 螺纹旋合长度和螺牙接触高度

3. 普通螺纹的几何参数对互换性的影响

要实现螺纹的互换性，就必须保证具有良好的旋合性及足够的连接强度。普通螺纹的主要几何参数有五个：大径、中径、小径、螺距和牙型半角。这几个参数在加工过程中不可避免地会产生一定的加工误差，这些误差将影响螺纹的旋合性、螺牙接触高度、配合松紧和螺纹连接的可靠性，从而影响螺纹结合的互换性。

内、外螺纹加工后，外螺纹的大径和小径要分别小于内螺纹的大径和小径，才能保证旋合性。由于螺纹旋合后主要是依靠螺纹牙侧面工作，如果内、外螺纹的牙侧面接触不均，就会造成负荷分布不均，势必降低螺纹的配合均匀性和连接强度。由于螺纹的大径和小径均留有间隙，一般不会影响其配合性质，因此影响螺纹互换性的主要参数是螺距、牙型半角和中径。

1) 螺距偏差对互换性的影响

对紧固螺纹来说，螺距偏差主要影响螺纹的可旋合性和连接的可靠性；对传动螺纹来说，螺距偏差直接影响传动精度，影响螺牙上负荷分布的均匀性。因此，对螺距偏差必须加以限制。但因在车间生产条件下，对螺距很难逐个地分别检测，所以对普通螺纹不采用规定螺距公差的办法，而是采用取外螺纹中径减小或内螺纹中径增大的方式，以保证达到旋合的目的。

螺距偏差可分为单个螺距偏差和螺距累积偏差两种。单个螺距偏差是指单个螺距的实际值与其基本值之间的代数差，它与旋合长度无关。螺距累积偏差是指在规定的螺纹长度内，任意两牙侧与中径线交点间的实际轴向距离与其基本值的最大差值，它与旋合长度有关。螺距累积偏差对互换性的影响更为明显。螺距偏差是客观存在的，它使内、外螺纹发生干涉，影响旋合性，并且在螺纹旋合长度内使实际接触的牙数减少，影响螺纹连接的可靠性。

如图 5-12 所示，假设内螺纹具有理想牙型，且内、外螺纹的中径及牙型半角都相同，与存在螺距偏差的外螺纹旋合。旋合后，内、外螺纹的牙型产生干涉(图中阴影重叠部分)，外螺纹将不能自由旋入内螺纹。为了使存在螺距偏差的外螺纹仍可自由旋入标准内螺纹，在制造过程中应将外螺纹的实际中径减小一个数值 f_p(或者将标准内螺纹的实际中径加大一个数值 f_p)，以防止或消除干涉区。这个实际中径的加大量或减少量 f_p 就是螺距偏差的影响折算到中径上的补偿值，称为螺距偏差的中径当量。

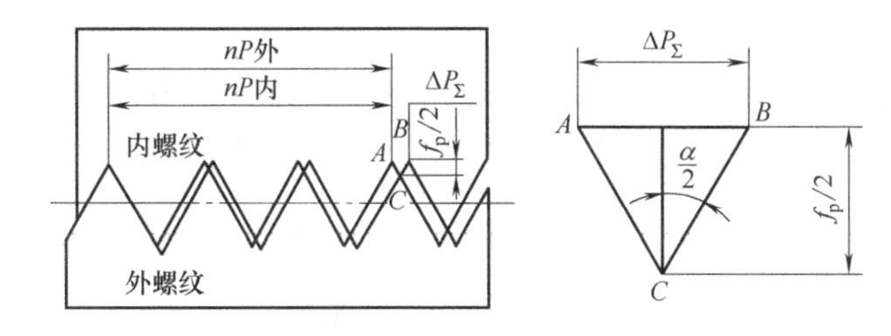

图 5-12　螺距累积偏差对旋合性的影响

从图 5-12 中△ABC 的几何关系可得

$$f_p=\left|\Delta P_\Sigma\right|\times\cot\frac{\alpha}{2} \tag{5-6}$$

对于公制普通螺纹，$\alpha/2=30°$，则

$$f_p=\sqrt{3}\left|\Delta P_\Sigma\right|\approx1.732\left|\Delta P_\Sigma\right| \tag{5-7}$$

式中：ΔP_Σ 之所以取绝对值，是由于 ΔP_Σ 的数值不论为正值或负值，仅改变发生干涉的牙侧位置，但对旋合性的影响性质都相同，都是使螺纹旋合发生困难。ΔP_Σ 应当是在螺纹旋合长度范围内最大的螺距累积偏差值，但该值并不一定就出现在最大旋合长度上。

2) 牙型半角偏差对互换性的影响

螺纹牙型半角偏差等于实际的牙型半角与理论牙型半角之差，是螺纹牙侧相对于螺纹轴线的位置偏差。螺纹牙型半角偏差分两种，一种是螺纹的左、右牙型半角不相等，如车削螺纹时，若车刀未装正，会造成这种结果；另一种是螺纹的左、右牙型半角相等，但不等于 30°，这是螺纹加工刀具的角度不等于 60° 所致。

不论哪种牙型半角偏差对螺纹的旋合性和连接强度均有影响。牙型半角偏差对旋合性的影响如图 5-13 所示。由于外螺纹存在半角误差，当它与具有理想牙型的内螺纹旋合时，将分别在牙的上半部 $3H/8$ 处和下半部 $2H/8$ 处发生干涉(用阴影示出)，从而影响内、外螺纹的可旋合性。

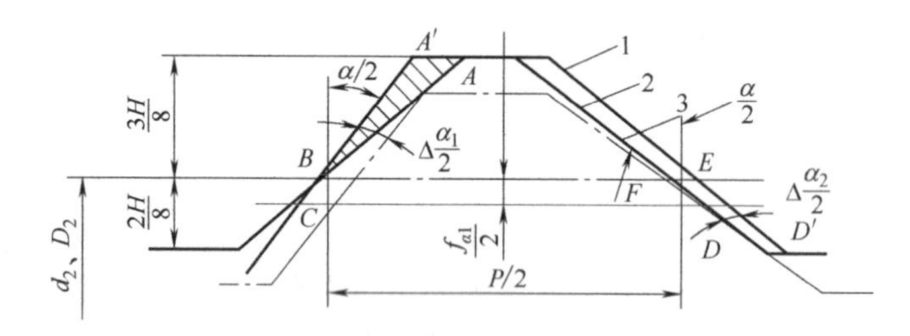

图 5-13 牙型半角偏差对旋合性的影响

为了让一个有牙型半角偏差的外螺纹仍能旋入内螺纹中，须将外螺纹的中径减小一个量，该量称为半角偏差的中径当量。这样，阴影所示的干涉区就会消失，从而保证了螺纹的可旋合性。由图 5-13 中的几何关系，根据三角形正弦定理，可得到外螺纹牙型半角偏差的中径当量为

$$f_{\frac{\alpha}{2}}=0.073P\left(K_1\left|\Delta\frac{\alpha_1}{2}\right|+K_2\left|\Delta\frac{\alpha_2}{2}\right|\right)\ \mu\text{m} \tag{5-8}$$

式中：P 为螺距；$\Delta\frac{\alpha_1}{2}$ 为左牙型半角偏差；$\Delta\frac{\alpha_2}{2}$ 为右牙型半角偏差；K_1，K_2 为系数。

上式是一个通式，是在外螺纹存在牙型半角偏差的情况下推导整理出来的，当假设外螺纹具有标准牙型，而内螺纹存在牙型半角偏差时，则需要将内螺纹的中径加大一个 $f_{\frac{\alpha}{2}}$，故式(5-8)对内螺纹同样适用。系数 K_1、K_2 的取值如表 5-12 所示。

表 5-12 K_1、K_2 的取值

内螺纹				外螺纹			
$\Delta\frac{\alpha_1}{2}>0$	$\Delta\frac{\alpha_1}{2}<0$	$\Delta\frac{\alpha_2}{2}>0$	$\Delta\frac{\alpha_2}{2}<0$	$\Delta\frac{\alpha_1}{2}>0$	$\Delta\frac{\alpha_1}{2}<0$	$\Delta\frac{\alpha_2}{2}>0$	$\Delta\frac{\alpha_2}{2}<0$
K_1		K_2		K_1		K_2	
3	2	3	2	2	3	2	3

3) 螺纹中径偏差对互换性的影响

螺纹中径偏差是指中径实际尺寸与中径基本尺寸的代数差。中径本身不可能制造得绝对准确，当外螺纹中径比内螺纹中径大时就会影响螺纹的旋合性；反之，则使配合过松而影响连接的可靠性和紧密性，削弱连接强度，因此对中径偏差必须加以限制。

当外螺纹存在螺距偏差和牙型半角偏差时，为了保证旋合性，它只能与一个中径较大的标准内螺纹旋合，其效果相当于外螺纹的中径增大了。这个增大了的假想的外螺纹中径称为外螺纹的作用中径，其值等于外螺纹的实际中径加上螺距偏差的中径当量与牙型半角偏差的中径当量，即

$$d_{2\text{作用}}=d_{2\text{实际}}+(f_{\text{P}}+f_{\frac{\alpha}{2}}) \tag{5-9}$$

同理，当内螺纹存在螺距偏差和牙型半角偏差时，它只能与一个中径较小的标准外螺纹旋合，其效果相当于内螺纹的中径减小了。这个减小了的假想的内螺纹中径称为内螺纹的作用中径，其值等于内螺纹的实际中径减去螺距偏差的中径当量与牙型半角偏差的中径当量，即

$$D_{2\text{作用}}=D_{2\text{实际}}-(f_{\text{P}}+f_{\frac{\alpha}{2}}) \tag{5-10}$$

由于螺距偏差和牙型半角偏差的影响均可折算为中径当量，故对于普通螺纹，国家标准没有规定螺距及牙型半角的公差，只规定了螺纹中径公差，用螺纹中径公差来同时限制实际中径、螺距及牙型半角三个要素的偏差。这一规定使得普通螺纹标准得以大大简化。

判断螺纹中径合格性的准则应遵循泰勒原则，即实际螺纹的作用中径不能超出最大实体牙型的中径，而实际螺纹上任何部位的单一中径不能超出最小实体牙型的中径。所谓最大实体牙型或最小实体牙型，是指在螺纹中径公差范围内，分别具有材料量最多或具有材料量最少，且与基本牙型形状一致的螺纹牙型。

对于外螺纹，作用中径不大于中径最大极限尺寸，任意位置的实际单一中径不小于中径最小极限尺寸，即

$$d_{2\text{作用}}\leqslant d_{2\max} \tag{5-11}$$

$$d_{2\text{单一}}\geqslant d_{2\min} \tag{5-12}$$

对于内螺纹，作用中径不小于中径最小极限尺寸，任意位置的实际单一中径不大于中径的最大极限尺寸，即

$$D_{2\text{作用}}\geqslant D_{2\max} \tag{5-13}$$

$$D_{2\text{单一}}\leqslant D_{2\min} \tag{5-14}$$

4) 螺纹大、小径偏差对互换性的影响

国家标准规定，螺纹结合时在螺牙相互旋合的大径或小径处不准接触。根据这一规定，内螺纹的大径和小径的实际尺寸应当大于外螺纹的大径和小径的实际尺寸。实际加工螺纹时从工艺简单性和使用方便性考虑，都是使牙底处加工成为略呈凹圆弧状，以可靠防止内、外螺纹旋合时可能发生的螺纹干涉。但是，如果内螺纹的小径过大或外螺纹的大径过小，将会明显减小螺牙重合高度，从而影响螺纹连接的可靠性，因此，对螺纹的顶径，即内螺纹的小径和外螺纹的大径均规定了公差。内螺纹小径和外螺纹大径的公差应考虑螺纹毛坯的制造精度，以及与中径公差的协调，因此内螺纹小径和外螺纹大径规定了较大的公差。

从互换性的观点看，对内螺纹大径只要求与外螺纹大径之间不发生干涉，因此，内螺纹只限制大径的最小极限尺寸。外螺纹小径不仅要求与内螺纹小径保持间隙要求，还要考虑其牙底对外螺纹强度的影响，因此，外螺纹不仅要限制小径的最大极限尺寸，对于外螺纹小径的最小极限尺寸，还应考虑限制其牙底形状和限制牙底圆弧的最小圆弧半径。

通过对上述影响螺纹互换性的主要几何参数进行分析可以看出，螺纹大、小径偏差不影响螺纹的配合性质，而螺距、牙型半角偏差可换算成螺纹中径的当量来处理，因此中径公差是衡量螺纹互换性的主要指标。

5.2.2 普通螺纹公差与配合

在普通螺纹中，对螺距和牙型半角不单独规定公差，而是用中径公差来综合地控制中径、螺距、半角等几何要素的误差。因此螺纹中径公差实际上包含了三个部分：中径本身的公差、牙型半角误差的允许值在中径上的影响值和螺距误差的允许值在中径上的影响值。

国家标准 GB/T197—2003《普通螺纹公差与配合》对普通螺纹的公差进行了有关规定。螺纹公差带由构成公差带大小的公差等级和确定公差带位置的基本偏差组成，同时结合考虑内、外螺纹的旋合长度，共同形成各种不同的螺纹精度。

1. 普通螺纹的公差等级

国家标准对内、外螺纹规定了不同的公差等级，在各公差等级中，3 级精度最高，9 级精度最低，其中 6 级为基本级。螺纹的公差等级如表 5-13 所示。由于内螺纹的加工比较困难，同一公差等级内螺纹中径公差比外螺纹中径公差大 32%左右。

表 5-13 螺纹的公差等级

螺纹直径	公差等级	螺纹直径	公差等级
内螺纹中径 D_2	4,5,6,7,8	外螺纹中径 d_2	3,4,5,6,7,8,9
内螺纹小径 D_1	4,5,6,7,8	外螺纹大径 d	4,6,8

对外螺纹的小径和内螺纹的大径，不规定具体的公差数值，只规定内、外螺纹牙底实际轮廓的任何点均不得超越按基本偏差所确定的最大实体牙型。

2. 普通螺纹的公差带及其基本偏差

螺纹公差带是牙型公差带，以基本牙型的轮廓为零线，沿着螺纹牙型的牙侧、牙顶和牙底分布，并在垂直于螺纹的方向来计量大、中、小径的偏差和公差。

螺纹的基本牙型是计算螺纹偏差的基准，内、外螺纹的公差带相对于基本牙型的位置与圆柱体的公差带位置一样，由基本偏差来确定。对于外螺纹，基本偏差是指上偏差(es)；对于内螺纹，基本偏差是指下偏差(EI)。

对于外螺纹下偏差，有　　　　$ei=es-T$

对于内螺纹上偏差，有　　　　$ES=EI+T$

式中：T 为螺纹公差。

所谓“基本牙型”，是指在通过螺纹轴线的剖面内，作为螺纹设计依据的理想牙型。

在普通螺纹标准中，对内螺纹规定了两种公差带位置，其基本偏差分别为 G(见

图 5-14(a))、H(见图 5-14(b))；对外螺纹规定了四种公差带位置，其基本偏差分别为 e、f、g(见图 5-14(c))、h(见图 5-14(d))。如图 5-14 所示，H、h 的基本偏差为零，G 的基本偏差为正值，e、f、g 的基本偏差为负值。各基本偏差的数值如表 5-14 所示。

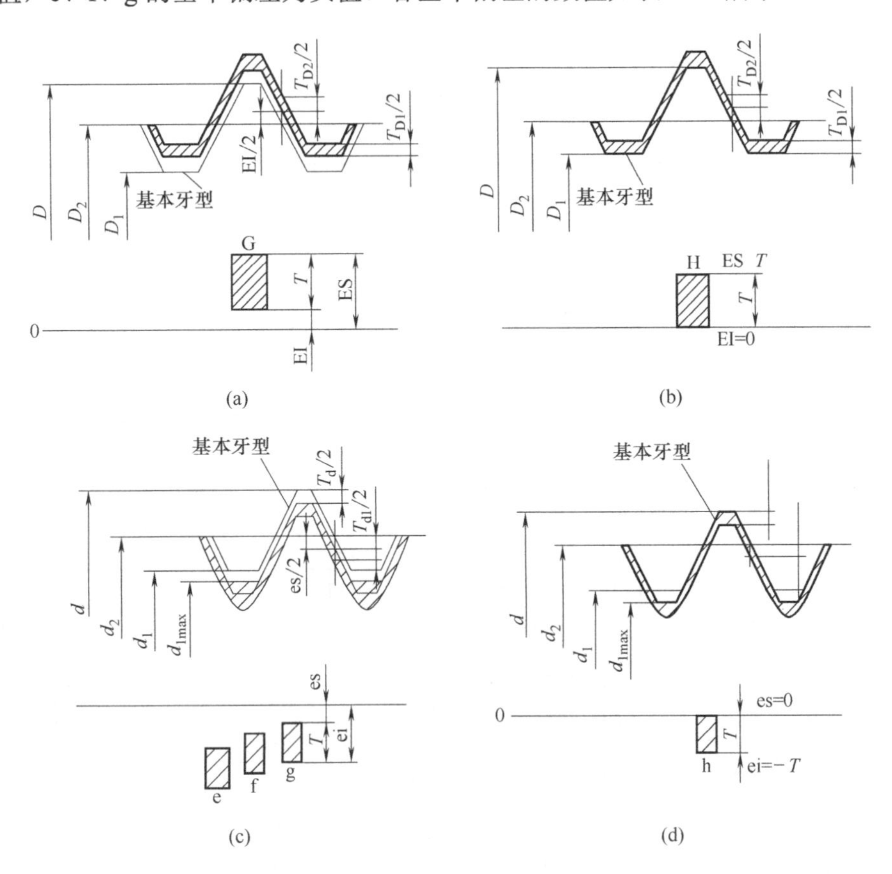

图 5-14　内、外螺纹的基本偏差

表 5-14　内、外螺纹的基本偏差(摘自 GB/T197—2003)

螺距/mm	内螺纹 D_2、D_1/mm		外螺纹 d、d_2/mm			
	G	H	e	f	g	h
	EI		es			
0.75	+22	0	−56	−38	−22	0
0.8	+24	0	−60	−38	−24	0
1	+26	0	−60	−40	−26	0
1.25	+28	0	−63	−42	−28	0
1.5	+32	0	−67	−45	−32	0
1.75	+34	0	−71	−48	−34	0
2	+38	0	−71	−52	−38	0
2.5	+42	0	−80	−58	−42	0
3	+48	0	−85	−63	−48	0

螺纹的公差值是由经验公式计算而得，普通螺纹的中径公差和顶径公差的数值如表 5-15 和表 5-16 所示。由于外螺纹的小径 d_1 与中径 d_2、内螺纹的大径 D_1 和中径 D_2 是同时由刀具切出来的，其尺寸在加工过程中自然形成，由刀具保证，因此国家标准中对内螺纹的大径和外螺纹的小径均不规定具体的公差值，只是规定内、外螺纹牙底实际轮廓的任何点均不能超过基本偏差所确定的最大实体牙型。

表 5-15　普通螺纹的中径公差(摘自 GB/T197—2003)

公差直径 D/mm	螺距 P/mm	内螺纹中径公差 T_{D2}/ μm					外螺纹中径公差 T_{d2}/ μm						
		公差等级					公差等级						
		4	5	6	7	8	3	4	5	6	7	8	9
5.6<D≤11.2	0.5	71	90	112	140	—	42	53	67	85	106	—	—
	0.75	85	106	132	170	—	50	63	80	100	125	—	—
	1	95	118	150	190	236	56	71	90	112	140	180	224
	1.25	100	125	160	200	250	60	75	95	118	150	190	236
	1.5	112	140	180	224	280	67	85	106	132	170	212	295
11.2 < D ≤ 22.4	0.5	75	95	118	150	—	45	56	71	90	112	—	—
	0.75	90	112	140	180	—	53	67	85	106	132	—	—
	1	100	125	160	200	250	60	75	95	118	150	190	236
	1.25	112	140	180	224	280	67	85	106	132	170	212	265
	1.5	118	150	190	236	300	71	90	112	140	180	224	280
	1.75	125	160	200	250	315	75	95	118	150	190	236	300
	2	132	170	212	265	335	80	100	125	160	200	250	315
	2.5	140	180	224	280	355	85	106	132	170	212	265	335
22.4<D≤45	0.75	95	118	150	190	—	56	71	90	112	140	—	—
	1	106	132	170	212	—	63	80	100	125	160	200	250
	1.5	125	160	200	250	315	75	95	118	150	190	236	300
	2	140	180	224	280	355	85	106	132	170	212	265	335
	3	170	212	265	335	425	100	125	160	200	250	315	400
	3.5	180	224	280	355	450	106	132	170	212	265	335	425
	4	190	236	300	375	475	112	140	180	224	280	355	450
	4.5	200	250	315	400	500	118	150	190	236	300	375	475

3. 普通螺纹的旋合长度和配合精度

国家标准按螺纹的直径和螺距将旋合长度分为三组，分别称为短旋合长度组(S)、中旋合长度组(N)、长旋合长度组(L)，以满足普通螺纹不同使用性能的要求。

螺纹的旋合长度与螺纹精度有关，当公差等级一定时，螺纹的旋合长度越长，螺距累积误差越大，加工就越困难。因此，公差等级相同而旋合长度不同的螺纹，精度等级不相同。

普通螺纹国标按螺纹公差等级和旋合长度将螺纹精度分为精密、中等和粗糙三级。螺纹精度等级的高低代表着螺纹加工的难易程度。精密级用于精密螺纹，要求配合性质的变动量很小时采用；中等级用于一般用途的机械和构件，较多情况采用；粗糙级用于精度要求不高或制造比较困难的螺纹，例如在热轧棒料上或在深盲孔内加工螺纹等特殊情况。

表 5-16　普通螺纹的顶径公差(摘自 GB/T197—2003)　　单位：mm

螺跑/mm \ 公差等级 \ 公差项目	内螺纹顶径(小径)公差 T_D				外螺纹顶径(大径)公差 T_d		
	5	6	7	8	4	6	8
0.75	150	190	236	—	90	140	—
0.8	160	200	250	315	95	150	236
1	190	236	300	375	112	180	280
1.25	212	265	335	425	132	212	335
1.5	236	300	375	475	150	236	375
1.75	265	355	425	530	170	265	425
2	300	375	475	600	180	280	450
2.5	355	450	560	710	212	335	530
3	400	500	630	800	236	375	600

通常情况下，以中等旋合长度的 6 级公差等级作为螺纹配合的中等精度，精密级与粗糙级都是相对于中等级比较而言，各种旋合长度的数值见表 5-17 所示。

表 5-17　普通螺纹的旋合长度　　单位：mm

公称直径 D、d		螺距 P	旋合长度			
			S	N		L
>	≤		≤	>	≤	>
5.6	11.2	0.75	2.4	2.4	7.1	7.1
		1	3	3	9	9
		1.25	4	4	12	12
		1.5	5	5	15	15
11.2	22.4	1	3.8	3.8	11	11
		1.25	4.5	4.5	13	13
		1.5	5.6	5.6	16	16
		1.75	6	6	18	18
		2	8	8	24	24
		2.5	10	10	30	30
22.4	45	1	4	4	12	12
		1.5	6.3	6.3	19	19
		2	8.5	8.5	25	25
		3	12	12	36	36
		3.5	15	15	45	45
		4	18	18	53	53
		4.5	21	21	63	63

4. 普通螺纹公差带的选用

按照内、外螺纹不同的基本偏差和公差等级，可以组成很多种螺纹公差带。在实际生产应用中，为了减少螺纹刀具和螺纹量规的规格与数量，GB/T197—2003 推荐了内、外螺纹的常用公差带，如表 5-18 和表 5-19 所示。除特殊情况外，表中以外的其他公差带不宜选用。表中的内螺纹公差带与外螺纹公差带可以形成任意组合，但是为了保证内、外螺纹旋合后有足够的螺牙接触高度，推荐优先组成 H/g、H/h 或 G/h 配合。对于公称直径小于 1.4mm 的螺纹副，则应选用 5H/6h、4H/6h 或更精密的配合。

表 5-18 内螺纹的选用公差带(摘自 GB/T196—2003)

公差精度	公差带位置 G			公差带位置 H		
	S	N	L	S	N	L
精密	—	—	—	4H	5H	6H
中等	(5G)	6G*	(7G)	5H*	[6H]*	7H*
粗糙	—	(7G)	(8G)	—	7H	8H

注：带“*”的公差带优先选用，不带“*”公差带其次选用。加括号的公差带尽量不用，大量生产的精制紧固螺纹推荐采用带方框的公差带。

表 5-19 外螺纹的选用公差带(摘自 GB/T196—2003)

公差精度	公差带位置 e			公差带位置 f			公差带位置 g			公差带位置 h		
	S	N	L	S	N	L	S	N	L	S	N	L
精密	—	—	—	—	—	—	—	(4g)	(5g4g)	(3h4h)	4h*	(5h4h)
中等	—	6e*	(7e6e)	—	6f*	—	(5g6g)	[6g]*	(7g6g)	(5h6h)	6h*	(7h6h)
粗糙	—	(8e)	(9e8e)	—	—	—	—	8g	(9g8g)	—	—	—

普通螺纹公差带的优先选用顺序为：粗字体公差带、一般字体公差带、括号内公差带。带有方框的粗字体公差带可以用于大批量生产的紧固件螺纹。

如无其他特殊说明，表 5-18 和表 5-19 中的推荐公差带适用于涂镀前螺纹，且为薄涂镀层(如电镀)螺纹。涂镀后螺纹实际轮廓上的任何点不应超越按公差位置 H 和 h 所确定的最大实体牙型；内、外螺纹螺牙底部实际轮廓上的任何点，均不应超越按基本牙型和公差带位置所确定的最大实体牙型。

选用公差带表中列出了精、中、粗三种级别时在不同的旋合长度(S 短、N 中、L 长)下所对应的公差带。它是将中等旋合长度 N 对应的 6 级公差定为中等精度，并以此为中心与之相比较，向上、向下推出精密级和粗糙级螺纹的公差带；向左、向右推出短旋合长度和长旋合长度螺纹的公差带。即螺纹精度高时提高公差等级，螺纹精度低时降低公差等级；螺纹旋合长度减少时提高公差等级，螺纹旋合长度增大时降低公差等级。

5. 普通螺纹的标记

普通螺纹的完整标记由螺纹特征代号、螺纹尺寸代号、螺纹公差带代号等组成。各代号之间用符号“—”分开。其中螺纹公差带代号包括中径公差带代号与顶径(指螺纹大径和内螺纹小径)公差带代号，公差带代号是由表示其大小的公差等级数字和表示其位置的字母所组成，如 6H、6g 等。

当螺纹是粗牙螺纹时，螺距不必写出；当螺纹是细牙螺纹时，则必须写出螺距。

单线螺纹的尺寸代号为“公称直径×螺距”，公称直径和螺距的数值单位为毫米。对于粗牙普通螺纹，可以省略标注其螺距项。多线螺纹的尺寸代号为“公称直径×P_h(导程)×P(螺距)”，公称直径、导程和螺距的数值单位为毫米，导程=线数×螺距。

当螺纹的中径和顶径公差带相同时，合写为一个；两者代号不同时，前者为中径公差带代号，后者为顶径公差带代号。螺纹的尺寸代号与公差带代号之间用符号“—”分隔开。

对短旋合长度组和长旋合长度组的螺纹，应在公差带代号之后分别标注符号“S”和“L”，并在旋合长度代号与公差带代号之间用符号“—”分隔开。中等旋合长度的螺纹不必标注旋合长度代号“N”。

对于左旋螺纹，应在旋合长度代号之后标注“LH”代号，在旋合长度代号与旋向代号之间用符号“—”分隔开，右旋螺纹不必标注旋向代号。

例如：

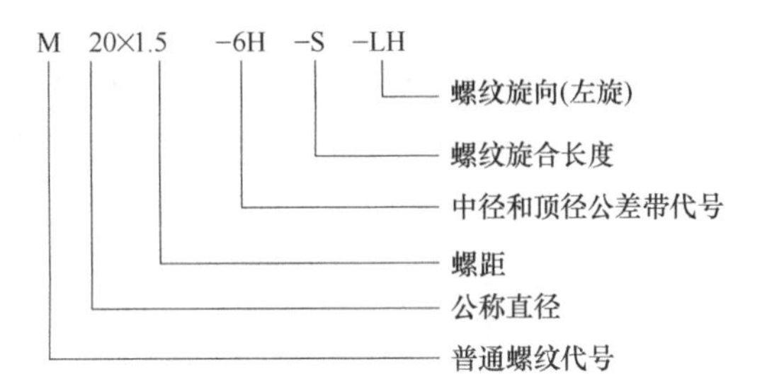

5.2.3　螺纹的检测

普通螺纹的检测方法可分为综合检测和单项检测两类。

1. 普通螺纹的综合检测

对螺纹进行综合检验使用的是螺纹量规和光滑极限量规，它们都由通规(通端)和止规(止端)组成。检验内螺纹用的螺纹量规称为螺纹塞规，检验外螺纹用的螺纹量规称为螺纹环规。综合检测检验效率高，适用于检测成批生产中精度不太高的螺纹件。

螺纹量规是按极限尺寸判断原则而设计的，螺纹通规体现的是最大实体牙型边界，具有完整的牙型，并且其长度应等于被检验螺纹的旋合长度，以用于正确地检验内、外螺纹的作用中径及底径的合格性。若被检验螺纹的作用中径未超过螺纹的最大实体牙型中径，且被检验螺纹的底径也合格，那么螺纹通规就会在旋合长度内与被检验螺纹顺利旋合。

螺纹量规的止规用于检验内、外螺纹单一中径的合格性。为了避免牙型半角误差及螺距累积误差对检验的影响，止规的牙型常做成截短型牙型，以使止端只在单一中径处与被检验螺纹的牙侧接触，并且止端的牙扣只做出几牙。

图 5-15 所示为检验外螺纹的示例，用卡规先检验外螺纹顶径的合格性，再用螺纹量规(检验外螺纹的称为螺纹环规)的通端检验外螺纹的作用中径和底径，若外螺纹的作用中径合格，且底径(外螺纹小径)没有大于其最大极限尺寸，通端应能在旋合长度内与被检验螺

纹旋合。若被检验螺纹的单一中径合格，螺纹环规的止端就不应通过被检验螺纹，最多允许旋进 2～3 牙。

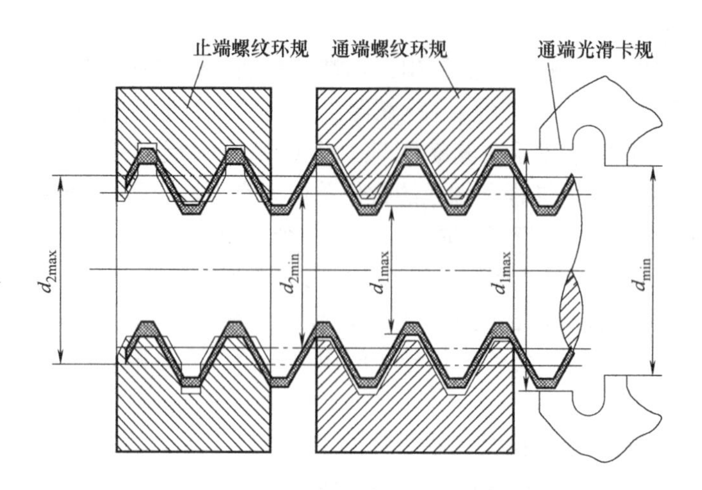

图 5-15　用螺纹量规检验外螺纹

图 5-16 所示为检验内螺纹的示意图。先用光滑极限量规(塞规)检验内螺纹顶径的合格性，再用螺纹量规(螺纹塞规)的通端检验内螺纹的作用中径和底径，若作用中径合格，且内螺纹的大径不小于其最小极限尺寸，通规应能在旋合长度内与被检验螺纹旋合。若被检验螺纹的单一中径合格，螺纹塞规的止端就不应通过被检验螺纹，最多允许旋进 2～3 牙。

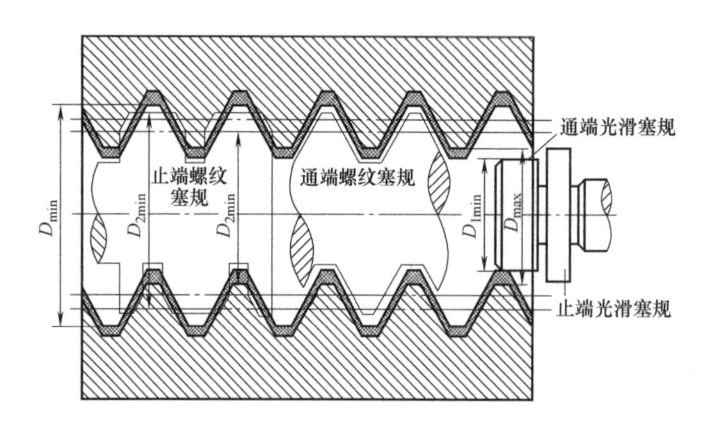

图 5-16　用螺纹量规检验内螺纹

2. 普通螺纹的单项检测

普通螺纹的单项检测一般是指分别测量螺纹的各个参数，主要是指中径、螺距、牙型半角和顶径。螺纹量规、螺纹刀具等高精度螺纹和丝杠螺纹均采用单项检测方法，对普通螺纹作工艺分析时也常进行单项检测。

1) 用螺纹千分尺测量外螺纹中径

在实际生产中，车间常采用螺纹千分尺检测低精度螺纹。螺纹千分尺的结构和一般外径千分尺相似，只是两个测量面可以根据不同的螺纹牙型和螺距选用不同的测量头。螺纹千分尺的结构如图 5-17 所示。

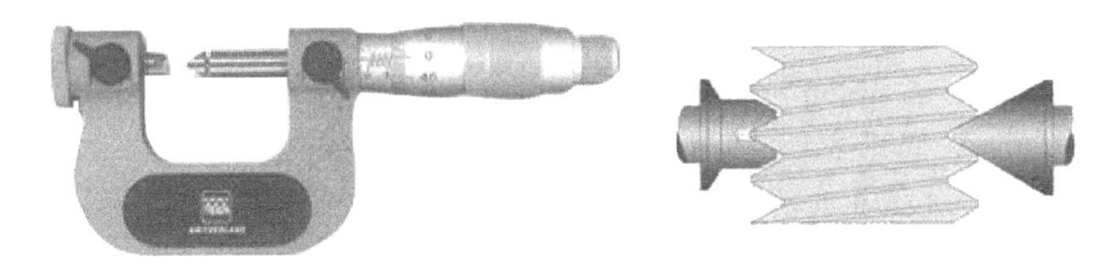

图 5-17　螺纹千分尺

螺纹千分尺的测量头做成与螺纹牙型相吻合的形状，即为一个 V 形测量头，与牙型凸起部分相吻合；另一个为圆锥形测量头，与牙型沟槽相吻合。

用螺纹千分尺测量螺纹中径时，读得的数值是螺纹中径的实际尺寸，它不包括螺距误差和牙型半角误差在中径上的当量值。

用螺纹千分尺测量螺纹中径时，先要根据被测量的螺纹圆柱体直径、牙型和螺距选择螺纹千分尺和测量头，将选好的螺纹千分尺零位调整好。可通过砧座调整螺钉和微分筒的移动，使两个测量头工作面完全接触，并在同一轴线上。微分筒的零位线与刻度套的零位线紧密结合，量出径向最大值。测量螺纹时，要在螺纹的两端和中间并转 90° 的两处截面上进行。

2) 三针法测量外螺纹中径

三针法是一种间接测量方法，主要用于测量精密外螺纹(如丝杠、螺纹塞规)的单一中径 d_2。测量时，将三根直径相同的精密量针分别放在被测螺纹的沟槽中，然后用光学或机械量仪测出针距 M，如图 5-18(a)所示。根据被测螺纹已知的螺距 P、牙型半角 $\alpha/2$ 和量针直径 d_0，按下式计算被测螺纹的单一实际中径 d_{2s}：

$$d_{2s}=M-d_0\left[1+\frac{1}{\sin\frac{\alpha}{2}}\right]+\frac{P}{2}\cot\frac{\alpha}{2} \tag{5-15}$$

式中，螺距 P、牙型半角 $\alpha/2$ 和量针直径 d_0 均按理论值代入。

为了消除牙型半角误差对测量结果的影响，应使量针在中径线上与牙侧接触，必须选择量针的最佳直径，使量针与被测螺纹沟槽接触的两个切点间的轴向距离等于 $P/2$，如图 5-18(b)所示。

量针的最佳直径 $d_{0\text{最佳}}$为

$$d_{0\text{最佳}}=\frac{P}{2\cos\frac{\alpha}{2}} \tag{5-16}$$

对于公制螺纹，$\alpha/2=30°$，$d_{0\text{最佳}}=0.577P$；对于梯形螺纹，$\alpha/2=15°$，$d_{0\text{最佳}}=0.517P$；

3) 影像法测量螺纹各要素

影像法测量螺纹是用工具显微镜将被测螺纹的牙型轮廓放大成像，按被测螺纹的影像测量其螺距、牙型半角、大径、中径、小径等。多种精密螺纹，如螺纹量规、精密丝杠、传动螺杆、滚刀等，均可在工具显微镜上进行测量。

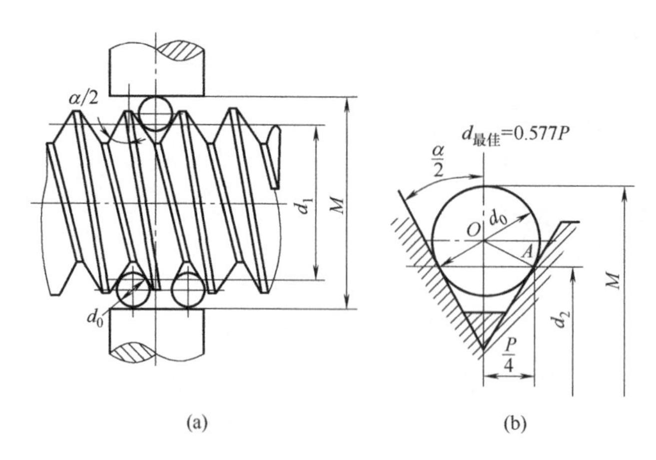

图 5-18　用三针法测量外螺纹

利用工具显微镜测量时，用光线照射外螺纹牙型，再用显微镜将牙型轮廓放大成像在镜头中，然后将影像跟标准尺比较，即可测出螺纹各要素。

任务实施

根据知识准备可知，其解决的方法步骤如下。

查表 5-11 得，基本螺距 P=3mm，则螺距偏差 ΔP=(3.040−3)mm=0.040mm。

查表 5-17 得，旋合长度 N=12～36mm，取 N=12mm，则在旋合长度内有四个螺距工作，螺距累积误差 $\Delta P_{\Sigma}=4\Delta P=4\times0.040\text{mm}=0.160\text{mm}$。

查表 5-10 得，公称中径为 22.051mm。

查表 5-15 得，中径公差 T_{d2}=0.200mm。

查表 5-14 得，中径基本偏差 es=0mm，则中径下偏差 ei=−0.200mm。

故螺纹中径的极限尺寸为 $d_{2\max}$=22.051mm，$d_{2\min}$=21.851mm。

由式(5-3)得，实际单一中径 $d_{2单一}=d_2-0.866\,\Delta P=(21.935-0.866\times0.040)\text{mm}=21.9\text{mm}$。

外螺纹的作用中径公式为

$$d_{2作用}=d_{2单一}+(f_p+f_{\frac{\alpha}{2}})$$

而 $f_p=1.732\left|\Delta P_{\Sigma}\right|=1.732\times0.160\text{mm}=0.277\text{mm}$

$$f_{\frac{\alpha}{2}}=0.073P\left(K_1\left|\Delta\frac{\alpha_1}{2}\right|+K_2\left|\Delta\frac{\alpha_2}{2}\right|\right)=0.073\times3(3\times|-70|+3\times|-30|)\text{mm}=0.0657\text{mm}$$

因此，作用中径为

$$d_{2作用}=d_{2单一}+(f_p+f_{\frac{\alpha}{2}})=21.9\text{mm}+(0.277+0.0657)\text{mm}=22.243\text{mm}$$

螺纹的合格条件为

$$d_{2作用}\leqslant d_{2\max}\qquad d_{2单一}\geqslant d_{2\min}$$

因为被测螺纹的作用中径大于中径的最大极限尺寸，即不满足 $d_{2作用}\leqslant d_{2\max}$，所以，该外螺纹不合格。

练习与实践

一、判断题(正确的打√，错误的打×)

1. 螺距误差和牙型半角误差总是使外螺纹的作用中径增大，使内螺纹的作用中径减小。（　）

2. 普通螺纹公差标准中，除了规定中径的公差和基本偏差外，还规定了螺距和牙型半角的公差。（　）

3. 普通螺纹的中径公差，可以同时限制中径、螺距、牙型半角三个参数的误差。（　）

4. 螺纹中径是影响螺纹互换性的主要参数。（　）

5. 普通螺纹的配合精度与公差等级和旋合长度有关。（　）

6. 国标对普通螺纹除规定中径公差外，还规定了螺距公差和牙型半角公差。（　）

7. 当螺距无误差时，螺纹的单一中径等于实际中径。（　）

8. 作用中径反映了实际螺纹的中径偏差、螺距偏差和牙型半角偏差的综合作用。（　）

9. 普通螺纹精度标准对直径、螺距、半角规定了公差。（　）

10. 工具显微镜测量普通螺纹的几何参数采用的是影像法测量原理。（　）

二、选择题

1. 内螺纹假设无螺距累积误差且无半角误差，而外螺纹有螺距累积误差，为了保证其旋合性，外螺纹的中径应(　　)。

A. 增大　　B. 减小　　C. 不变

2. 假设外螺纹具有理想牙型，而内螺纹存在牙型半角误差，为保证其旋合性，应将内螺纹的中径(　　)一个半角误差的中径当量。

A. 增大　　B. 减小　　C. 不变

3. 同一精度条件下，若螺纹的旋合长度较长，应给予较(　　)的中径公差，若旋合长度较短，则应给予(　　)的中径公差。

A. 较大　　B. 较小　　C. 无关

4. 控制螺纹的作用中径是为了保证螺纹连接的(　　)，而控制单一中径是为了保证螺纹连接的(　　)。

A. 连接可靠性　　B. 可旋合性　　C. 连接强度

5. 要保证普通螺纹结合的互换性，必须使实际螺纹的(　　)不能超出最大实体牙型的中径 。

A. 作用中径　　B. 单一中径　　C. 中径

6. 内螺纹在(　　)处规定了公差带。

A. 大径　　B. 中径　　C. 小径

7. 要保证普通螺纹结合的互换性，必须使实际螺纹的(　　)不能超出最小实体牙型的中径。

A. 作用中径　　B. 单一中径　　C. 中径

8. 螺纹公差带是以(　　)的牙型公差带。

A. 基本牙型的轮廓为零线　　B. 中径线为零线

C. 大径线为零线　　D. 小径线为零线

9. 假定螺纹的实际中径在其中径极限尺寸的范围内，则可以判断螺纹是(　　)。

A. 合格品　　B. 不合格品　　C. 无法判断

10. 可以用普通螺纹中径公差限制(　　)。

A. 螺纹累积误差　　B. 牙型半角误差　　C. 大径误差

D. 小径误差　　E. 中径误差

三、填空题

1. 影响螺纹零件互换性的主要参数有__________、____________、___________。

2. 螺纹结合按其用途可分为____________、______________、_____________三类。

3. 判断螺纹中径合格性的原则是：实际螺纹的__________不允许超越__________，任何部位的_______________不允许超越_________________________。

4. 螺纹精度不仅与_______________有关，而且与________________有关。旋合长度分为_____________、________________和___________，分别用代号____、______和________表示。螺纹精度等级分为________、____________和_____________。

5. 普通螺纹精度标准仅对螺纹的________规定了公差，而螺距偏差、半角偏差则由其___________控制。

6. 对内螺纹，标准规定了_____两种基本偏差；对外螺纹，标准规定了__________四种基本偏差。

7. M10×1—5g6g—S 的含义：M10__________，1_______，5g______，6g_____，S_____。

8. 螺纹的旋合长度指_________________________。

9. 普通螺纹的公差带是以____________________为零线，公差带大小由_________决定，公差带的位置由_________决定。

10. 螺纹按用途分为三类：__________、_________、______。

四、简答题与计算题

1. 普通螺纹公差与配合标准规定的中径公差是什么公差？为什么不分别规定螺纹的螺距公差和牙型半角公差？

2. 解释下列螺纹标记的含义。

(1) M24—6H。

(2) M8×1—LH。

(3) M36×2—5g6g—S。

(4) M20×Ph3P1.5 (two starts)—7H—L—LH。

(5) M30×2—6H/5g6g—S。

3. 有一对普通螺纹为 M12×1.5—6G/6h，今测得其主要参数如表 5-20 所示。试计算内、外螺纹的作用中径，问此内、外螺纹中径是否合格？

表 5-20　简答题与计算题 3 表

螺纹名称	实际中径/mm	螺距累积误差/mm	半角误差	
			左($\Delta\frac{\alpha_1}{2}$)	右($\Delta\frac{\alpha_2}{2}$)
内螺纹	11.236	−0.03	−1° 30′	+1°
外螺纹	10.996	+0.06	+35′	−2° 5′

4. 有一螺栓 M20×2—5h，加工后实测结果为：单一中径 22.710mm，螺距累积误差的中径当量 f_p=0.018mm，牙型半角误差的中径当量 f_a=0.022mm，已知中径尺寸为 18.701mm，试判断该螺栓的合格性。

5. 已知螺纹尺寸和公差要求为 M24×2—6g，加工后测得实际大径 d_a=23.850mm，实际中径 d_{2a}=22.521mm，螺距累积偏差 ΔP_Σ=+0.05mm，牙型半角偏差分别为 $\Delta\frac{\alpha_1}{2}$=+20′，$\Delta\frac{\alpha_2}{2}$=−25′，试求顶径和中径是否合格，查出所需旋合长度的范围。

任务 5.3　键的公差配合及检测

任务提出

如图 5-19 所示为一减速器中的轴键槽和轮毂键槽的剖面图形，试确定轴槽和轮毂槽的剖面尺寸及其公差带、相应的形位公差和各个表面的粗糙度参数值，并在图样上进行标注。

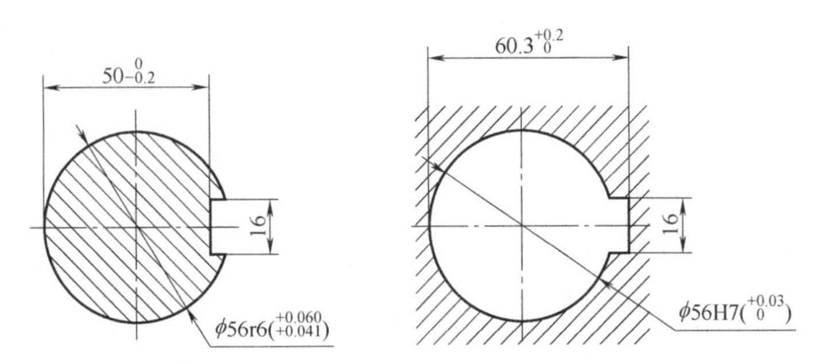

图 5-19　轴键槽和轮毂键槽的剖面图形

任务分析

平键主要用于固定连接和导向连接，因此应主要对键侧提出一定的公差要求，除对其提出尺寸公差外，还有形位公差及几何公差要求。要完成此任务，需要掌握平键连接的几何参数、平键连接的公差与配合等相关知识。

知识准备

5.3.1 平键连接

1. 平键连接的几何参数

键又称单键，可分为平键、半圆键、楔键等几种，其中平键又分为普通平键和导向型平键两种，而以普通平键应用最为广泛。本任务仅讨论普通平键连接的互换性。

平键连接是通过键的侧面分别与轴槽和轮毂槽的侧面相互接触来传递运动和扭矩的，如图 5-20 所示。因此，键宽和键槽宽 b 是决定配合性质的主要参数，即配合尺寸应规定较小的公差；而键的高度 h 和长度 L 以及轴槽深度 t_1 和轮毂槽深度 t_2 均为非配合尺寸，应给予较大的公差。

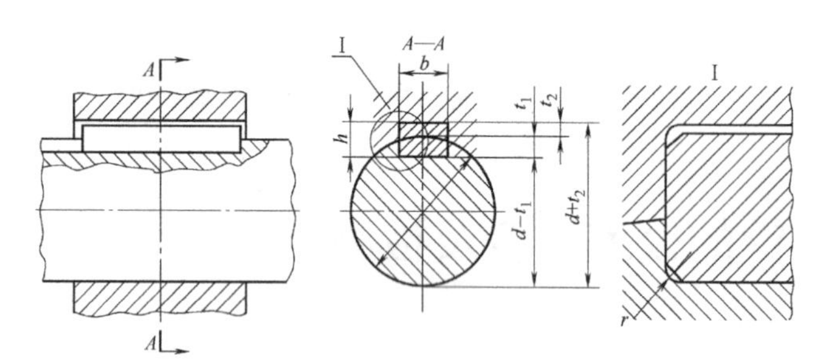

图 5-20 普通平键键槽的剖面尺寸

平键连接的剖面尺寸已标准化，见表 5-21。

表 5-21 普通平键键槽的尺寸及公差(摘自 GB/T1095—2003) 单位：mm

轴	键	键槽											
基本尺寸	键尺寸	宽度 b						深度				半径 r	
		基本尺寸	极限偏差					轴 t_1		毂 t_2			
			较松连接		正常连接		紧密连接						
d	$b\times h$		轴 H9	毂 D10	轴 N9	毂 JS9	轴和毂 P9	基本尺寸	极限偏差	基本尺寸	极限偏差	min	max
>10～12	4×4	4	+0.030 0	+0.078 +0.030	0 −0.030	±0.015	−0.012 −0.042	2.5	+0.1 0	1.8	+0.1 0	0.08	0.16
>12～17	5×5	5						3.0		2.3		0.16	0.25
>17～22	6×6	6						3.5		2.8			
>22～30	8×7	8	+0.036 0	+0.098 +0.040	0 −0.036	±0.018	−0.015 −0.051	4.0	+0.2 0	3.3	+0.2 0		
>30～38	10×8	10						5.0		3.3		0.25	0.40
>38～44	12×8	12	+0.043 0	+0.120 +0.050	0 −0.043	±0.0215	−0.018 −0.061	5.0		3.3			
>44～50	14×9	14						5.5		3.8			
>50～58	16×10	16						6.0		4.3			
>58～65	18×11	18						7.0		4.4			
>65～75	20×12	20	+0.052 0	+0.149 +0.065	0 −0.052	±0.026	−0.022 −0.074	7.5		4.9		0.40	0.60
>75～85	22×14	22						9.0		5.4			
>85～95	25×14	25						9.0		5.4			
>95～110	28×16	28						10.0		6.4			

注：$(d-t_1)$和$(d+t_2)$两组合尺寸的极限偏差按相应的 t_1 和 t_2 的极限偏差选取，但$(d-t_1)$极限偏差值应取负号(−)。

普通平键的尺寸与公差也已标准化，见表 5-22。

表 5-22　普通平键的尺寸与公差(摘自 GB/T1097—2003)　　单位：mm

b	基本尺寸	8	10	12	14	16	18	20	22	25	28	32	36	40	45
	极限偏差 (h8)	0 −0.022		0 −0.027				0 −0.033				0 −0.039			
h	基本尺寸	7	8	8	9	10	11	12	14	14	16	18	20	22	25
	极限偏差 (h11)	0 −0.090					0 −0.110						0 −0.130		

2. 平键连接的公差与配合

平键连接中，键由型钢制成，是标准件，因此键与键槽宽度的配合采用基轴制。国家标准规定按轴径确定键和键槽尺寸。它们的公差带则从 GB/T1801—1999《极限与配合公差带和配合的选择》中选取，对键的宽度规定一种公差带 h9，对轴和轮毂键槽的宽度各规定三种公差带，以满足各种用途的需要。键宽度公差带分别与三种键槽宽度公差带形成三组配合，即较松键连接、一般键连接和较紧键连接，如图 5-21 所示。它们的应用场合见表 5-23。

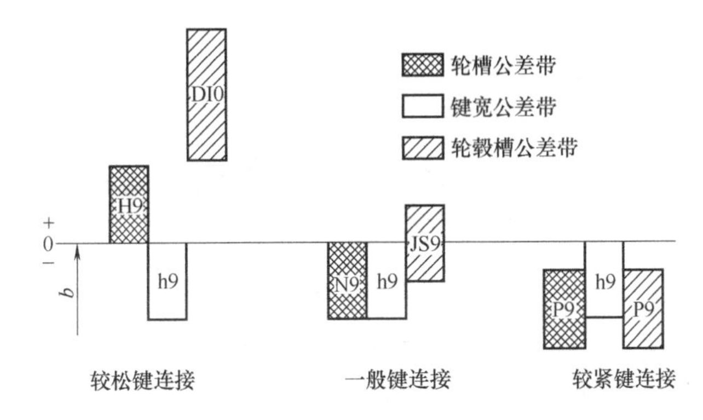

图 5-21　单键连接键宽度与三种键槽宽度公差带示意图

表 5-23　平键连接的配合种类及应用

配合种类	尺寸 *b* 的公差			配合性质及适用场合
	键	轴槽	毂槽	
较松键连接	h9	H9	D10	用于导向平键，轮毂可在轴上移动
一般键连接		N9	JS9	普通平键或半圆键压在轴槽中固定，轮毂顺着键侧套到轴上固定。用于传递一般载荷，也用于薄型楔键的轴槽和毂槽
较紧键连接		P9	P9	普通平键或半圆键压在轴槽或轮毂中，均固定。用于传递重载和冲击载荷或双向传递扭矩，也用于薄型平键

平键连接的非配合尺寸中，轴槽深 t_1 和轮毂槽深 t_2 的公差带由 GB/T1095—2003 规定，见表 5-21。键高 h 的公差带为 h11，键长 L 的公差带为 h14，轴槽长度的公差带为 H14。

为保证键与键槽的侧面具有足够的接触面积和避免装配困难，应分别规定轴槽对轴线和轮毂槽对孔的轴线的对称度公差。对称度公差等级按 GB/T1184—1996 取 7～9 级。键槽配合面的表面粗糙度一般取 *Ra*1.6～3.2 μm，非配合面取 *Ra*6.3 μm 。

5.3.2 矩形花键连接

1. 概述

当传递较大的转矩，定心精度又要求较高时，单键结合已不能满足要求，因而从单键逐渐发展为多键。花键连接是由花键轴、花键孔两个零件的结合。花键可用作固定连接，也可用作滑动连接。

花键连接与平键连接相比具有明显的优势：孔、轴的轴线对准精度(定心精度)高，导向性好，轴和轮毂上承受的负荷分布比较均匀，因而可以传递较大的转矩，强度高，连接也更可靠。

花键分为矩形花键、渐开线花键和三角形花键等几种，本任务主要讨论应用最广泛的矩形花键的互换性。

矩形花键的主要尺寸有小径(*d*)、大径(*D*)和键宽(*B*)，如图 5-22 所示。

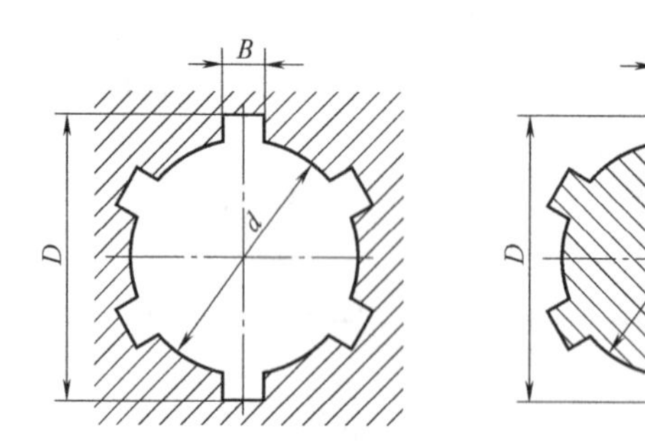

图 5-22 矩形花键的主要尺寸

为了便于加工和测量，键数规定为偶数，有 6、8、10 三种。按承载能力不同，矩形花键可分为中、轻两个系列。中系列的键高尺寸较大，承载能力强；轻系列的键高尺寸较小，承载能力较低。矩形花键的尺寸系列见表 5-24。

表 5-24 矩形花键的尺寸系列(摘自 GB/T1144—2001) 单位：mm

小径 *d*	轻系列				中系列			
	规格 *N×d×D×B*	键数 *N*	大径 *D*	键宽 *B*	规格 *N×d×D×B*	键数 *N*	大径 *D*	键宽 *B*
11					6×11×14×3		14	3
13					6×13×16×3.5		16	3.5
16	—	—	—	—	6×16×20×4		20	4
18					6×18×22×5		22	5
21					6×21×25×5	6	25	5
23	6×23×26×6		26	6	6×23×28×6		28	6
26	6×26×30×6	6	30	6	6×26×32×6		32	6
28	6×28×32×7		32	7	8×28×34×7		34	7

续表

小径 d	轻系列				中系列			
	规格 $N×d×D×B$	键数 N	大径 D	键宽 B	规格 $N×d×D×B$	键数 N	大径 D	键宽 B
32	8×32×36×6	8	36	6	8×32×38×6	8	38	6
36	8×36×40×7		40	7	8×36×42×7		42	7
42	8×42×46×8		46	8	8×42×48×8		48	8
46	8×46×50×9		50	9	8×46×54×9		54	9
52	8×52×58×10		58	10	8×52×60×10		60	10
56	8×56×62×10		62	10	8×56×65×12		65	12
62	8×62×68×12		68	12	8×62×72×12		72	12
72	10×72×78×12	10	78	12	10×72×82×12	10	82	12
82	10×82×88×12		88	12	10×82×92×12		92	12
92	10×92×98×14		98	14	10×92×102×14		102	14
102	10×102×108×16		108	16	10×120×112×16		112	16
112	10×112×120×18		120	18	10×112×125×18		125	18

内、外花键有三个结合面，确定内、外花键配合性质的结合面称为定心表面，每一个结合面都可作为定心表面。因此，花键连接有三种定心：小径 d 定心(见图 5-23(a))，大径 D 定心(见图 5-23(b))和键侧(键槽侧)定心(见图 5-23(c))。

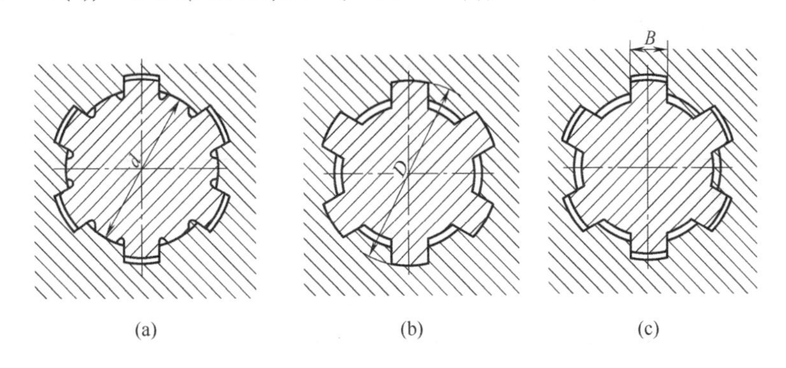

图 5-23　矩形花键定心方式

GB/T1144—2001 规定矩形花键连接采用小径 d 定心。之所以用小径 d 定心是因为定心表面要求有较高的硬度和尺寸精度，在加工过程中往往需要热处理，热处理后在花键孔、轴的小径表面可以用磨削方法进行精加工，而花键孔的大径和键侧表面则难以磨削加工。小径较易保证较高的加工精度和表面强度，从而提高耐磨性和花键的使用寿命。

2. 矩形花键的公差与配合

按精度，矩形花键分为一般用花键和精密传动用花键两种。每种用途的连接都有三种装配形式：滑动、紧滑动和固定连接。当要求定位精度高、传递扭矩大或经常需要正反转变动时，应选择紧一些的配合，反之选择松一些的配合。当内、外花键需要频繁相对滑动或配合长度较大时，可选择松一些的配合。花键连接采用基孔制配合。内、外花键的尺寸公差带见表 5-25。

表 5-25 矩形内、外花键的尺寸公差带(摘自 GB/T1144—2001)

内花键					外花键			装配形式
用　途	小径 d	大径 D	B		d	D	B	
			拉削后不热处理	拉削后热处理				
一般用	H7	H10	H9	H11	f7	a11	d10	滑动
					g7		f9	紧滑动
					h7		h10	固定
精密传动用	H5	H10	H7、H9		f5	a11	d8	滑动
					g5		f7	紧滑动
					h5		h8	固定
	H6				f6		d8	滑动
					g6		f7	紧滑动
					h6		h8	固定

注：①精密传动的内花键，当需要控制键的侧向间隙时，槽宽可选 H7，一般情况下可选 H9。

②d 为 H6 和 H7 的内花键，允许与提高一级的外花键配合。

3. 矩形花键的形位公差和表面粗糙度

除上述尺寸公差外，矩形花键还有形位公差要求，主要是位置度(包含键齿和键槽的等分度和对称度)及平行度。

矩形内花键键槽、矩形外花键齿的位置度公差按表 5-26 确定。标注方法如图 5-24 所示，其中，图 5-24(a)所示为外花键、图 5-24(b)所示为内花键。

表 5-26 矩形花键位置度公差值 t_1 (摘自 GB/T1144—2001)　　单位：mm

键槽宽或键宽 B		3	3.5～6	7～10	12～18
		位置度公差 t_1			
键槽宽		0.010	0.015	0.020	0.025
键宽	滑动、固定	0.010	0.015	0.020	0.025
	紧滑动	0.006	0.010	0.013	0.016

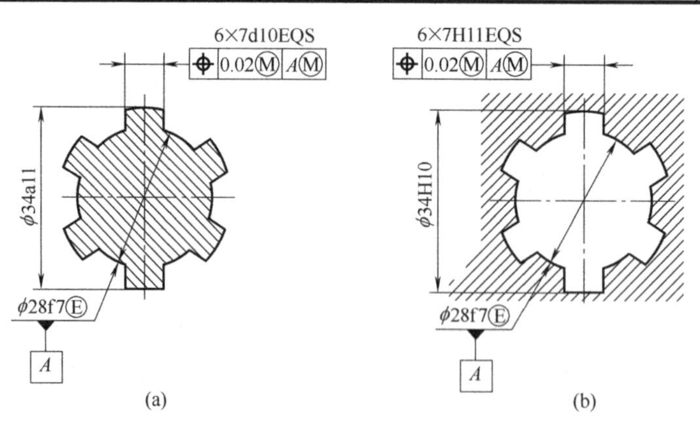

图 5-24 矩形花键位置度公差标注

当不用综合量规检验花键时(如单件、小批量生产)，可按表 5-27 确定键宽的对称度公差和键槽的等分度公差，标注方法如图 5-25 所示。

表 5-27　矩形花键对称度公差值 t_2 (摘自 GB/T1144—2001)　　单位：mm

键槽宽或键宽 B	3	3.5～6	7～10	12～18
	对称度公差 t_2			
一般用	0.010	0.012	0.015	0.018
精密传动用	0.006	0.008	0.009	0.011

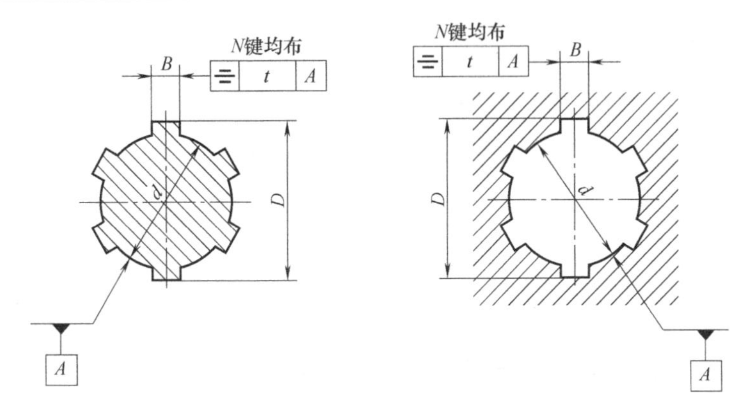

图 5-25　矩形花键对称度公差标注

以小径定心时，有关加工表面的表面粗糙度见表 5-28。

表 5-28　矩形花键表面粗糙度推荐值　　单位：μm

加工表面	内 花 键	外 花 键
	Ra 不大于	
小径	1.6	0.8
大径	6.3	3.2
键侧	6.3	1.6

4. 矩形花键在图样上的标注

矩形花键的图样标注，按顺序包括以下项目：键数 N、小径 d、大径 D、键(键槽)宽 B。其各自的公差带代号标注于各基本尺寸之后，示例如下：

花键规格　$N \times d \times D \times B$(mm)，如 $6 \times 23 \times 26 \times 6$

花键副　$6 \times 23\dfrac{H7}{f7} \times 26\dfrac{H10}{a11} \times 6\dfrac{H11}{d10}$

内花键　$6 \times 23H7 \times 26H10 \times 6H11$

外花键　$6 \times 23f7 \times 26a11 \times 6d10$

5.3.3　平键和矩形花键的检测

1. 平键的检测

对于平键连接，需要检测的项目有：键宽，轴槽和轮毂槽的宽度、深度及槽的对称度。

1) 键和槽宽

在单件小批量生产时，一般采用通用计量器具(如千分尺、游标卡尺等)测量；在大批量生产时，用极限量规控制。槽宽极限量规如图 5-26(a)所示。

2) 轴槽和轮毂槽深

在单件小批量生产时，一般用游标卡尺或外径千分尺测量轴尺寸($d-t_1$)，用游标卡尺或内径千分尺测量轮毂尺寸($d+t_2$)；在大批量生产时，用专用量规，如轮毂槽深极限量规和轴槽深极限量规检验。轮毂槽深量规和轴槽深量规分别如图 5-26(b)、(c)所示。

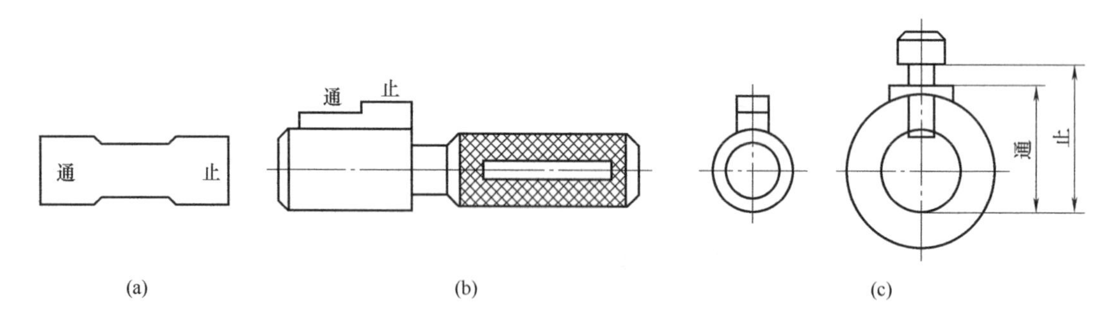

图 5-26　键槽尺寸量规

3) 键槽对称度

在单件小批量生产时，可用分度头、V 形块和百分表测量；在大批量生产时，一般用综合量规检验，如对称度极限量规，只要量规通过即为合格。键槽对称度量规如图 5-27 所示，其中图 5-27(a)为轮毂槽对称度量规，图 5-27(b)为轴槽对称度量规。

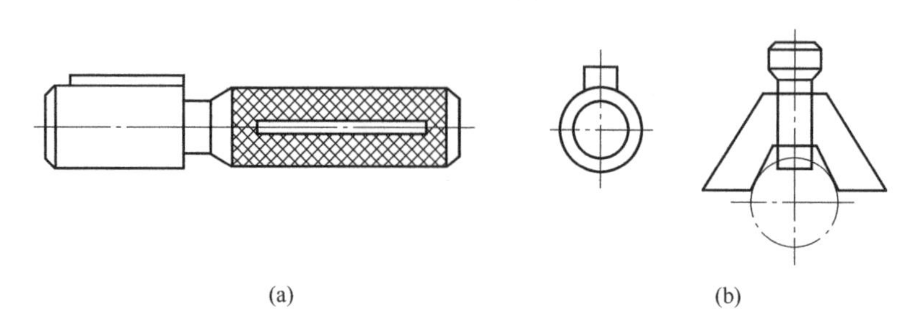

图 5-27　键槽对称度量规

2. 矩形花键的检测

矩形花键的检测包括尺寸检验和形位误差检验。

在单件小批量生产中，花键的尺寸和位置误差用千分尺、游标卡尺、指示表等通用计量器具分别测量。

内(外)花键用花键综合塞(环)规，同时检验内(外)花键的小径、大径、各键槽宽(键

宽)、大径对小径的同轴度和键(键槽)的位置度等项目。此外，还要用单项止端塞(卡)规或普通计量器具检测其小径、大径、各键槽宽(键宽)的实际尺寸是否超越其最小实体尺寸。

检测内、外花键时，如果花键综合量规能通过，而单项止端量规不能通过，则表示被测内、外花键合格。反之，即为不合格。

内、外花键综合量规如图 5-28 所示，其中图 5-28(a)、(b)为花键塞规，图 5-28(c)为花键环规。

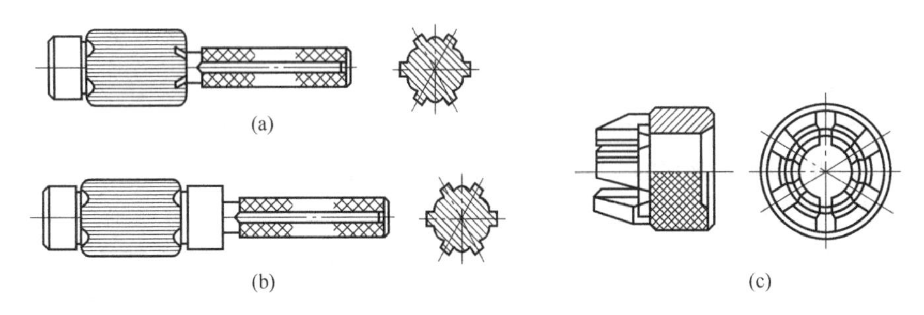

图 5-28　矩形花键综合量规

任务实施

(1) 查表 5-21，查得直径为$\phi 56$的轴孔用平键的尺寸为$b \times h=16 \times 10$。

(2) 确定键连接。减速器中轴与齿轮承受一般载荷，故采用正常连接。查表 5-21，则轴槽公差带为 16N9$\left(_{-0.043}^{\ 0}\right)$，轮毂槽公差带为 16JS9(±0.0215)。

由图 5-19 的几何关系及查表 5-21 可知，轴槽深 $t_1=6.0_{0}^{+0.2}$，$d-t_1=50_{-0.2}^{\ 0}$；轮毂槽深 $t_2=4.3_{0}^{+0.2}$，$d+t_2=60.3_{0}^{+0.2}$。

(3) 确定键连接形位公差和表面粗糙度。轴槽对轴线及轮毂槽对孔轴线的对称度公差按 GB/T1184—1996 中的 8 级选取，公差值为 0.020mm。

轴槽及轮毂槽侧面表面粗糙度 *Ra* 值为 3.2 μm，底面为 6.3 μm。

图样标注如图 5-29 所示。

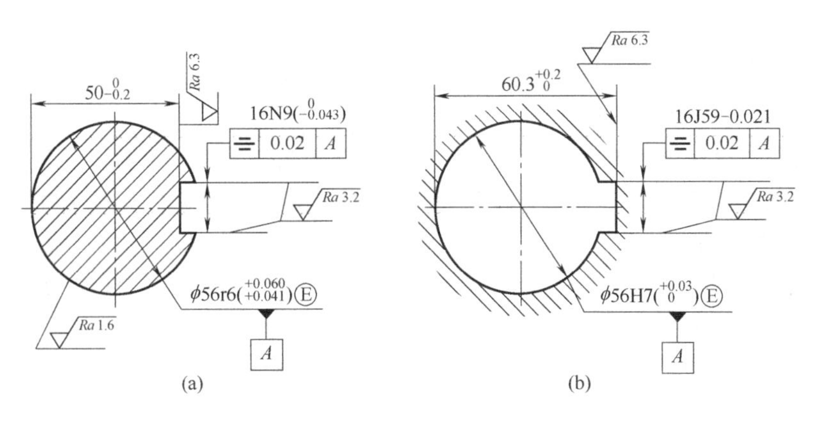

图 5-29　键槽尺寸和公差在图样上的标注

练习与实践

一、选择题

1. 在单键连接中，主要配合参数是(　　)。

A. 键宽　　B. 键长　　C. 键高　　D. 键宽和槽宽

2. 平键连接的键宽公差带为 h9，在采用一般连接，用于载荷不大的一般机械传动的固定连接时，其轴槽宽与毂槽宽的公差带分别为(　　)。

A. 轴槽 H9，毂槽 D10　　B. 轴槽 N9，毂槽 Js9

C. 轴槽 P9，毂槽 P9　　D. 轴槽 H7，毂槽 E9

3. 花键的分度误差，一般用(　　)公差来控制。

A. 平行度　　B. 位置度　　C. 对称度　　D. 同轴度

4. 当基本要求是保证足够的强度和传递较大的扭矩，而对定心精度要求不高时，宜采用(　　)。

A. 键宽定心　　B. 外径定心　　C. 内径定心

5. 花键连接一般选择基准制为(　　)。

A. 基孔制　　B. 基轴制　　C. 混合制

二、填空题

1. 国标规定，键连接中，键只有一种公差带为________________。
2. 键连接中，键、键槽的形位公差中，____________是最主要的要求。
3. 花键按键廓形状的不同可分为_______、______、_______。其中应用最广的是_____。
4. 花键连接与单键连接相比，其主要优点是______________。

三、简答题与计算题

1. 平键连接为什么只对键(键槽)宽规定较严的公差？
2. 平键连接的配合采用何种基准制？花键连接采用何种基准制？
3. 矩形花键连接的定心方式有哪几种？如何选择？小径定心有何优点？
4. 有一齿轮与轴的连接用平键传递扭矩。平键尺寸 b=10mm，L=28mm。齿轮与轴的配合为ϕ35H7/k6，平键采用一般连接。试查出键槽尺寸偏差、形位公差和表面粗糙度，分别标注在轴和齿轮的横剖面上。
5. 某机床变速箱中有一个 6 级精度齿轮的花键孔与花键轴连接，花键规格为 6×26×30×6，花键孔长 30mm，花键轴长 75mm，齿轮花键孔经常需要相对花键轴做轴向移动，要求定心精度较高。试确定：

(1) 齿轮花键孔和花键轴的公差带代号，计算小径、大径、键(键槽)宽的极限尺寸。

(2) 分别写出在装配图上和零件图上的标记。

(3) 绘制公差带图，并将各参数的基本尺寸和极限偏差标注在图上。

任务 5.4　圆柱齿轮公差与检测

任务提出

传递功率为 5kW 的圆柱齿轮减速器输入轴转速 n_1=327r/min；齿轮法向模数 m_n=3mm，压力角 α_n=20°，螺旋角 β=8° 6′34″；齿数 z_1=20，z_2=79。采用油池润滑。稳定工作时齿轮温度 t_1=45℃，箱体温度 t_2=30℃。另外，齿轮材料的线膨胀系数 $a_1=11.5\times10^{6}$/℃，箱体材料的线膨胀系数 $a_2=10.5\times10^{6}$/℃。试确定齿轮精度的检验指标、精度等级，齿厚极限偏差，以及如何测量公法线长度变动及公法线平均长度偏差及齿轮齿圈径向跳动。

任务分析

齿轮广泛应用于各种机电产品中，其制造经济性、工作性能、寿命等与齿轮设计、制造和安装精度有密切关系。因此，对齿轮在使用中产生的运动误差、冲击、振动、噪声及寿命过低等现象必须严格控制。齿轮也是机器和仪器的重要零件，齿轮的精度在一定程度上影响着整台机器或仪器的质量。由于齿形比较复杂，参数比较多，所以齿轮精度的评定比较复杂。因此我们在齿轮设计、加工及装配时要保证齿轮的制造和安装精度。

要完成此任务，我们需要学习齿轮传动的使用要求、齿轮加工误差的来源、齿轮精度的指标项目及检测技术、方法等相关知识。

知识准备

5.4.1　齿轮传动使用要求和齿轮加工工艺误差

1. 齿轮传动的使用要求

由于齿轮传动的类型很多，应用又极为广泛，对不同工况、不同用途的齿轮传动，其使用要求也是多方面的。归纳起来，使用要求可分为传动精度和齿侧间隙两个方面。而传动精度要求按齿轮传动的作用特点，又可以分为传递运动的准确性、传递运动的平稳性和载荷分布的均匀性三个方面。因此，一般情况下，齿轮传动的使用要求可分为以下四个方面。

1) 传递运动的准确性

传递运动的准确性是指齿轮在一转范围内，产生的最大转角误差要限制在一定的范围内，使齿轮副传动比变化小，以保证传递运动的准确性。

2) 传递运动的平稳性

传递运动的平稳性是指齿轮在转过一个齿距角的范围内，其最大转角误差应限制在一

定范围内，使齿轮副瞬时传动比变化小，以保证传递运动的平稳性。齿轮在传递运动过程中，由于受齿廓误差、齿距误差等影响，从一对轮齿过渡到另一对轮齿的齿距角的范围内，也存在着较小的转角误差，并且在齿轮一转中多次重复出现，导致一个齿距角内瞬时传动比也在变化。一个齿距角内瞬时传动比如果过大，将引起冲击、噪声和振动，严重时会损坏齿轮。可见，为保证齿轮传递运动的平稳性，应限制齿轮副瞬时传动比的变动量，也就是要限制齿轮转过一个齿距角内转角误差的最大值。

3) 载荷分布的均匀性

载荷分布的均匀性是指在轮齿啮合过程中，工作齿面沿全齿高和全齿长保持均匀接触，并且接触面积尽可能地大。齿轮在传递运动中，由于受各种误差的影响，齿轮的工作齿面不可能全部均匀接触。如载荷集中于局部齿面，将使齿面磨损加剧，甚至轮齿折断，严重影响齿轮使用寿命。可见，为保证载荷分布的均匀性，齿轮工作面应有足够的精度，使啮合能沿全齿面(齿高、齿长)均匀接触。

4) 齿轮副侧隙的合理性

齿轮副侧隙的合理性是指一对齿轮啮合时，在非工作齿面间应留有合理的间隙，否则会出现卡死或烧伤现象。齿轮副侧隙结构如图 5-30 所示。它对储藏润滑油、补偿齿轮传动受力后的弹性变形和热变形，以及补偿齿轮及其传动装置的加工误差和安装误差都是必要的。但对于需要反转的齿轮传动装置，侧隙又不能太大，否则回程误差及冲击都较大。为保证齿轮副侧隙的合理性，可在几何要素方面，对齿厚和齿轮箱体孔中心距偏差加以控制。

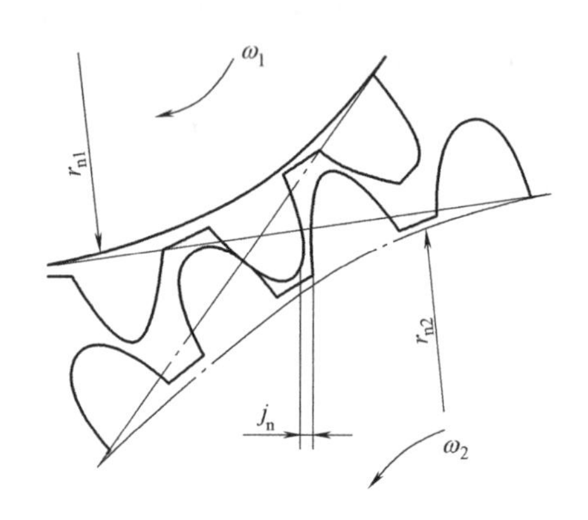

图 5-30　齿轮副侧隙

齿轮在不同的工作条件下，对上述四个方面的要求有所不同。例如，机床、减速器、汽车等一般动力齿轮，通常对传递运动的平稳性和载荷分布的均匀性有所要求；矿山机械、轧钢机上的动力齿轮，主要对载荷分布的均匀性和齿轮副侧隙的合理性有严格要求；汽轮机上的齿轮，由于转速高、易发热，为了减少噪声、振动、冲击和避免卡死，对传递运动的平稳性和齿轮副侧隙的合理性有严格要求；百分表、千分表以及分度头中的齿轮，由于精度高、转速低，要求传递运动准确，一般情况下要求齿轮副侧隙为零。

2. 齿轮加工误差的来源与分类

1) 齿轮加工误差的来源

齿轮的加工方法很多，按齿廓形成原理可分为仿形法和展成法。仿形法可用成形铣刀在铣床上铣齿；展成法可用滚刀或插齿刀在滚齿机、插齿机上与齿坯作啮合滚切运动，加工出渐开线齿轮。齿轮通常采用展成法加工。在各种加工方法中，齿轮的加工误差都来源于组成工艺系统的机床、夹具、刀具、齿坯本身的误差及其安装、调整等误差。下面以图 5-31 所示的在滚齿机上加工齿轮为例，分析加工误差的主要原因。

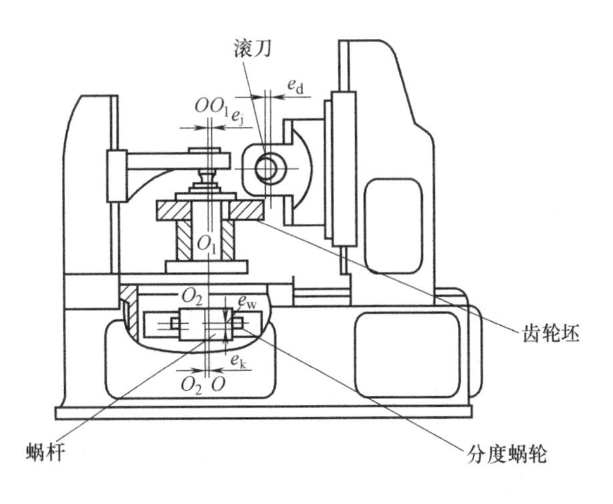

图 5-31　滚切齿轮

e_j—齿坯的安装偏心；e_k—分度蜗轮的运动偏心；e_d—滚刀的安装偏心

影响齿轮传递运动准确性的主要误差，是以齿轮一转为周期的误差，即所谓低频误差，其主要来源是几何偏心和运动偏心，此外还有机床传动链的高频误差、滚刀的安装误差和加工误差。

(1) 几何偏心。

几何偏心是指齿坯在机床上加工时的安装偏心。造成安装偏心的原因是由齿坯定位孔与机床心轴之间有间隙。如图 5-31 所示，齿坯定位孔中心 O_1-O_1 与机床工作台的回转中心 O-O 不重合。具有几何偏心的齿轮，一边的齿高增大，另一边的齿高减小，如图 5-32 所示。轮齿在以 O 为圆心的圆周上是均匀分布的。齿轮工作时不能保证回转中心与 O 重合，所以齿轮呈周期性的变化。

(2) 运动偏心。

运动偏心是指机床分度蜗轮中心与工作台回转中心不重合所引起的偏心。加工齿轮时，由于分度蜗轮的中心 O_2-O_2 与工作台回转中心 O-O 不重合，如图 5-31 所示，使分度蜗轮与蜗杆的啮合半径发生变化，导致工作台连同固定在其上的齿坯以一转为周期，时快时慢地旋转。这种由分度蜗轮旋转速度变化所引起的偏心称为运动偏心。具有运动偏心的齿轮，齿坯相对于滚刀无径向位移，但有沿分度圆切线方向的位移，因而使分度圆上齿距大小呈周期变化，如图 5-33 所示。

(3) 机床传动链的高频误差。

加工直齿轮时，受分度传动链的传动误差(主要是分度蜗杆的径向跳动和轴向窜动)的影响，蜗轮(齿坯)在一周范围内转速发生多次变化，加工出的齿轮即会产生齿距偏差、齿形误差。加工斜齿轮时，除了分度传动链误差外，还受差动传动链的传动误差的影响。

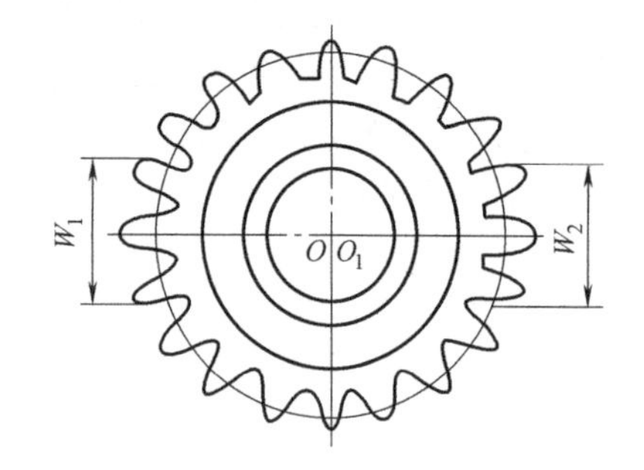

图 5-32　具有几何偏心的齿轮

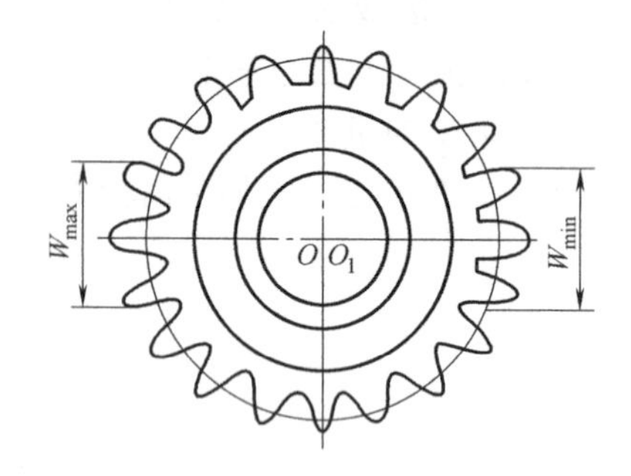

图 5-33　具有运动偏心的齿轮

(4) 滚刀的安装误差和加工误差。

滚刀的安装偏心 e_d 使被加工齿轮产生径向误差。滚刀刀架导轨或齿坯轴线相对于工作台旋转轴线的倾斜及轴向窜动，使滚刀的进刀方向与轮齿的理论方向不一致，直接造成齿面沿轴向方向歪斜，产生齿向误差。滚刀的加工误差主要指滚刀的径向跳动、轴向窜动和齿型角误差等，它们将使加工出来的齿轮产生基节偏差和齿形误差。

2) 齿轮加工误差的分类

(1) 齿轮误差按其表现特征可分为齿廓误差、齿距误差、齿向误差和齿厚误差。

① 齿廓误差：指加工出来的齿廓不是理论的渐开线。其原因主要有刀具本身的切削刃轮廓误差及齿形角偏差、滚刀的轴向窜动和径向跳动、齿坯的径向跳动以及在每转一齿距角内转速不均等。

② 齿距误差：指加工出来的齿廓相对于工件的旋转中心分布不均匀。其原因主要有齿坯安装偏心、机床分度蜗轮齿廓本身分布不均匀及其安装偏心等。

③ 齿向误差：指加工后的齿面沿齿轮轴线方向的形状和位置误差。其原因主要有刀具进给运动的方向偏斜、齿坯安装偏斜等。

④ 齿厚误差：指加工出来的轮齿厚度相对于理论值在整个齿圈上不一致。其原因主要有刀具的铲形面相对于被加工齿轮中心的位置误差、刀具齿廓的分布不均匀等。

(2) 齿轮误差按其方向特征可分为径向误差、切向误差和轴向误差。

① 径向误差：沿被加工齿轮直径方向(齿高方向)的误差。由切齿刀具与被加工齿轮之间径向距离的变化引起。

② 切向误差：沿被加工齿轮圆周方向(齿厚方向)的误差。由切齿刀具与被加工齿轮之间分齿滚切运动误差引起。

③ 轴向误差：沿被加工齿轮轴线方向(齿向方向)的误差。由切齿刀具沿被加工齿轮轴线移动的误差引起。

(3) 齿轮误差按其周期或频率特征可分为长周期误差和短周期误差。

① 长周期误差：在被加工齿轮转过一周的范围内，误差出现一次最大和最小值，如由偏心引起的误差。长周期误差也称低频误差。

② 短周期误差：在被加工齿轮转过一周的范围内，误差曲线上的峰、谷多次出现，如由滚刀的径向跳动引起的误差。短周期误差也称高频误差。

5.4.2　圆柱齿轮误差项目及其检测

1. 传递运动准确性的检测项目

1) 切向综合总偏差 $\Delta F_i'$

切向综合总偏差是指被测齿轮与测量齿轮单面啮合时，被测齿轮一转内，实际转角与公称转角之差的总幅度值，如图 5-34 所示。该误差以分度圆弧长计值。

切向综合总偏差反映齿轮一转中的转角误差，说明齿轮运动的不均匀性，在一转过程中，其转速忽快忽慢，做周期性的变化。切向综合总偏差既反映切向误差，又反映径向误差，是评定齿轮运动准确性较为完善的综合性的指标。当切向综合总误差小于或等于所规定的允许值时，表示齿轮可以满足传递运动准确性的使用要求。

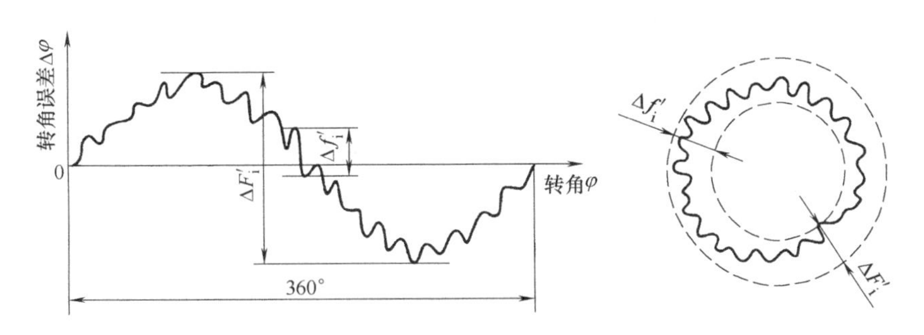

图 5-34　切向综合偏差曲线

测量切向综合总偏差，可在单啮仪上进行。被测齿轮在适当的中心距下(有一定的侧隙)与测量齿轮单面啮合，同时要加上一轻微而足够的载荷。根据比较装置的不同，单啮仪可分为机械式、光栅式、磁分度式和地震仪式等。图 5-35 为光栅式单啮仪的工作原理图。它是由两光栅盘建立标准传动，被测齿轮与标准蜗杆单面啮合组成实际传动。仪器的传动链是：电动机通过传动系统带动标准蜗杆和主光栅盘 I 转动，标准蜗杆带动被测齿轮及其同轴上的主光栅盘 II 转动。

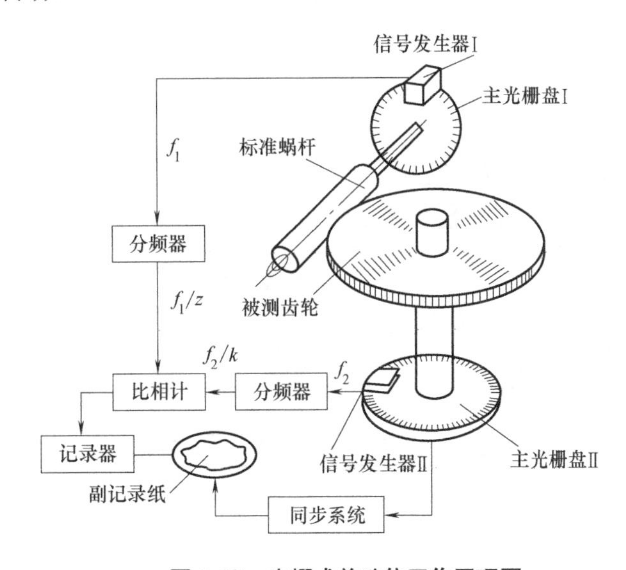

图 5-35　光栅式单啮仪工作原理图

主光栅盘Ⅰ和主光栅盘Ⅱ分别通过信号发生器Ⅰ和信号发生器Ⅱ将标准蜗杆和被测齿轮的角位移转变成电信号，并根据标准蜗杆的头数 k 及被测齿轮的齿数 z，通过分频器将高频电信号 f_1 作 z 分频，低频电信号 f_2 做 k 分频，于是将主光栅盘Ⅰ和主光栅盘Ⅱ发出的脉冲信号变为同频信号。当被测齿轮有误差时将引起被测齿轮的回转角误差，此回转角的微小角位移误差变为两电信号的相位差，两电信号输入比相器进行比相后输出，再输入电子记录器记录，便可得出被测齿轮误差曲线，最后根据定标值读出误差值。

2) 径向综合总偏差 $\Delta F_i''$

径向综合总偏差是指在径向(双面)综合检验时，被测齿轮的左右齿面同时与测量齿轮接触，并转过一整圈时出现的中心距最大值和最小值之差，如图 5-36 所示。

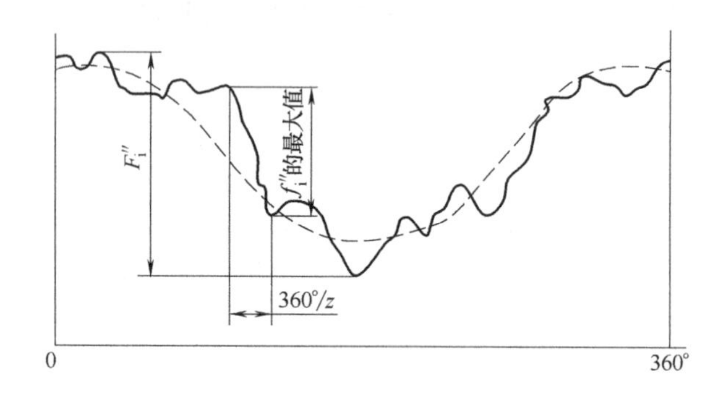

图 5-36　径向综合总偏差

径向综合总偏差是在齿轮双面啮合综合检查仪上进行测量的，该仪器如图 5-37 所示。将被测齿轮与基准齿轮分别安装在双面啮合综合检查仪的两平行心轴上，在弹簧作用下，两齿轮作紧密无侧隙的双面啮合。使被测齿轮回转一周，被测齿轮一转中指示表的最大读数差值(即双啮中心距的总变动量)即为被测齿轮的径向综合总偏差。由于其中心距变动主要反映径向误差，也就是说径向综合总偏差主要反映径向误差，它可代替径向跳动 ΔF_r 并且可综合反映齿形、齿厚均匀性等误差在径向上的影响。因此径向综合总偏差也是作为影响传递运动准确性指标中属于径向性质的单项性指标。

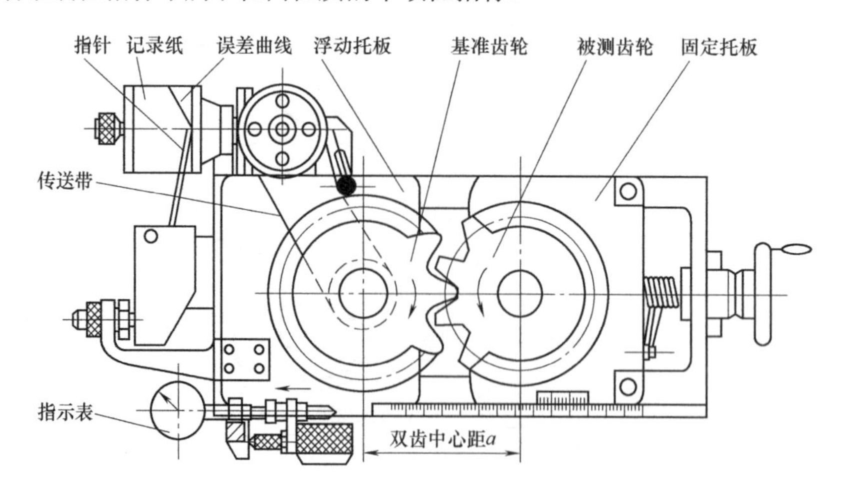

图 5-37　齿轮双面啮合综合检查仪

用齿轮双面啮合综合检查仪测量径向综合总偏差，测量状态与齿轮的工作状态不一致时，测量结果同时受左、右两侧齿廓和测量齿轮的精度以及总重合度的影响，不能全面地反映齿轮运动准确性要求。由于仪器测量时的啮合状态与切齿时的状态相似，能够反映齿轮坯和刀具的安装误差，且仪器结构简单，环境适应性好，操作方便，测量效率高，故在大批量生产中常用此项指标。

3) 齿距累积总偏差 ΔF_p 及 k 个齿距累积误差 ΔF_{pk}

k 个齿距累积偏差 ΔF_{pk} 是指在端平面上，在接近齿高中部的与齿轮轴线同心的圆上，任意 k 个齿距的实际弧长与公称弧长之差的最大绝对值，如图 5-38(a)所示。理论上，它等于这 k 个齿距的各单个齿距偏差的代数和。除另有规定，齿距累积偏差 ΔF_{pk} 值被限定在不大于 1/8 的圆周上评定。因此，ΔF_{pk} 的允许值适用于齿距数 k 为 2 到小于 $z/8$ 的弧段内。通常，ΔF_{pk} 取 $k=z/8$ 就足够了，如果对于特殊的应用(如高速齿轮)还需检验较小弧段，并规定相应的 k 值。齿距累积总偏差 ΔF_p 是指齿轮同侧齿面任意弧段(k=1～z)内的最大齿距累积偏差。它表现为齿距累积偏差曲线的总幅值，如图 5-38(b)所示。

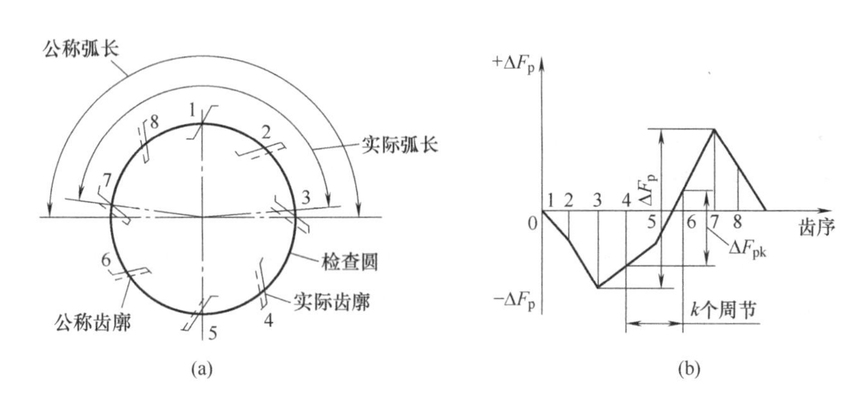

图 5-38　齿距累积总偏差

齿距累积总偏差能反映齿轮一转中偏心误差引起的转角误差，故齿距累积总误差可代替切向综合总偏差 $\Delta F_i'$ 作为评定齿轮传递运动准确性的项目。但齿距累积总偏差只是有限点的误差，而切向综合总偏差可反映齿轮每瞬间传动比变化。显然，齿距累积总偏差在反映齿轮传递运动准确性时不及切向综合总偏差那样全面。因此，齿距累积总偏差仅作为切向综合总偏差的代用指标。

齿距累积总偏差和齿距累积偏差的测量可分为绝对测量和相对测量。其中，以相对测量应用最广，中等模数的齿轮多采用这种方法。测量仪器有齿距仪(可测 7 级精度以下齿轮，如图 5-39 所示)和万能测齿仪(可测 4～6 级精度齿轮，如图 5-40 所示)。这种相对测量是以齿轮上任意一齿距为基准，把仪器指示表调整为零，然后依次测出其余各齿距相对于基准齿距之差，称为相对齿距偏差。然后将相对齿距偏差逐个累加，计算出最终累加值的平均值，并将平均值的相反数与各相对齿距偏差相加，获得绝对齿距偏差(实际齿距相对于理论齿距之差)。最后再将绝对齿距偏差累加，累加值中的最大值与最小值之差即为被测齿轮的齿距累积总偏差。k 个绝对齿距偏差的代数和则是 k 个齿距的齿距累积。

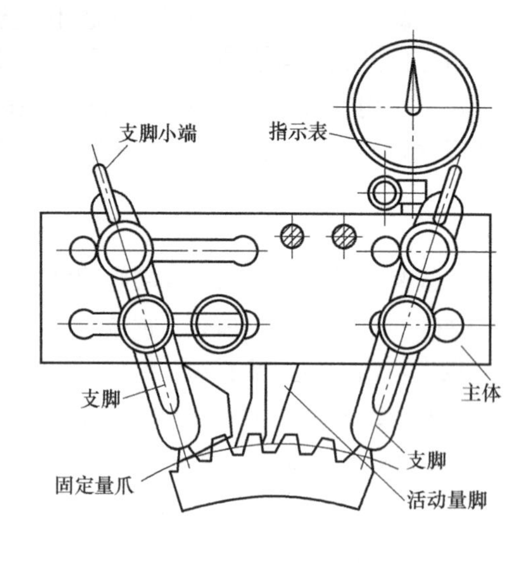

图 5-39　用齿距仪测量齿距

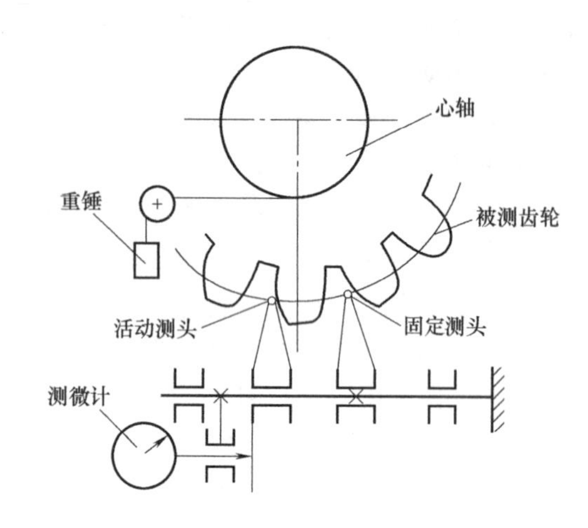

图 5-40　用万能测齿仪测量齿距

4) 齿圈径向跳动 ΔF_r

齿圈径向跳动 ΔF_r 是在齿轮一转范围内，测头在齿槽内位于齿高中部与齿廓双面接触，测头相对于齿轮轴线的最大变动量，如图 5-41 所示。

ΔF_r 主要是由几何偏心引起的，它可以反映齿距累积误差中的径向误差，但并不反映由运动偏心引起的切向误差，故不能全面评价传递运动准确性，只能作为单项指标。

ΔF_r 可以在齿圈径向跳动检查仪、万能测齿仪或普通偏摆检查仪上用指示表测量。测量时测头与齿槽双面接触，以齿轮孔中心线为测量基准，依次逐齿测量，在齿轮一转中，指示表的最大示值与最小示值之差就是被测齿轮的齿圈径向跳动 ΔF_r。

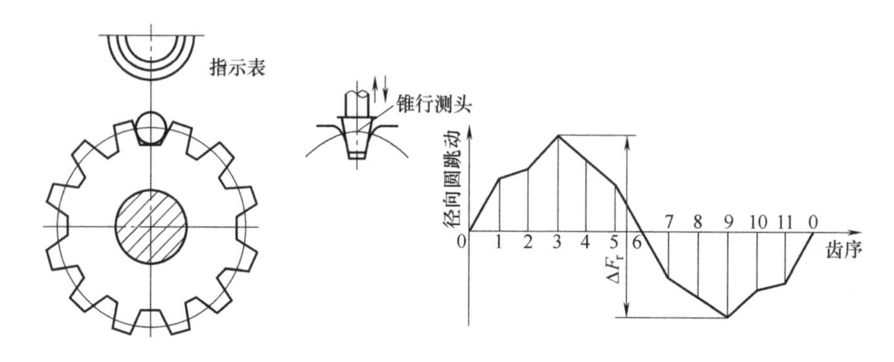

图 5-41　齿圈径向跳动测量

5) 公法线长度变动 ΔF_w

公法线长度变动 ΔF_w 是指齿轮一周范围内，实际公法线长度的最大值与最小值之差，即 $\Delta F_w = W_{max} - W_{min}$，如图 5-42(a)所示。实际公法线长度一般采用公法线长度指示卡规或公法线千分尺测量，如图 5-42(b)所示。

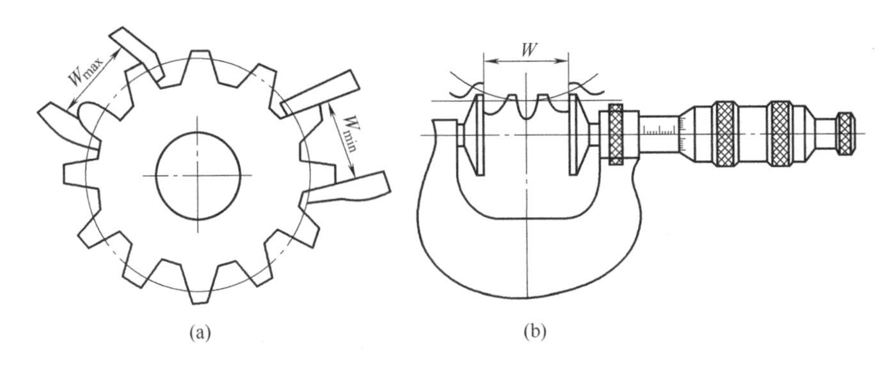

图 5-42　公法线变动及其测量

ΔF_w 主要是由于运动偏心导致轮齿在分度圆上分布不均匀引起的，它反映的是切向误差，不能反映径向误差，所以只有与 ΔF_r 组合应用，才能全面地评定传递运动的准确性。

对于上述这些检验参数，并非在一个齿轮设计中全面给出，而是根据生产类型、精度要求和测量条件等的不同，分别选用下列各组(检验组)之一便可。

(1) 切向综合总偏差 $\Delta F_i'$。

(2) 齿距累积总偏差 F_p 或 k 个齿距累积误差 ΔF_{pk}。

(3) 径向综合总偏差 $\Delta F_i''$ 和公法线长度变动 ΔF_w。

(4) 齿圈径向跳动 ΔF_r 和公法线长度变动 ΔF_w。

(5) 齿圈径向跳动 ΔF_r (用于 10～12 级)。

标准中将这些检验参数统称为第Ⅰ公差组。

2. 传递运动平稳性的检测项目

1) 一齿切向综合偏差 $\Delta f_i'$

一齿切向综合偏差是指齿轮在一个齿距角内的切向综合总偏差，即在切向综合总偏差记录曲线上小波纹的最大幅度值，如图 5-34 所示。一齿切向综合偏差是 GB/T10095.1—2001 规定的检验项目，但不是必检项目。齿轮每转过一个齿距角，都会引起转角误差，即出现许多小的峰谷。在这些短周期误差中，峰谷的最大幅度值即为一齿切向综合偏差。$\Delta f_i'$ 既反映了短周期的切向误差，又反映了短周期的径向误差，是评定齿轮传递运动平稳性较全面的指标。一齿切向综合偏差是在单面啮合综合检查仪上，测量切向综合总偏差的同时测出的。

2) 一齿径向综合偏差 $\Delta f_i''$

一齿径向综合偏差是指当被测齿轮与测量齿轮啮合一整圈时，对应一个齿距(360°/z)的径向综合偏差值，即在径向综合总偏差记录曲线上小波纹的最大幅度值，如图 5-36 所示，其波长常常为齿距角。一齿径向综合偏差是 GB/T10095.2—2001 规定的检验项目。一齿径向综合偏差也反映齿轮的短周期误差，但与一齿切向综合偏差是有差别的。$\Delta f_i''$ 只反映刀具制造和安装误差引起的径向误差，而不能反映机床传动链短周期误差引起的周期切向误差。因此，用一齿径向综合偏差评定齿轮传递运动的平稳性不如用一齿切向综合偏差评定完善。但由于双啮仪结构简单，操作方便，在成批生产中仍广泛采用，所以一般用一齿径向综合偏差作为评定齿轮传递运动平稳性的代用综合指标。一齿径向综合偏差是在双面啮合综合检查仪上，测量径向综合总偏差的同时测出的。

3) 齿形误差Δf_f

齿形误差是在端截面上，齿形工作部分内(齿顶部分除外)，包容实际齿形且距离为最小的两条设计齿形间的法向距离，如图 5-43 所示。设计齿形可以根据工作条件对理论渐开线进行修正为凸齿形或修缘齿形。齿形误差会造成齿廓面在啮合过程中使接触点偏离啮合线，引起瞬时传动比的变化，破坏了传动的平稳性。

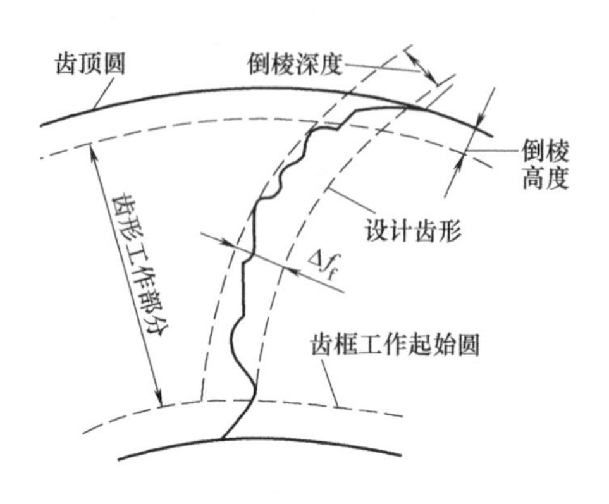

图 5-43　齿形误差

渐开线齿轮的齿形误差，可在专用的单圆盘渐开线检查仪上进行测量。其工作原理如图 5-44 所示。被测齿轮与一直径等于该齿轮基圆直径的基圆盘同轴安装，当用手轮移动纵拖板时，直尺与由弹簧力紧压其上的基圆盘互作纯滚动，位于直尺边缘上的量头与被测齿廓接触点相对于基圆盘的运动轨迹是理想渐开线。若被测齿廓不是理想渐开线，测量头摆动经杠杆在指示表上读出其齿廓总偏差。

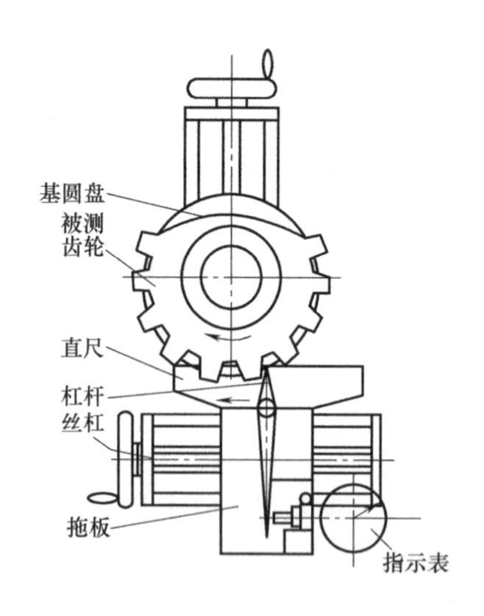

图 5-44　单圆盘渐开线检查仪的工作原理

单圆盘渐开线检查仪结构简单，传动链短，若装调适当，可获得较高的测量精度。但测量不同基圆直径的齿轮时，必须配换与其直径相等的基圆盘。所以，这种单圆盘渐开线检查仪适用于产品比较固定的场合。对于批量生产的不同基圆半径的齿轮，可在通用基圆

盘式渐开线检查仪上测量，而不需要更换基圆盘。

4) 基节偏差 Δf_{pb}

基节偏差是指实际基节与公称基节的代数差，如图 5-45 所示。齿轮副正确啮合的基本条件之一是两齿轮的基圆齿距必须相等。而基节偏差的存在会引起传动比的瞬时变化，即从上一对轮齿换到下一对轮齿啮合的瞬间发生碰撞、冲击，影响传递运动的平稳性，如图 5-46 所示。

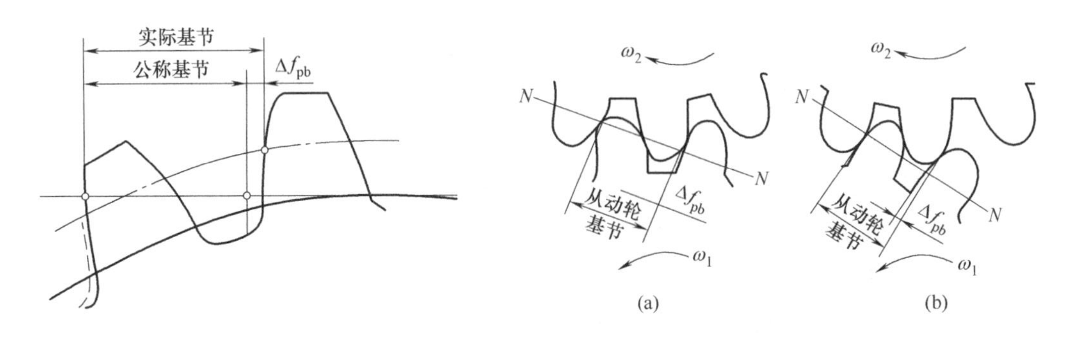

图 5-45　基节偏差　　　图 5-46　基节偏差对平稳性的影响

Δf_{pb} 使齿轮传动在两对轮齿交替啮合的瞬间发生冲击。当主动轮基节大于从动轮基节时，前对轮齿啮合完成而后对轮齿尚未进入啮合，发生瞬间脱离，引起换齿冲击，如图 5-46(a)所示。当主动轮基节小于从动轮基节时，前对轮齿啮合尚未结束，后对轮齿啮合已开始，从动轮转速加快，同样引起换齿撞击、振动和噪声，影响传递运动平稳性，如图 5-46(b)所示。基节偏差一般用基节仪或完成测齿仪测量，图 5-47 为用基节仪测量 Δf_{pb} 的示意图。测量时先按被测齿轮基节的工程值组合量块，并按量块组尺寸调整相平行的活动量爪 1 与固定量爪 2 之间的距离，使指示表为零，然后将支脚 3 靠在轮齿上，并使两个量爪在基圆柱切线与两相邻同侧齿面的交点接触，测量两点之间的直线距离，从指示表上读出基节偏差数值。

5) 单个齿距偏差 Δf_{pt}

单个齿距偏差是指在端平面上，在接近齿高中部的一个与齿轮轴线同心的圆上，实际齿距与理论齿距的代数差，如图 5-48 所示。它是 GB/T10095.1—2001 规定的评定齿轮几何精度的基本参数。

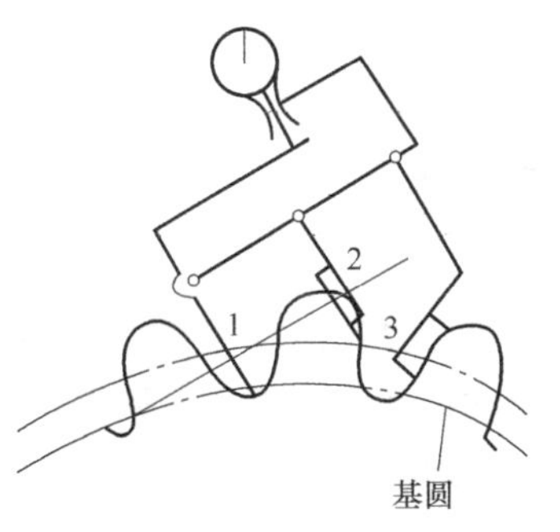

1—活动量爪；2—固定量爪；3—支脚

图 5-47　基节仪测量基节偏差

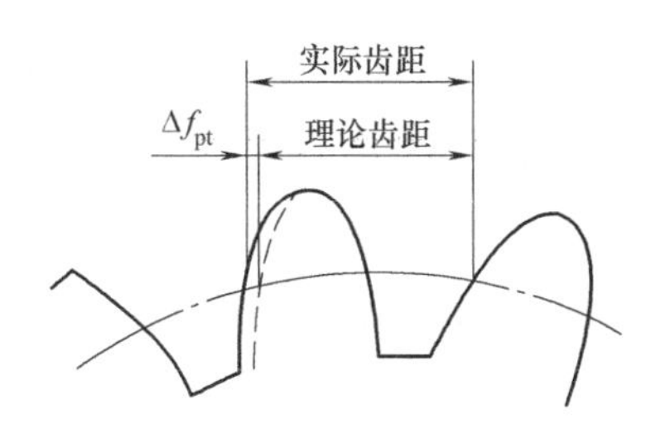

图 5-48　单个齿距偏差

单个齿距偏差在某种程度上反映基圆齿距偏差 Δf_{pb} 或齿廓形状偏差 Δf_{fa} 对齿轮传递运动平稳性的影响，故单个齿距偏差 Δf_{pt} 可作为齿轮传递运动平稳性中的单项性指标。单个齿距偏差也用齿距检查仪测量，在测量齿距累积总偏差的同时，可得到单个齿距偏差值。用相对法测量时，理论齿距是指在某一测量圆周上对各齿测量得到的所有实际齿距的平均值。在测得的各个齿距偏差中，可能出现正值或负值，以其最大数字的正值或负值作为该齿轮的单个齿距偏差值。

对这些检验参数，也并非在一个齿轮设计中都提出要求。根据生产规模、齿轮精度、测量条件及工艺方法的不同，可分别提出下列各组之一。

(1) 齿形误差与基节偏差，即 Δf_{t} 与 Δf_{pb}。

(2) 齿形误差与单个齿距偏差，即 Δf_{t} 与 Δf_{pb}。

(3) 一齿切向综合误差 $\Delta f_{i}'$ (必要时，可加检 Δf_{pb})。

(4) 一齿径向综合偏差 $\Delta f_{i}''$ (在保证齿形精度时)，一般用于 6～9 级。

(5) 单个齿距偏差与基节偏差，即 Δf_{pt} 与 Δf_{pb} (用于 9～12 级)。

(6) 单个齿距偏差或基节偏差，即 Δf_{pt} 或 Δf_{pb} (用于 10～12 级)。

标准中将这些检验参数统称为第 II 公差组。

3. 载荷分布均匀性的检测项目

1) 齿向误差 ΔF_{β}

齿向误差是指分度圆柱面上齿宽工作部分范围内(端部倒角部分除外)，包容实际齿的两条设计齿线之间的端面距离，如图 5-49(a)所示。

图 5-49(b)所示为对精度要求不高的齿轮用量块和千分尺(带有支架)测量 ΔF_{β} 的示意图。测量比较方便，所以该项参数应用很广。

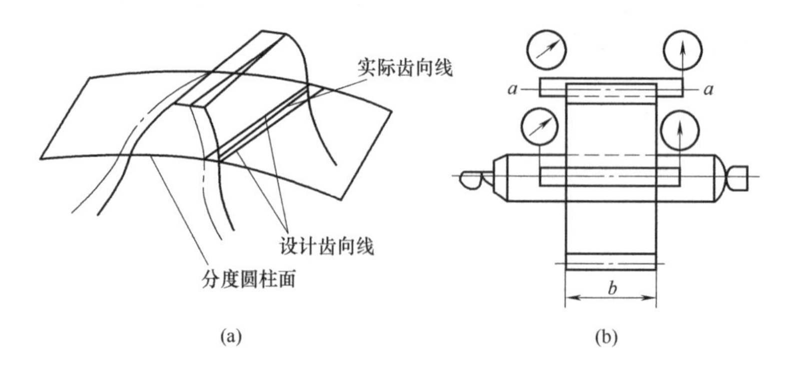

图 5-49　齿向误差与测量

2) 接触线误差 ΔF_{b}

接触线误差是指在基圆柱切平面内，平行于公称接触线并包容实际接触线的两条最近直线间的法向距离，如图 5-50 所示。它反映斜齿轮的齿形误差和齿向误差，即接触区域的变化，用于评定载荷分布的均匀性，接触线误差可在接触仪上测量。

3) 轴向齿距偏差 ΔF_{px}

轴向齿距偏差是指在与齿轮基准轴线平行而大约通过齿高中部的一条直线上，任意两

个同侧齿面间的实际距离与公称距离之差，沿齿面法线方向计值，如图 5-51 所示。

轴向齿距偏差主要反映齿轮的螺旋角误差，影响齿长方向的接触长度，并使宽斜齿轮有效接触齿数减小，从而影响齿轮的承载能力。ΔF_{px} 可用齿距仪测量。

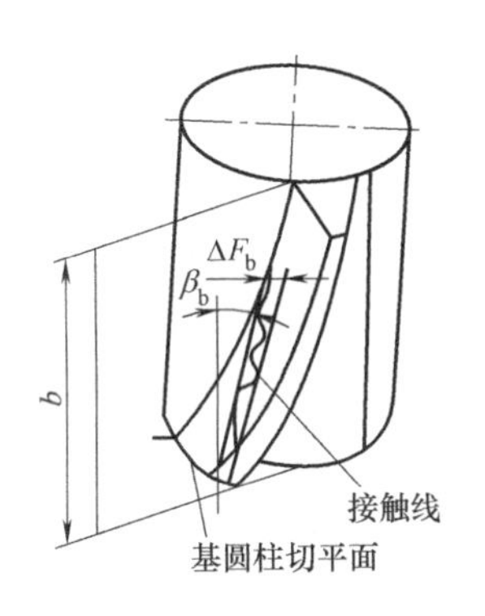

图 5-50　接触线误差

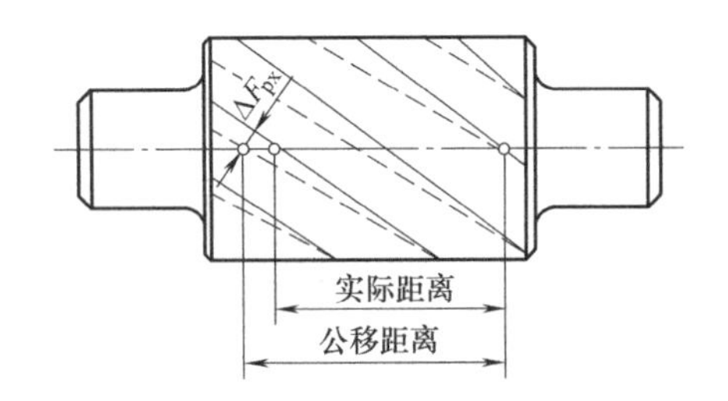

图 5-51　轴向齿距偏差

标准中称上述三个检验参数 ΔF_β、ΔF_b、ΔF_{px} 为第Ⅲ公差组。

4. 影响侧隙的单个齿轮因素及其检测

1) 齿厚偏差 f_{sn}

齿厚偏差是指在齿轮的分度圆柱面上，齿厚的实际值与公称值之差，如图 5-52 所示。对于斜齿轮，指法向齿厚。该评定指标由 GB/Z18620.2—2002 推荐。齿厚偏差是反映齿轮副侧隙要求的一项单项性指标。

齿轮副的侧隙一般是用减薄标准齿厚的方法来获得。为了获得适当的齿轮副侧隙，规定用齿厚的极限偏差来限制实际齿厚偏差，即 $E_{sni}<f_{sn}<E_{sns}$。一般情况下，E_{sns} 和 E_{sni} 分别为齿厚的上下偏差，且均为负值。按照定义，齿厚是指分度圆弧齿厚，为了测量方便常以分度圆弦齿厚计值。图 5-53 是用齿厚游标卡尺测量分度圆弦齿厚的情况。测量时，以齿顶圆作为测量基准，通过调整纵向游标卡尺来确定分度圆的高度 h；再从横向游标尺上读出分度圆弦齿厚的实际值 S_a。对于标准圆柱齿轮，分度圆高度 h 及分度圆弦齿厚的公称值 S 用下式计算：

$$
\begin{aligned}
h &= m\left[1+\frac{z}{2}\left(1-\cos\frac{90^\circ}{z}\right)\right] \\
S &= mz\sin\frac{90^\circ}{z} \\
f_{sn} &= S_a - S
\end{aligned}
\tag{5-17}
$$

式中：m 为齿轮模数；z 为齿数。

由于用齿厚游标卡尺测量时，对测量技术要求高，测量精度受齿顶圆误差的影响，测量精度不高，故它仅用在公法线千分尺不能测量齿厚的场合，如大螺旋角斜齿轮、锥齿轮、大模数齿轮等。测量精度要求高时，分度圆高度 h 应根据齿顶圆实际直径进行修正。

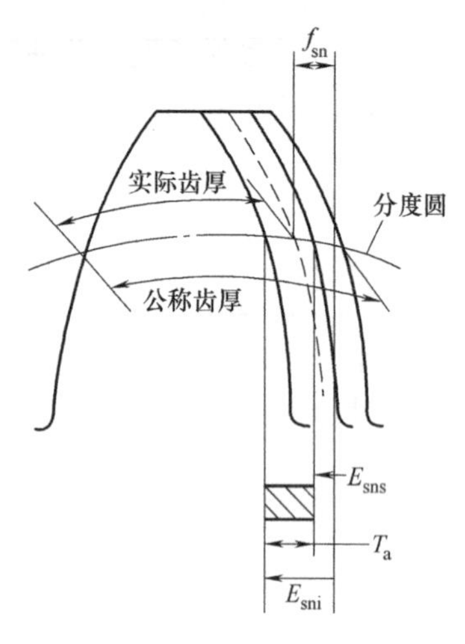

图 5-52　齿厚偏差

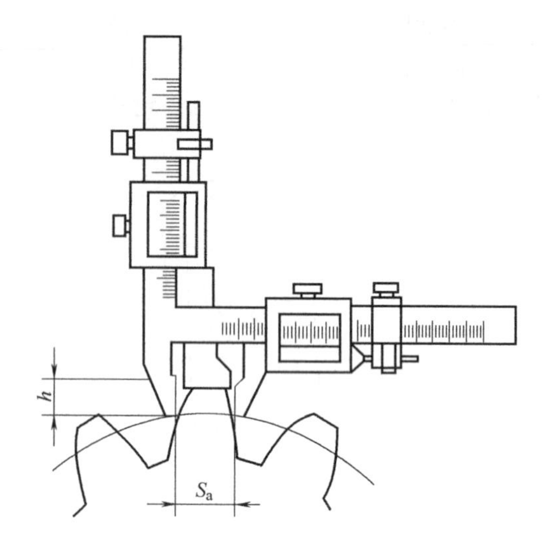

图 5-53　齿厚偏差的测量

2) 公法线长度偏差

公法线长度偏差是指在齿轮一周内，实际公法线长度 W_a 与公称公法线长度 W 之差，如图 5-54 所示。该评定指标由 GB/Z18620.2—2002 推荐。公法线长度偏差是齿厚偏差的函数，能反映齿轮副侧隙的大小，可规定极限偏差(上偏差 E_{bns}，下偏差 E_{bni})来控制公法线长度偏差。对外齿轮，有

$$W+E_{bni}\leqslant W_a\leqslant W+E_{bns}$$

对内齿轮，有

$$W-E_{bni}\leqslant W_a\leqslant W-E_{bns}$$

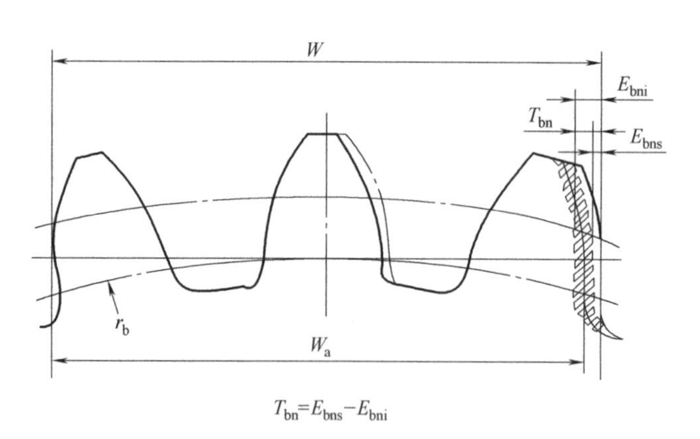

$T_{bn}=E_{bns}-E_{bni}$

图 5-54　公法线长度偏差

公法线长度偏差的测量方法与前面所介绍的公法线长度变动的测量方法相同，在此不再赘述。应该注意的是，测量公法线长度偏差时，需先计算被测齿轮公法线长度的公称值 W，然后按 W 值组合量块，用以调整两量爪之间的距离。沿齿圈进行测量，所测公法线长度与公称值之差，即为公法线长度偏差。

5.4.3　齿轮副的误差项目及其检测

1. 齿轮副的切向综合误差及检测

齿轮副的切向综合误差 $\Delta F'_{ic}$ 是指安装好的齿轮副，在啮合转动足够多的转数内，一个齿轮(齿数为 z_2 的大齿轮)相对另一个齿轮(齿数为 z_1 的小齿轮)的实际转角与公称转角之差的总幅度值，仪器记录曲线及评定如图 5-55 所示。$\Delta F'_{ic}$ 以分度圆弧长计值，用来评定齿轮副传递运动的准确性。

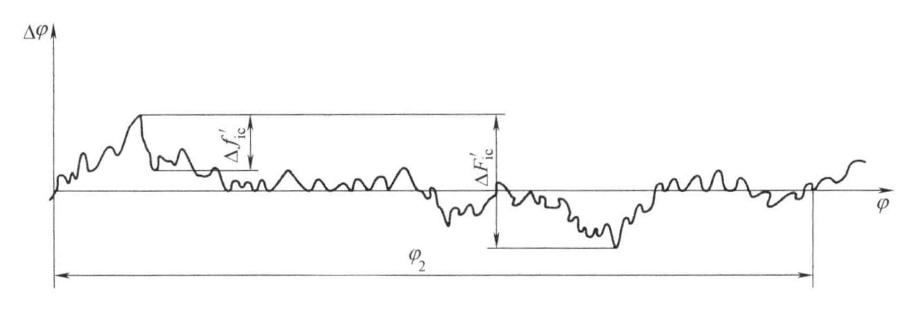

图 5-55　齿轮副切向综合误差曲线

φ—大齿轮的转角；$\Delta\varphi$ —大齿轮的转角误差；φ_2—显示误差变化全周期的大齿轮转角

$\Delta F'_{ic}$ 在齿轮副装配后用传动精度测量仪测量。要啮合转动足够多的转数，是为了显示出误差变化的全周期。因此，大齿轮的转数 n_2 用下式计算：

$$n_2 = z_1/u$$

式中：u 为大、小齿轮齿数 z_2、z_1 的公因数。换算成大齿轮的转角为

$$\varphi_2 = 2\pi z_1/u$$

$\Delta F'_{ic}$ 也可以把两个配对齿轮安装在单啮仪上测量；或者在单啮仪上分别测出它们的切向综合总偏差 $\Delta F'_i$，按其切向综合总偏差之和考核。

齿轮副的切向综合误差 $\Delta F'_{ic}$ 取为两个配对齿轮切向综合总误差 $\Delta F'_{i1}$ 与 $\Delta F'_{i2}$ 之和。

2. 齿轮副的一齿切向综合误差及检测

齿轮副的一齿切向综合误差 $\Delta f'_{ic}$ 是指安装好的齿轮副，在啮合转动足够多的转数内，一个齿轮(齿数为 z_2 的大齿轮)相对另一个齿轮(齿数为 z_1 的小齿轮)在一个齿距内的实际转角与公称转角之差的最大幅度值，如图 5-55 所示。$\Delta f'_{ic}$ 以分度圆弧长计值，用来评定齿轮副传动的平稳性。

$\Delta f'_{ic}$ 和 $\Delta F'_{ic}$ 是在同一测量过程中得到的，是齿轮副切向综合误差曲线(见图 5-55)上小波纹的最大幅度值。

齿轮副的一齿切向综合误差 $\Delta f'_{ic}$ 取为两个配对齿轮一齿切向综合误差 $\Delta f'_{i1}$ 与 $\Delta f'_{i2}$ 之和。

对于分度传动链用的齿轮副，$\Delta F'_{ic}$ 的影响是重要的；对于高速传动用的齿轮副，$\Delta F'_{ic}$ 和 $\Delta f'_{ic}$ 的影响都是重要的。

3. 齿轮副的接触斑点

1) 接触斑点及其与齿轮精度等级的一般关系

接触斑点是指装配(在箱体内或啮合实验台上)好的齿轮副，在轻微制动下运转后齿面的接触痕迹。接触斑点用接触痕迹占齿宽 b 和有效齿面高度 h 的百分比表示，如图 5-56 所示。

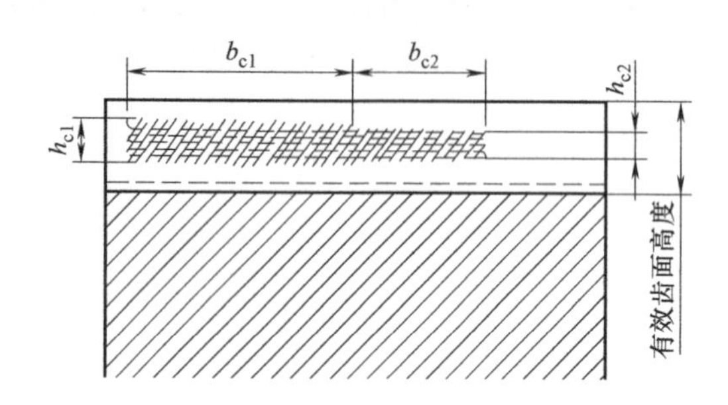

图 5-56　接触斑点示意图

产品齿轮副的接触斑点(在箱体内安装)可以反映轮齿间载荷分布情况；产品齿轮与测量齿轮的接触斑点(在啮合实验台上安装)还可用于齿轮齿廓和螺旋线精度的评估。

表 5-29 和表 5-30 表示了齿轮装配后(空载)检测时齿轮精度等级和接触斑点分布的一般关系，是符合表列精度的齿轮副在接触精度上最好的接触斑点，适用于齿廓和螺旋线未经修形的齿轮。在啮合实验台上安装所获得的检查结果应当是相似的。但是，不要利用这两个表格，通过接触斑点的检查结果，去反推齿轮的精度等级。

表 5-29　斜齿轮装配后的接触斑点(摘自 GB/Z18620.4—2002)

精度等级(按 GB/T10095)	b_{c1} 占齿宽的百分比	h_{c1} 占有效齿面高度的百分比	b_{c2} 占齿宽的百分比	h_{c2} 占有效齿面高度的百分比
4 级及更高	50%	50%	40%	30%
5 和 6 级	45%	40%	35%	20%
7 和 8 级	35%	40%	35%	20%
9 至 12 级	25%	40%	25%	20%

表 5-30　直齿轮装配后的接触斑点(摘自 GB/Z18620.4—2002)

精度等级(按 GB/T10095)	b_{c1} 占齿宽的百分比	h_{c1} 占有效齿面高度的百分比	b_{c2} 占齿宽的百分比	h_{c2} 占有效齿面高度的百分比
4 级及更高	50%	70%	40%	50%
5 和 6 级	45%	50%	35%	30%
7 和 8 级	35%	50%	35%	30%
9 至 12 级	25%	50%	25%	30%

对重要的齿轮副，对齿廓、螺旋线修形的齿轮，可以在图样中规定所需接触斑点的位置、形状和大小。

GB/Z18620.4—2002《圆柱齿轮　检验实施规范　第 4 部分：表面结构和轮齿接触斑点的检验》说明了获得接触斑点的方法、对检测过程的要求以及应该注意的问题。

2) 齿轮副轴线平行度偏差

轴线平行度偏差对载荷分布的影响与方向有关，标准分别规定了轴线平面内的偏差 $f_{\Sigma\delta}$ 和垂直平面内的偏差 $f_{\Sigma\beta}$，如图 5-57 所示。

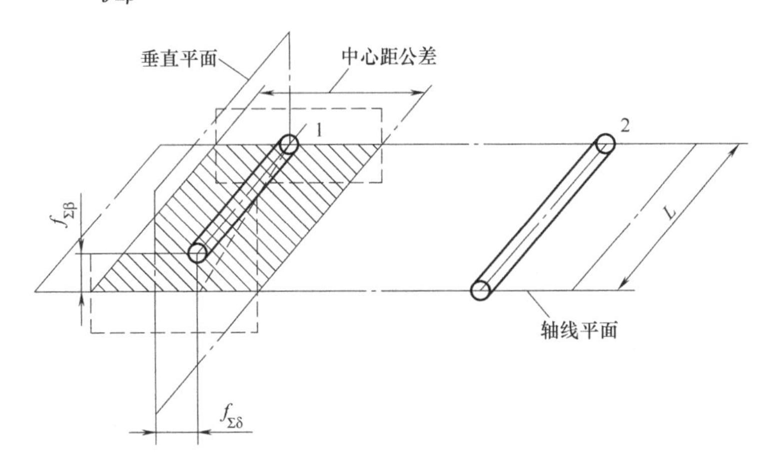

图 5-57　轴线平行度偏差与中心距公差

轴线平面内的偏差 $f_{\Sigma\delta}$是在两轴线的公共平面上测量的，公共平面是用两根轴中轴承跨距较长的一根轴的轴线(称为 L)和另一根轴上的一个轴承来确定的，如果两根轴的轴承跨距相同，则用小齿轮轴的轴线和大齿轮轴的一个轴承中心。垂直平面内的偏差 $f_{\Sigma\beta}$是在过轴承中心、垂直于公共平面且平行于轴线 L 的平面上测量的。显然，度量对象是轴承跨距较短或大齿轮轴的轴线，度量值分别是这根轴线在这两个平面上的投影的平行度偏差。

轴线平行度偏差影响螺旋线啮合偏差，轴线平面内偏差的影响是工作压力角的正弦函数，而垂直平面上偏差的影响则是工作压力角的余弦函数。可见，一定量的垂直平面上偏差导致的啮合偏差将比同样大小的轴线平面内偏差导致的啮合偏差要大 2～3 倍。因此，对这两种偏差要规定不同的最大允许值，现行标准推荐如下。

垂直平面内偏差 $f_{\Sigma\beta}$的最大允许值为

$$f_{\Sigma\beta}=0.5(L/b)F_{\beta} \tag{5-18}$$

轴线平面内偏差 $f_{\Sigma\delta}$的最大允许值为

$$f_{\Sigma\delta}=2f_{\Sigma\beta} \tag{5-19}$$

式中：L 为较大的轴承跨距；b 为齿宽；F_{β}为螺旋线总偏差。

齿轮副轴线平行度偏差不仅影响载荷分布的均匀性，也影响齿轮副的侧隙。必须注意，现行标准齿轮副轴线平行度偏差定义在轴承跨距上，旧标准则定义在齿宽上。在同样要求下，现行标准的公差值是旧标准的 L/b 倍。

4. 齿轮副的侧隙

齿轮副的侧隙是两个相配齿轮的工作齿面接触时，在两个非工作齿面之间所形成的间隙。按照度量方向的不同，侧隙可分为如下几种。

(1) 圆周侧隙 j_{wt}：固定两相啮合齿轮中的一个，另一个齿轮所能转过的节圆弧长的最大值，如图 5-58 所示。图中，测头位移方向为节圆切线方向。

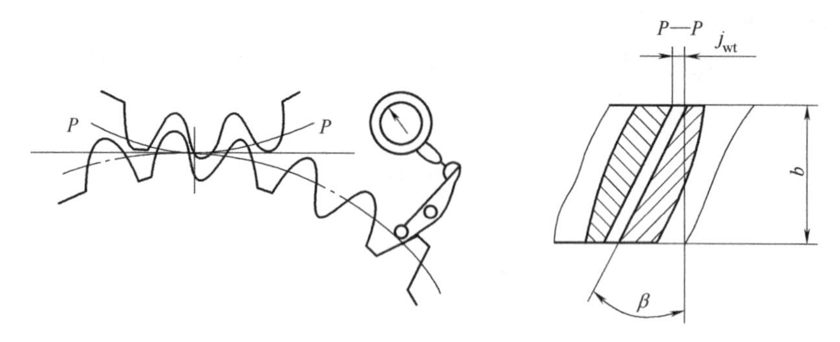

图 5-58 圆周侧隙及测量

(2) 法向侧隙 j_{bn}：两个齿轮的工作齿面接触时，在非工作齿面之间的最短距离。可用测片或塞片测量之，也可如图 5-59 所示使用指示表测量，图中测头位移方向为齿面法向。

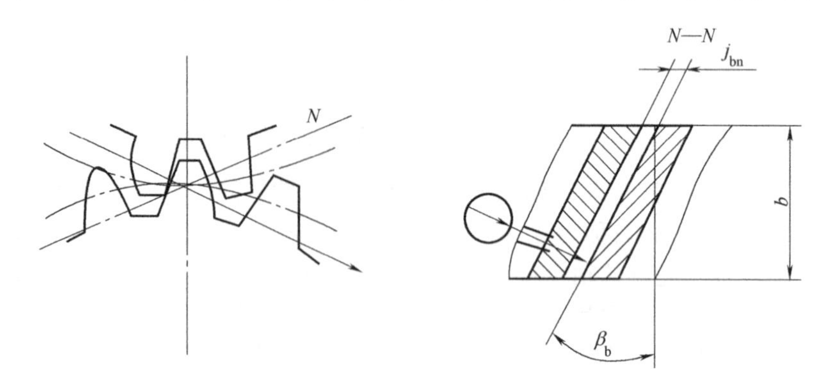

图 5-59 法向侧隙及测量

(3) 径向侧隙 j_r：从两个齿轮的装配位置开始，缩小它们的中心距，直到左右齿面都接触，这个缩小的量为径向侧隙。

三者之间的关系为

$$j_{bn} = j_{wt} \cos\alpha_{wt} \cos\beta_b \tag{5-20}$$

$$j_r = \frac{j_{wt}}{2\tan\alpha_{wt}} \tag{5-21}$$

式中：α_{wt} 为端面压力角；β_b 为基圆螺旋角。

显然，齿轮副的侧隙是多因素影响结果。从设计角度，侧隙状态称为侧隙配合。构成侧隙配合的因素有两齿轮的齿厚和它们的安装中心距：齿厚趋大，侧隙趋小；中心距趋大，侧隙趋大。在侧隙配合体制上，采用基中心距制：固定中心距的公差带，通过改变齿厚公差带，得到不同的侧隙配合。就像孔、轴的形位误差影响孔轴配合一样，齿轮的齿距、齿廓、螺旋线偏差和齿轮副轴线的平行度偏差影响齿轮副的侧隙配合。

5.4.4　渐开线圆柱齿轮精度标准及其标注

1. 精度等级

国家标准对单个齿轮规定了 13 个精度等级(对于 $\Delta F_i''$ 和 $\Delta f_i''$，规定了 4～12 共 9 个精度等级)，依次用阿拉伯数字 0、1、2、3、…、12 表示。其中 0 级精度最高，依次递减，12 级精度最低。0～2 级精度的齿轮对制造工艺与检测水平要求极高，目前加工工艺尚未达到，是为将来发展而规定的精度等级；一般将 3～5 级精度视为高精度等级；6～8 级精度视为中等精度等级，使用最多；9～12 级精度视为低精度等级。5 级精度是确定齿轮各项允许值计算式的基础级。由于齿轮误差项目多，对应的限制齿轮误差的公差项目也很多，本书将常用的几项公差项目列于表中，表 5-31～表 5-38 分别给出了齿轮及其齿轮副的各项公差和极限偏差等数值。

表 5-31　齿轮齿距累积总偏差 F_p 值(摘自 GB/T10095.1—2008)　　单位：μm

分度圆直径 d /mm	法向模数 m_n /mm	精度等级												
		0	1	2	3	4	5	6	7	8	9	10	11	12
50＜d≤125	0.5≤m_n≤2	3.3	4.6	6.5	9.0	13.0	18.0	26.0	37.0	52.0	74.0	104.0	147.0	208.0
	2＜m_n≤3.5	3.3	4.7	6.5	9.5	13.0	19.0	27.0	38.0	53.0	76.0	107.0	151.0	241.0
	3.5＜m_n≤6	3.4	4.9	7.0	9.5	14.0	19.0	28.0	39.0	55.0	78.0	110.0	156.0	220.0
125＜d≤280	0.5≤m_n≤2	4.3	6.0	8.5	12.0	17.0	24.0	35.0	49.0	69.0	98.0	138.0	195.0	276.0
	2＜m_n≤3.5	4.4	6.0	9.0	12.0	18.0	25.0	35.0	50.0	70.0	100.0	141.0	199.0	282.0
	3.5＜m_n≤6	4.5	6.5	9.0	13.0	18.0	25.0	36.0	51.0	72.0	102.0	144.0	204.0	288.0
280＜d≤560	0.5≤m_n≤2	5.5	8.0	11.0	16.0	23.0	32.0	46.0	64.0	91.0	129.0	182.0	257.0	364.0
	2＜m_n≤3.5	6.0	8.0	12.0	16.0	23.0	33.0	46.0	65.0	92.0	131.0	185.0	261.0	370.0
	3.5＜m_n≤6	6.0	8.5	12.0	17.0	24.0	33.0	47.0	66.0	94.0	133.0	188.0	266.0	376.0

表 5-32　齿轮单个齿距极限偏差±f_{pt} 之 f_{pt} 值(摘自 GB/T10095.1—2008)　　单位：μm

分度圆直径 d /mm	法向模数 m_n /mm	精度等级												
		0	1	2	3	4	5	6	7	8	9	10	11	12
50＜d≤125	0.5≤m_n≤2	0.9	1.3	1.9	2.7	3.8	5.5	7.5	10.0	15.0	21.0	30.0	43.0	61.0
	2＜m_n≤3.5	1.0	1.5	2.1	2.9	4.1	6.0	8.5	12.0	17.0	23.0	33.0	47.0	66.0
	3.5＜m_n≤6	1.1	1.6	2.3	3.2	4.6	6.5	9.0	13.0	18.0	26.0	36.0	52.0	73.0
125＜d≤280	0.5≤m_n≤2	1.1	1.5	2.1	3.0	4.2	6.0	8.5	12.0	17.0	24.0	34.0	48.0	67.0
	2＜m_n≤3.5	1.1	1.6	2.3	3.2	4.6	6.5	9.0	13.0	18.0	26.0	36.0	51.0	73.0
	3.5＜m_n≤6	1.2	1.8	2.5	3.5	5.0	7.0	10.0	14.0	20.0	28.0	40.0	56.0	79.0
280＜d≤560	0.5≤m_n≤2	1.2	1.7	2.4	3.3	4.7	6.5	9.5	13.0	19.0	27.0	38.0	54.0	76.0
	2＜m_n≤3.5	1.3	1.8	2.5	3.6	5.0	7.0	10.0	14.0	20.0	29.0	41.0	57.0	81.0
	3.5＜m_n≤6	1.4	1.9	2.7	3.9	5.5	8.0	11.0	16.0	22.0	31.0	44.0	62.0	88.0

表 5-33　齿轮齿廓形状总偏差 F_f 值(摘自 GB/T10095.1—2008)　　单位：μm

分度圆直径 d /mm	法向模数 m_n /mm	精度等级												
		0	1	2	3	4	5	6	7	8	9	10	11	12
$50<d\leqslant125$	$0.5\leqslant m_n\leqslant2$	1.0	1.5	2.1	2.9	4.1	6.0	8.5	12.0	17.0	23.0	33.0	47.0	66.0
	$2<m_n\leqslant3.5$	1.4	2.0	2.8	3.9	5.5	8.0	11.0	16.0	22.0	31.0	44.0	63.0	89.0
	$3.5<m_n\leqslant6$	1.7	2.4	3.4	4.8	6.5	9.5	13.0	19.0	27.0	38.0	54.0	76.0	108.0
$125<d\leqslant280$	$0.5\leqslant m_n\leqslant2$	1.2	1.7	2.4	3.5	4.9	7.0	10.0	14.0	20.0	28.0	39.0	55.0	78.0
	$2<m_n\leqslant3.5$	1.6	2.2	3.2	4.5	6.5	9.0	13.0	18.0	25.0	36.0	50.0	71.0	101.0
	$3.5<m_n\leqslant6$	1.9	2.6	3.7	5.5	7.5	11.0	15.0	21.0	30.0	42.0	60.0	84.0	119.0
$280<d\leqslant560$	$0.5\leqslant m_n\leqslant2$	1.5	2.1	2.9	4.1	6.0	8.5	12.0	17.0	23.0	33.0	47.0	66.0	94.0
	$2<m_n\leqslant3.5$	1.8	2.6	3.6	5.0	7.5	10.0	15.0	21.0	29.0	41.0	58.0	82.0	116.0
	$3.5<m_n\leqslant6$	2.1	3.0	4.2	6.0	8.5	12.0	17.0	24.0	34.0	48.0	67.0	95.0	135.0

表 5-34　齿轮齿向总偏差 F_β 值(摘自 GB/T10095.1—2008)　　单位：μm

分度圆直径 d /mm	齿宽 b /mm	精度等级												
		0	1	2	3	4	5	6	7	8	9	10	11	12
$50<d\leqslant125$	$20<b\leqslant40$	1.5	2.1	3.0	4.2	6.0	8.5	12.0	17.0	24.0	34.0	48.0	68.0	95.0
	$40<b\leqslant80$	1.7	2.5	3.5	4.9	7.0	10.0	14.0	20.0	28.0	39.0	56.0	79.0	111.0
$125<d\leqslant280$	$20<b\leqslant40$	1.6	2.2	3.2	4.5	6.5	9.0	13.0	18.0	25.0	36.0	50.0	71.0	101.0
	$40<b\leqslant80$	1.8	2.6	3.6	5.0	7.5	10.0	15.0	21.0	29.0	41.0	58.0	82.0	117.0
$280<d\leqslant560$	$20<b\leqslant40$	1.7	2.4	3.4	4.8	6.5	9.5	13.0	19.0	27.0	38.0	54.0	76.0	108.0
	$40<b\leqslant80$	1.9	2.7	3.9	5.5	7.5	11.0	15.0	22.0	31.0	44.0	62.0	87.0	124.0
	$80<b\leqslant160$	2.3	3.2	4.6	6.5	9.0	13.0	18.0	26.0	36.0	52.0	73.0	103.0	146.0

表 5-35　齿轮径向综合总公差 F_i'' 值(摘自 GB/T10095.2—2008)　　单位：μm

分度圆直径 d /mm	法向模数 m_n /mm	精度等级								
		4	5	6	7	8	9	10	11	12
$50<d\leqslant125$	$1.5<m_n\leqslant2.5$	15	22	31	43	61	86	122	173	244
	$2.5<m_n\leqslant4.0$	18	25	36	51	72	102	144	204	288
	$4.0<m_n\leqslant6.0$	22	31	44	62	88	124	176	248	351
$125<d\leqslant280$	$1.5<m_n\leqslant2.5$	19	26	37	53	75	106	149	211	299
	$2.5<m_n\leqslant4.0$	21	30	43	61	86	121	172	243	343
	$4.0<m_n\leqslant6.0$	25	36	51	72	102	144	203	287	406
$280<d\leqslant560$	$1.5<m_n\leqslant2.5$	23	33	46	65	92	131	185	262	370
	$2.5<m_n\leqslant4.0$	26	37	52	73	104	146	207	293	414
	$4.0<m_n\leqslant6.0$	30	42	60	84	119	169	239	337	477

表 5-36　齿轮一齿径向综合公差 f_i'' 值(摘自 GB/T10095.2—2008)　单位：μm

分度圆直径 d /mm	法向模数 m_n (mm)	精度等级								
		4	5	6	7	8	9	10	11	12
$50<d\leqslant125$	$1.5<m_n\leqslant2.5$	4.5	6.5	9.5	13	19	26	37	53	75
	$2.5<m_n\leqslant4.0$	7.0	10	14	20	29	41	58	82	116
	$4.0<m_n\leqslant6.0$	11	15	22	31	44	62	87	123	174
$125<d\leqslant280$	$1.5<m_n\leqslant2.5$	4.5	6.5	9.5	13	19	27	38	53	75
	$2.5<m_n\leqslant4.0$	7.5	10	15	21	29	41	58	82	116
	$4.0<m_n\leqslant6.0$	11	15	22	31	44	62	87	124	175
$280<d\leqslant560$	$1.5<m_n\leqslant2.5$	5.0	6.5	9.5	13	19	27	38	54	76
	$2.5<m_n\leqslant4.0$	7.5	10	15	21	29	41	59	83	117
	$4.0<m_n\leqslant6.0$	11	15	22	31	44	62	88	124	175

表 5-37　齿轮径向跳动公差 F_r 值(摘自 GB/T10095.2—2008)　单位：μm

分度圆直径 d /mm	法向模数 m_n /mm	精度等级												
		0	1	2	3	4	5	6	7	8	9	10	11	12
$50<d\leqslant125$	$0.5\leqslant m_n\leqslant2$	2.5	3.5	5.0	7.5	10	15	21	29	42	59	83	118	167
	$2.0<m_n\leqslant3.5$	2.5	4.0	5.5	7.5	11	16	21	30	43	61	86	121	171
	$3.5<m_n\leqslant6.0$	3.0	4.0	5.5	8.0	11	16	22	31	44	62	88	125	176
$125<d\leqslant280$	$0.5\leqslant m_n\leqslant2$	3.5	5.0	7.0	10	14	20	28	39	55	78	110	156	221
	$2.0<m_n\leqslant3.5$	3.5	5.0	7.0	10	14	20	28	40	56	80	113	159	225
	$3.5<m_n\leqslant6.0$	3.5	5.0	7.0	10	14	20	29	41	58	82	115	163	231
$280<d\leqslant560$	$0.5\leqslant m_n\leqslant2$	4.5	6.5	9.0	13	18	26	36	51	73	103	146	206	291
	$2.0<m_n\leqslant3.5$	4.5	6.5	9.0	13	18	26	37	52	74	105	148	209	296
	$3.5<m_n\leqslant6.0$	4.5	6.5	9.5	13	19	27	38	53	75	106	150	213	301

表 5-38　齿轮副中心距极限偏差±f_a 之 f_a 值(摘自 GB/T10095.2—2008)　单位：μm

第 II 公差组精度等级		1～2	3～4	5～6	7～8	9～10	11～12
f_a		$\frac{1}{2}$IT4	$\frac{1}{2}$IT6	$\frac{1}{2}$IT7	$\frac{1}{2}$IT8	$\frac{1}{2}$IT9	$\frac{1}{2}$IT11
齿轮副的中心距 /mm	>6～10	2	4.5	7.5	11	18	45
	>10～18	2.5	5.5	9	13.5	21.5	55
	>18～30	3	6.5	10.5	16.5	26	65
	>30～50	3.5	8	12.5	19.5	31	80
	>50～80	4	9.5	15	23	37	95
	>80～120	5	11	17.5	27	43.5	110
	>120～180	6	12.5	20	31.5	50	125
	>180～250	7	14.5	23	36	57.5	145
	>250～315	8	16	26	40.5	65	160
	>315～400	9	18	28.5	44.5	70	180

2. 精度等级的选择

齿轮精度等级应根据齿轮用途、使用要求、传动功率、圆周速度等技术要求来决定，一般有下述两种方法。

1) 计算法

如果已知传动链末端元件传动精度要求，可按传动链误差传递规律，分配各级齿轮副的传动精度要求，确定齿轮的精度等级。

根据传动装置允许的机械振动，用机械动力学和机械振动学理论在确定装置动态特性的基础上确定齿轮精度要求。

一般并不需要同时做以上两项计算。应根据齿轮使用要求的主要方面，确定主要影响传递运动准确性指标的精度等级或主要影响传递运动平稳性指标的精度等级，以此为基础，考虑其他使用要求并兼顾工艺协调原则，确定其他指标的精度等级。

2) 经验法

已有齿轮传动装置的设计经验可以作为新设计的参考。表 5-39 是常用精度等级齿轮的一般加工方法，表 5-40 是部分机械采用的齿轮的精度等级，表 5-41 是齿轮传动常用精度等级在机床上的大致应用，表 5-42 是齿轮传动常用精度等级在交通和工程机械上的大致应用。

表 5-39　常用精度等级齿轮的一般加工方法

项　目		精度等级											
		4		5		6		7		8		9	
切齿方法		周期误差很小的精密机床上范成法加工		周期误差小的精密机床上范成法加工		精密机床上范成法加工		较精密机床上范成法加工		范成法机床加工		范成法机床加工或分度法精细加工	
齿面最后加工		精密磨齿；软和中硬齿面的大齿轮研齿或剃齿				磨齿、精密滚齿或剃齿		较高精度滚齿和插齿，渗碳淬火齿轮需后续加工		滚齿和插齿，必要时剃齿		一般滚、插齿	
齿面粗糙度	齿面	硬化	调质	硬化	调质	硬化	调质	硬化	调质	硬化	调质	硬化	调质
	Ra 值	0.4	0.8		1.6	0.8	1.6		3.2		6.3	3.2	6.3

表 5-40　部分机械采用的齿轮的精度等级

应用范围	精度等级	应用范围	精度等级
测量齿轮	2～5	拖拉机	6～9
汽轮机减速器	3～6	一般用途的减速器	6～9
精密切削机床	3～7	轧钢设备	6～10
一般金属切削机床	5～8	起重机械	7～10
航空发动机	4～8	矿用绞车	8～10
轻型汽车	5～8	农用机械	8～11
重型汽车	6～9		

表 5-41　齿轮传动常用精度等级在机床上的应用

	精度等级					
	4	5	6	7	8	9
工作条件及应用范围	高精度和精密的分度链末端齿轮；圆周速度高于 30m/s 的直齿轮和高于 50m/s 的斜齿轮	一般精度的分度链末端齿轮，高精度和精密的分度链中间齿轮；圆周速度在 15～30m/s 之间的直齿轮；圆周速度在 30～50m/s 之间的斜齿轮	一般精度的分度链中间齿轮；Ⅲ级和Ⅲ级以上精度等级机床的进给齿轮；圆周速度在 10～15m/s 之间的直齿轮；圆周速度在 15～30m/s 之间的斜齿轮	Ⅳ级和Ⅳ级以下精度等级机床的进给齿轮；圆周速度在 6～10m/s 之间的直齿轮；圆周速度在 8～15m/s 之间的斜齿轮	圆周速度低于 6m/s 的直齿轮和低于 8m/s 的斜齿轮	没有传动精度要求的手动齿轮

表 5-42　齿轮传动常用精度等级在交通和工程机械上的应用

	精　度　等　级					
	4	5	6	7	8	9
工作条件及应用范围	需要很高的平稳性、低噪声的船用和航空齿轮；圆周速度高于 35m/s 的直齿轮和高于 70m/s 的斜齿轮	需要高的平稳性、低噪声的船用和航空齿轮；圆周速度在 20～35m/s 之间的直齿轮，圆周速度在 35～70m/s 之间的斜齿轮	高速传动、平稳和低噪声要求的机车、飞机、船舶和轿车的齿轮；圆周速度在 15～20m/s 之间的直齿轮，圆周速度在 25～35m/s 之间的斜齿轮	有平稳和低噪声要求的飞机、船舶和轿车的齿轮；圆周速度在 10～15m/s 之间的直齿轮，圆周速度在 15～25m/s 之间的斜齿轮	中等速度、较平稳传动的载重汽车和拖拉机的齿轮；圆周速度在 4～10m/s 的直齿轮，圆周速度在 8～15m/s 的斜齿轮	较低速和噪声要求不高的载重汽车第 1 档和倒档齿轮，拖拉机和联合收割机齿轮圆周速度低于 4m/s 的直齿轮和低于 8m/s 的斜齿轮

3. 侧隙及齿厚极限偏差选择及确定

1) 侧隙的规定

为了满足不同使用要求，国家标准规定了 14 种齿轮副侧隙以齿厚极限偏差的不同代号，如图 5-60 所示，并用大写英文字母表示。齿厚偏差 E_s 的数值是以单个齿距极限偏差 Δf_{pt} 的倍数来表示，见表 5-43。齿厚公差带用两个极限偏差的字母来表示，前后两个字母分别表示上偏差、下偏差代号。

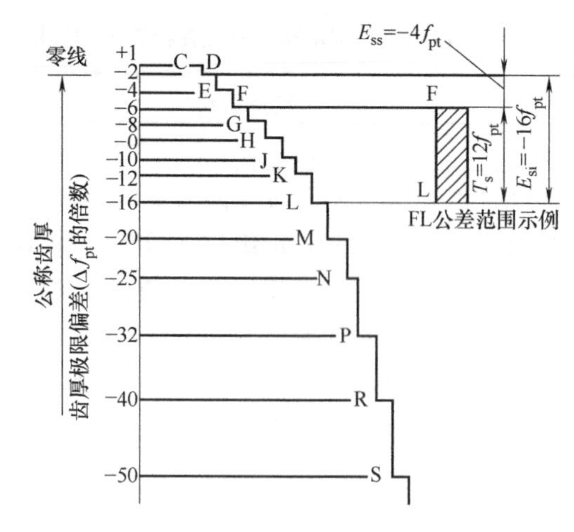

图 5-60 齿厚极限偏差

表 5-43 齿厚极限偏差计算公式(摘自 GB/T10095—1988)

$C=+f_{pt}$	$G=-6f_{pt}$	$L=-16f_{pt}$	$R=-40f_{pt}$
$D=0$	$H=-8f_{pt}$	$M=-20f_{pt}$	$S=-50f_{pt}$
$E=-2f_{pt}$	$J=-10f_{pt}$	$N=-25f_{pt}$	
$F=-4f_{pt}$	$K=-12f_{pt}$	$P=-32f_{pt}$	

2) 齿厚极限偏差的确定

(1) 根据温度补偿和润滑的需要，确定在标准温度下无载荷时所需要的最小法向侧隙 j_{nmin} 补偿热变形所需的法向侧隙 j_{n1} 为

$$j_{n1}=a(\alpha_1\Delta t_1-\alpha_2\Delta t_2)\times 2\sin\alpha_n \tag{5-22}$$

式中：a 为齿轮副的公称中心距；α_1 和 α_2 为齿轮和箱体材料的线膨胀系数(1/℃)；Δt_1 和 Δt_2 为齿轮温度 t_1 和箱体温度 t_2 对标准温度 20℃的偏差；α_n 为齿轮的标准压力角。

润滑需要的法向侧隙 j_{n2} 考虑润滑方法和齿轮圆周速度，参考表 5-44 选取。

表 5-44 保证正常润滑条件所需的法向侧隙 j_{n2}

润滑方式	齿轮的圆周速度 v/(m/s)			
	≤10	>10～25	>25～60	>60
喷油润滑	$0.01m_n$	$0.02m_n$	$0.03m_n$	$(0.03\sim0.05)m_n$
油池润滑	$(0.005\sim0.01)m_n$			

注：m_n 为齿轮法向模数(mm)。

则最小法向侧隙 j_{nmin} 为

$$j_{nmin}=j_{n1}+j_{n2} \tag{5-23}$$

(2) 计算齿轮和齿轮副各相关偏差所造成的侧隙减少量 J_n。

用侧隙减少量与 j_{nmin} 之和计算齿厚上偏差，就得到了最大极限齿厚。

相应的计算公式是

$$\left|E_{\text{sns1}}+E_{\text{sns2}}\right|=\frac{j_{\text{n min}}+f_{\text{a}}\times 2\sin\alpha_{\text{n}}+J_{\text{n}}}{\cos\alpha_{\text{n}}} \tag{5-24}$$

通常将相配齿轮的齿厚上偏差取为一样，于是式(5-24)成为

$$\left|E_{\text{sns}}\right|=\frac{j_{\text{n min}}+f_{\text{a}}\times 2\sin\alpha_{\text{n}}+J_{\text{n}}}{2\cos\alpha_{\text{n}}} \tag{5-25}$$

其中 J_{n} 为：

$$J_{\text{n}}=\sqrt{(f_{\text{pt1}}^{2}+f_{\text{pt2}}^{2})\cos^{2}\alpha_{\text{n}}+F_{\beta1}^{2}+F_{\beta2}^{2}+\left(\frac{b}{L}f_{\Sigma\beta}\cos\alpha_{\text{n}}\right)^{2}} \tag{5-26}$$

注意到 $f_{\Sigma\beta}=0.5(L/b)F_{\beta}$(见式(5-18))，$\alpha_{\text{n}}=20°$；简单起见，这里将小齿轮的螺旋线总公差设为与大齿轮的螺旋线总公差相同，式(5-26)简化为

$$J_{\text{n}}=\sqrt{(f_{\text{pt1}}^{2}+f_{\text{pt2}}^{2})\cos^{2}\alpha_{\text{n}}+2.221F_{\beta1}^{2}} \tag{5-27}$$

式(5-24)～式(5-27)中：E_{sns} 为两齿轮单一齿厚上偏差；f_{a} 为中心距极限偏差的界限值；f_{pt1}、f_{pt2} 为两齿轮齿距极限偏差的界限值；b 为齿轮宽度；L 为轴承跨距；$F_{\beta1}$、$F_{\beta2}$ 为大、小齿轮螺旋线总公差；$f_{\Sigma\beta}$ 为垂直平面内的轴线平行度公差。

3) 齿厚公差的确定方法

齿厚公差的确定方法是：根据径向切深公差和径向跳动公差计算齿厚公差，用最大极限齿厚(或齿厚上偏差)减去齿厚公差，就得到最小极限齿厚(或齿厚下偏差)。

径向切深公差参考表 5-45 选取。

表 5-45　径向切深公差

主要影响传递运动准确性指标的精度等级	4 级	5 级	6 级	7 级	8 级	9 级
b_{r}	1.26IT7	IT8	1.26IT8	IT9	1.26IT9	IT10

注：标准公差 IT 按齿轮分度圆直径查表。

齿厚公差计算式为

$$T_{\text{sn}}=2\tan\alpha_{\text{n}}\sqrt{F_{\text{r}}^{2}+b_{\text{r}}^{2}} \tag{5-28}$$

齿厚下偏差计算式为

$$E_{\text{sni}}=E_{\text{sns}}-T_{sn} \tag{5-29}$$

式(5-28)和式(5-29)中：T_{sn} 为单一齿厚公差；F_{r} 为径向跳动公差；b_{r} 为径向切深公差。

4) 齿坯精度

齿坯是指工件在轮齿加工前的状态，齿坯的尺寸偏差和形位偏差直接影响齿轮的加工精度和检验，也影响齿轮副的接触条件和运行状况。

齿坯的尺寸公差如表 5-46 所示。

表 5-46　齿坯的尺寸公差

齿轮精度等级		5	6	7	8	9	10	11	12
孔	尺寸公差	IT5	IT6	IT7		IT8		IT9	
轴	尺寸公差	IT5		IT6		IT7		IT8	
顶圆直径①		$\pm 0.05m_{\text{n}}$							

注：①当齿顶圆不作为测量齿厚的基准时，其公差按 IT11 给定，但不大于 $0.15m_{\text{n}}$。

齿轮的加工、检验和装配，应尽量采取基准统一的原则。通常将基准轴线与工件轴线重合，即将安装面作为基准面。一般采用齿坯内孔和端面作为基准，因此，基准轴线的确定有以下三种基本方法。

(1) 用两个“短的”圆柱或圆锥形基准面上设定的两个圆的圆心来确定轴线上的两个点，如图 5-61 所示。

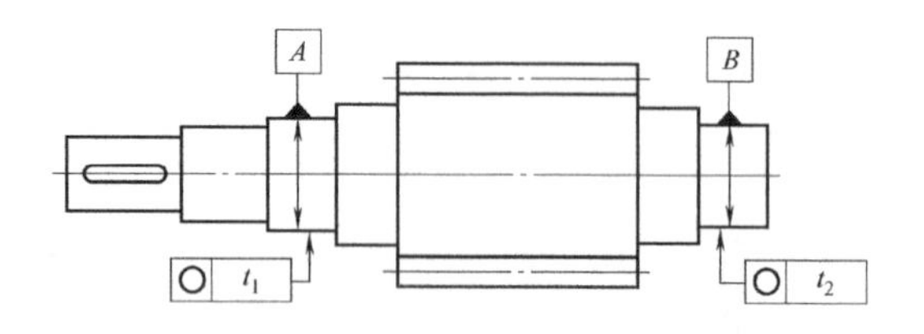

图 5-61 两个“短的”基准面确定的基准轴线

(2) 用一个“长的”圆柱或圆锥形基准面来同时确定轴线的位置和方向，如图 5-62 所示。

(3) 轴线位置用一个“短的”圆柱形基准面上一个圆的圆心来确定，其方向则用垂直于此轴线的一个基准端面来确定，如图 5-63 所示。

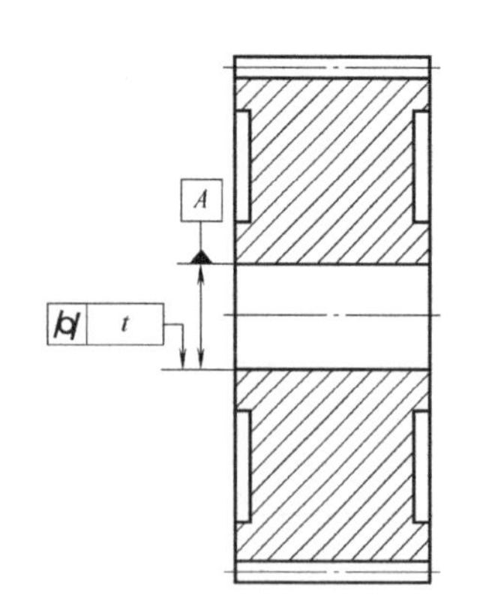

图 5-62 一个“长的”基准面确定的基准轴线

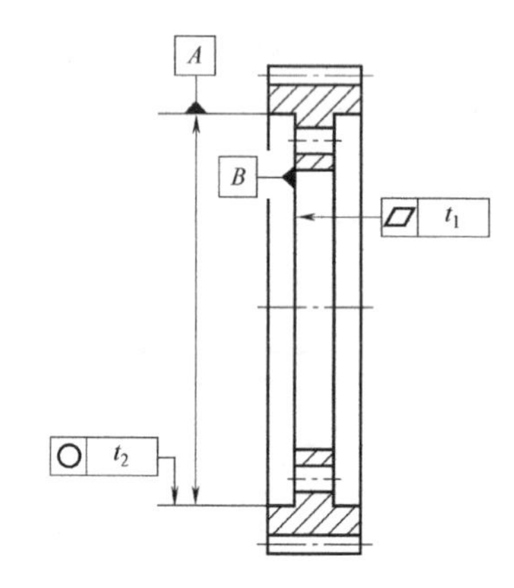

图 5-63 一个“短的”圆柱面和一个端面确定的基准轴线

上述基准面的精度对齿轮的加工质量有很大影响，因此，应要求其形位公差。

所有基准面的形状公差应大于表 5-47 中的规定值。

表 5-47 基准与安装面的形状公差

确定轴线的基准面	公差项目		
	圆 柱	圆 柱 度	平 面 度
两个“短的”圆柱或圆锥形基准面	$0.04(L/b)\,F_\beta$ 或者 $0.1F_p$，取两者中较小值	—	—
一个“长的”圆柱或圆锥形基准面	—	$0.04(L/b)\,F_\beta$ 或者 $0.1F_p$，取两者中较小值	—
一个“短的”圆柱面和一个端面	$0.06F_p$	—	$0.06(D_d/b)\,F_\beta$

注：①当齿顶圆作为基面时，公差应不大于表中规定的相关数值。

②表中，L 为较大的轴承跨距，D_d 为基准面直径，b 为齿宽。

确定轴线的安装基准面的径向跳动公差见表 5-48。

表 5-48　安装基准面的径向跳动公差

确定轴线的基准面	跳动(总的指标幅度)公差项目	
	径　向	轴　向
仅指圆柱或圆锥形基准面	$0.15(L/b)F_p$ 或者 $0.1F_p$，取两者中较大值	—
一圆柱基准面和一端面基准面	$0.3F_p$	$0.2(D_d/b)F_\beta$

注：当齿顶圆作为基面时，跳动公差应不大于表中规定的相关数值。

齿轮各表面的表面粗糙度 *Ra* 推荐值见表 5-49。

表 5-49　齿轮各表面的表面粗糙度 *Ra* 推荐值　　单位：μm

精度等级	5		6		7		8		9	
轮齿表面	硬	软	硬	软	硬	软	硬	软	硬	软
	≤0.8	≤1.6	≤0.8	≤1.6	≤1.6	≤3.2	≤3.2	≤6.3	≤3.2	≤6.3
齿面加工方法	磨齿		磨或珩齿		剃或珩齿	精滚精插	插或滚齿		滚或铣齿	
齿轮基准孔	0.4～0.8		1.6		1.6～3.2				6.3	
齿轮轴基准轴径	0.4		0.8		1.6		3.2			
齿轮基准端面	1.6～3.2		3.2～6.3				6.3			
齿轮顶圆	1.6～3.2		6.3							

如果对齿坯规定较高的公差要求，比加工高精度的轮齿要经济得多，因此应首先根据生产企业所拥有的制造设备的条件，尽量使齿坯和箱体的制造公差达到最小值。这样做可使齿轮的加工有较宽的公差带，从而获得更为经济的整体设计。

4. 检验项目的选择和确定

齿轮的误差项目比较多，在验收齿轮精度时，没有必要对所有的项目进行检验，只需在每个公差组中选出一项或几项公差进行检验就可以。从每一个公差组中所选出的项目最少且又能控制齿轮精度要求的项目组合称为检验组，见表 5-50。

在第Ⅰ公差组中，$\Delta F_i'$ 和 ΔF_p 都是综合指标，每一项都是单独组成一个检验组。$\Delta F_i''$ 和 ΔF_r 都是反映径向误差，而 ΔF_w 是反映切向误差，用 $\Delta F_i''$ 和 ΔF_w 或 ΔF_r 和 ΔF_w 组成检验组，可全面反映传递运动准确性误差。

在第Ⅱ组公差中，由于 $\Delta f_i'$ 和 $\Delta f_i''$ 能较全面地反映一齿距角内的转角误差，每一项都可单独组成检验组。Δf_f、Δf_{pb}、Δf_{pt} 三项误差的关系较为复杂，如何组合，主要从切齿工艺考虑，原则是既要控制机床产生的误差，又要控制刀具产生的误差；既要控制一对轮齿啮合过程中的误差，又要控制两对轮齿交替啮合过程中的误差。例如 Δf_f 和 Δf_{pt} 的组合对精度较高的磨齿较适用；Δf_{pt} 和 Δf_{pb} 的组合对多数滚齿适合；对于精度不是很高的磨齿、剃齿及滚齿，常用 Δf_f 与 Δf_{pb} 的组合。10 级以下精度的齿轮，可单独检测 Δf_{pt} 或 Δf_{pb}。

表 5-50　公差组的检验组

公差组	检 验 组						
I	1	2	3	4	5	6	
	$\Delta F_i'$	ΔF_p 与 ΔF_{pk}	ΔF_p	$\Delta F_i''$ 与 ΔF_w ①	ΔF_r 与 ΔF_w ①	ΔF_r	
II	1	2	3	4	5	6	7
	$\Delta f_i'$ ②	Δf_f 与 Δf_{pb}	Δf_f 与 Δf_{pt}	Δf_β ③	$\Delta f_i''$ ④	Δf_{pt} 与 Δf_{pb} ⑤	Δf_{pt} 与 Δf_{pb} ⑥
III	1	2	3	4			
	ΔF_β	ΔF_b ⑦	ΔF_{px} 与 Δf_f ⑥	ΔF_{px} 与 ΔF_b ⑧			

注：①当其中一项超差时，应按 ΔF_b 检定和验收齿轮的精度。

②需要时，可加检 ΔF_{pb}。

③用于轴向重合度，$\varepsilon_\beta > 1.25$ 的 6 级及 6 级精度以上的斜齿轮或人字齿。

④要保证齿形精度。

⑤仅用于 9～12 级。

⑥仅用于 10～12 级。

⑦仅用于轴向重合度 $\varepsilon_\beta \leqslant 1.25$，且齿线不作修正的窄斜齿轮。

⑧仅用于轴向重合度 $\varepsilon_\beta > 1.25$，且齿线不作修正的宽斜齿轮。

第Ⅲ公差组中用得最多的是 Δf_β，其余组合均只适用于斜齿轮。

验收齿轮时，三个公差组的检验组的组合情况见表 5-51。

检验组组合方案的选择主要考虑齿轮的精度、生产批量和检验仪器。一般情况下，精度高的齿轮宜采用综合指标(如 $\Delta F_i'$、$\Delta f_i'$)，精度较低的齿轮可采用单项指标；成批大量生产的齿轮宜采用检测效率高的指标(如 $\Delta F_i'$、$\Delta F_i''$)；尽量使仪器的数量少些。

表 5-51　检验组合

序号	检验组的组合 I	II	III	适应等级	序号	检验组的组合 I	II	III	适应等级
1	$\Delta F_i'$	$\Delta f_i'$	ΔF_p	3～8	6	ΔF_p	Δf_f、Δf_{pb}	ΔF_β	3～5
2	ΔF_p	Δf_f、Δf_{pt}	ΔF_β	3～7	7	ΔF_p	Δf_{pb}、Δf_{pt}	ΔF_β	5～7
3	ΔF_p	Δf_{pb}	ΔF_b、ΔF_{px}	3～6	8	ΔF_r、ΔF_w	Δf_f、Δf_{pb}	ΔF_β	7～9
4	$\Delta F_i''$、ΔF_w	$\Delta f_i''$	ΔF_β	6～9	9	ΔF_r	Δf_{pt}	ΔF_β	9～12
5	ΔF_r、ΔF_w	Δf_{pt}、Δf_{pb}	ΔF_β	7～9					

5. 齿轮精度的标注

国家标准规定：在技术文件需叙述齿轮精度要求时，应注明 GB/T10095.1—2008 或 CB/T10095.2—2008。关于齿轮精度等级标注建议如下。

齿轮三个公差组的精度等级和齿厚极限偏差的字母代号在图样上按下列顺序标注：第Ⅰ、第Ⅱ、第Ⅲ公差组的精度等级，齿厚上偏差代号，齿厚下偏差代号。

例如，7—6—6GM GB/T 10095.1—2008，其中，“7”为第Ⅰ公差组精度等级，第一个“6”为第Ⅱ公差组精度等级，第二个“6”为第Ⅲ公差组精度等级，G 为齿厚上偏差，M 为齿厚下偏差。

若齿轮的检验项目同为某一精度等级时，可标注精度等级和标准号。如齿轮检验项目同为 7 级，则标注为 7 GB/T 10095.1—2008 或 7 GB/T10095.2—2008。

若齿轮检验项目的精度等级不同时，如齿廓总偏差 F_α 为 6 级、齿距累积总偏差 F_p 和螺旋线总偏差 F_β 为 7 级时，则标注为 6(F_α)、7(F_p、F_β) GB/T10095.1—2008。

齿轮精度等级、齿厚极限偏差、各公差组检验项代号及公差和极限偏差值在图样上的标注可参看图 5-64 所示齿轮工作图。

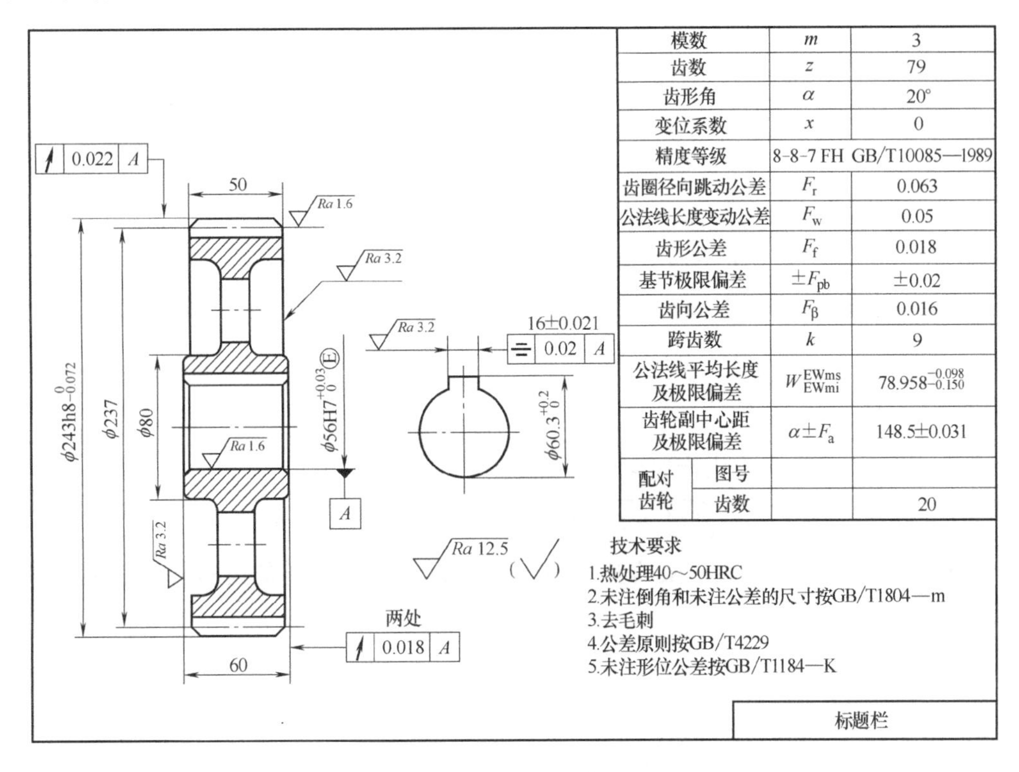

图 5-64　齿轮工作图

任务实施

(1) 所需参数计算。

小齿轮的分度圆直径为

$$d_1=m_n z_1/\cos\beta=60.606\text{mm}$$

大齿轮的分度圆直径为

$$d_2=m_n z_2/\cos\beta=239.394\text{mm}$$

齿轮圆周速度为

$$v=\pi d_1 n_1=62.23\text{m/min}=1.04\text{m/s}$$

(2) 确定齿轮精度的检验指标及其精度等级。

参考表 5-42，按圆周速度，可以将齿轮精度的检验指标确定为 9 级；考虑到减速器的噪声要求较高，将其确定为 8 级。精度检验指标取为齿距累积总偏差 F_p、单个齿距偏差 f_{pt} 和齿向总偏差 F_β。鉴于齿轮精度要求不是很高，对于斜齿轮，螺旋线偏差不仅影响齿轮副

接触精度，也影响齿轮传递运动的平稳性，检验指标中没有齿廓总偏差 F_α 。

查表 5-31，得大齿轮齿距累积总偏差 F_{p1}=70 μm ，小齿轮齿距累积总偏差 F_{p2}=53 μm 。

查表 5-32，得大齿轮单个齿距极限偏差 $\pm f_{pt1}$=18 μm ，小齿轮单个齿距极限偏差 $\pm f_{pt2}$=17 μm 。

查表 5-34，得大齿轮螺旋线总公差 $F_{\beta1}$=29 μm ，小齿轮螺旋线总公差 $F_{\beta2}$=28 μm 。

(3) 确定公称齿厚及其极限偏差。

由式(5-17)得公称弦齿厚 S 和弦齿高 h 为

$$S = mz\sin\frac{90^\circ}{z} = 4.71\text{mm}$$

$$h = m\left[1+\frac{z}{2}(1-\cos\frac{90^\circ}{z})\right] = 3.02\text{mm}$$

由式(5-22)得补偿热变形所需的法向侧隙 j_{n1} 为

$$j_{n1} = a(\alpha_1\Delta t_1 - \alpha_2\Delta t_2)\times 2\sin\alpha_n = 0.019\text{mm}$$

油池润滑，由表 5-44 取润滑需要的法向侧隙为

$$j_{n2}=0.01m_n=0.03\text{mm}$$

由式(5-23)得最小法向侧隙为

$$j_{n\min}=j_{n1}+j_{n2}=0.049\text{mm}$$

由式(5-27)，并取 F_β为大齿轮螺旋线总公差 29 μm ，有

$$J_n = \sqrt{(f_{pt1}^2 + f_{pt2}^2)\cos^2\alpha_n + 2.221F_{\beta1}^2} = 0.049\text{mm}$$

由表 5-38，查得中心距极限偏差 f_a=0.0315mm，大、小齿轮的齿厚上偏差取为一样，由式(5-25)，有：

$$\left|E_{sns}\right| = \frac{j_{n\min} + f_a\times 2\sin\alpha_n + J_n}{2\cos\alpha_n} = 0.063\text{mm}$$

由表 5-37 查得大齿轮径向跳动公差 F_{r1}=0.056mm，小齿轮径向跳动公差 F_{r2}=0.043mm；由表 5-45 查得径向切深公差 b_r=1.26IT9，则大齿轮径向切深公差 b_{r1}=0.145mm，小齿轮径向切深公差 b_{r2}=0.093mm。由式(5-28)得大齿轮齿厚公差为

$$T_{sn1} = 2\tan\alpha_n\sqrt{F_{r1}^2 + b_{r1}^2} = 0.113\text{mm}$$

小齿轮齿厚公差为

$$T_{sn2} = 2\tan\alpha_n\sqrt{F_{r2}^2 + b_{r2}^2} = 0.075\text{mm}$$

由式(5-29)得大齿轮齿厚下偏差为

$$E_{sni1} = E_{sns} - T_{sn1} = (-0.063 - 0.113)\text{mm} = -0.176\text{mm}$$

小齿轮齿厚下偏差为

$$E_{sni2} = E_{sns} - T_{sn2} = (-0.063 - 0.075)\text{mm} = -0.138\text{mm}$$

设计好的齿轮零件加工后是否合格，我们需要根据设计图纸上所要求各个参数，通过相应的测量仪器检测各个参数是否符合设计要求，这就需要检测仪器检测相关评定指标，下面我们以公法线长度变动及公法线平均长度偏差的测量和齿轮齿圈径向跳动的测量为例，说明测量方法。

1. 公法线长度变动及公法线平均长度偏差的测量

(1) 准备测量工具：公法线千分尺(公法线指示卡或万能测齿仪)。

(2) 测量步骤。

① 确定被测齿轮的跨齿数 k，并计算公法线公称长度 W。

当测量压力角为 20° 的非变位直齿圆柱齿轮时，其公法线公称长度为

$$W=m[1.4761\times(2k-1)+0.014z]$$

式中：m 为模数；z 为齿数；k 为跨齿数，$k=z/9+0.5$ 或按表 5-52 选取。

表 5-52　跨齿数表

齿数 z	10～18	19～27	28～36	37～45
跨齿数 k	2	3	4	5

② 根据公法线长度 W 选取适当规格的分数线千分尺并校对零位。

③ 测量公法线长度。根据选定的跨齿数 k，用公法线千分尺测量沿被测齿轮圆周均布的 5 条公法线长度。

④ 计算公法线平均长度偏差 ΔW_m。取所测 5 个实际公法线长度的平均值 W 后，减去公称公法线长度，即为公法线平均长度偏差 ΔW_m。

⑤ 计算公法线长度变动量 ΔF_w。取 5 个实际公法线长度中的最大值与最小值之差，为公法线平均长度变动量 ΔF_w。

⑥ 将被测零件的相关信息、测量结果及测量条件填入表 5-53 中。

表 5-53　测量记录表

<table>
<tr><td rowspan="5">被测齿轮</td><td>模数 m</td><td colspan="2">齿数 z</td><td>压力角 α</td><td>公差标注</td><td colspan="2">跨齿数 k</td></tr>
<tr><td></td><td colspan="2"></td><td></td><td></td><td colspan="2"></td></tr>
<tr><td colspan="7">公法线长度变动公差 F_w</td></tr>
<tr><td colspan="7">公法线平均长度的上偏差 ΔE_{ws}</td></tr>
<tr><td colspan="7">公法线平均长度的下偏差 ΔE_{wi}</td></tr>
<tr><td rowspan="2">计量器具</td><td colspan="3">名　称</td><td colspan="2">测量范围</td><td colspan="2">分 度 值</td></tr>
<tr><td colspan="3"></td><td colspan="2"></td><td colspan="2"></td></tr>
<tr><td colspan="8">测量记录</td></tr>
<tr><td>齿序</td><td>实测读数</td><td>齿序</td><td>实测读数</td><td>齿序</td><td>实测读数</td><td>齿序</td><td>实测读数</td></tr>
<tr><td>1</td><td></td><td>6</td><td></td><td>11</td><td></td><td>16</td><td></td></tr>
<tr><td>2</td><td></td><td>7</td><td></td><td>12</td><td></td><td>17</td><td></td></tr>
<tr><td>3</td><td></td><td>8</td><td></td><td>13</td><td></td><td>18</td><td></td></tr>
<tr><td>4</td><td></td><td>9</td><td></td><td>14</td><td></td><td>19</td><td></td></tr>
<tr><td>5</td><td></td><td>10</td><td></td><td>15</td><td></td><td>20</td><td></td></tr>
<tr><td colspan="8">公法线平均长度</td></tr>
<tr><td colspan="8">公法线平均长度偏差 ΔE_w</td></tr>
<tr><td colspan="8">公法线长度变动量 ΔF_w</td></tr>
<tr><td>合格性判断</td><td colspan="7"></td></tr>
</table>

2. 齿轮齿圈径向跳动的测量

(1) 准备测量工具：公齿圈径向跳动检查仪、千分表。结构示意图如图 5-65 所示。

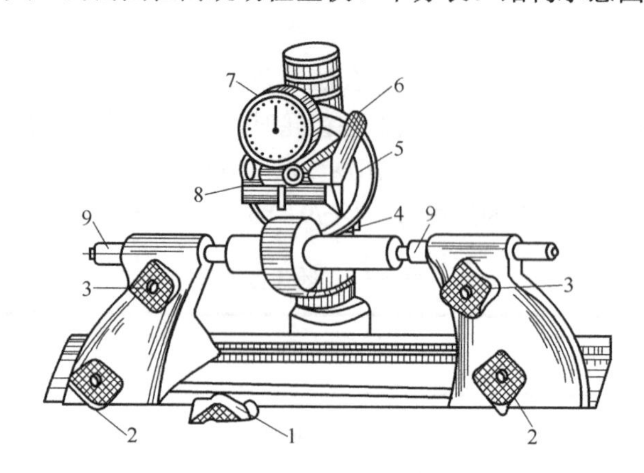

图 5-65 用齿圈径向跳动检查仪测量齿圈跳动

1—手轮；2—滑板锁紧螺钉；3—顶尖锁紧螺钉；4—升降螺母；
5—表盘；6—手柄；7—千分尺；8—表架；9—顶尖

(2) 测量步骤。

① 安装齿轮。

将齿轮安装在检验心轴上，用仪器的两顶尖顶在检验心轴的两顶尖孔内，心轴与顶尖之间的松紧应适度，既保证心轴灵活转动而又无轴向窜动。

② 选择测量头。

测量头有两种形状，一种是球形测量头，另一种是锥形或 V 形测量头。若采用球形测量头时，应根据被测齿轮模数按表 5-54 选择适当直径的测量头。也可用试选法使测量头大致在分度圆附近与齿廓接触。

表 5-54 测头推荐表

被测量齿轮模数/mm	1	1.25	1.5	1.75	2	3	4	5
测量头直径/mm	1.7	2.1	2.5	2.9	3.3	5	6.7	8.3

③ 零件调整。

扳动手柄 6 放下表架，根据被测零件直径转动升降螺母 4，使测量头插入齿槽与齿轮的两侧面相接触，并使千分表具有一定的压缩量。转动表盘，使指针对零。

④ 测量。

测量头与齿廓相接触后，用千分表进行读数，用手柄 6 抬起测量头，用手将齿轮转过一齿，再重复放下测量头，读数如此进行一周，若千分表指针仍能回到零位，则测量数据有效，千分表的示值中的最大值与最小值之差，即为齿圈径向跳动误差 ΔF_r。否则应重新测量。

⑤ 将被测零件的相关信息、测量结果及测量条件填入表 5-55 中。

表 5-55　测量记录表

被测齿轮	模数 m	齿数 z		齿形角 α		公差标注	
	齿圈径向跳动公差						
计量器具	名　称			测量范围		分 度 值	
测量记录/μm							
齿　序	读　数	齿　序	读　数	齿　序	读　数	齿　序	读　数
1		6		11		16	
2		7		12		17	
3		8		13		18	
4		9		14		19	
5		10		15		20	
实测齿圈径向跳动 ΔF_r/μm							
合格性判断							

练习与实践

一、判断题(正确的打√，错误的打×)

1. 齿轮传递运动的平稳性是要求齿轮一转内最大转角误差限制在一定的范围内。(　　)
2. 高速动力齿轮对传递运动平稳性和载荷分布均匀性都要求很高。(　　)
3. 齿轮传递运动的振动和噪音是由于齿轮传递运动的不准确性引起的。(　　)
4. 齿向误差主要反映齿宽方向的接触质量，它是齿轮传递运动载荷分布均匀性的主要控制指标之一。(　　)
5. 齿轮的一齿切向综合公差是评定齿轮传递运动平稳性的项目。(　　)
6. 齿形误差是用作评定齿轮传递运动平稳性的综合指标。(　　)
7. 圆柱齿轮根据不同的传动要求，对三个公差组可以选用不同的精度等级。(　　)
8. 齿轮副的接触斑点是评定齿轮副载荷分布均匀性的综合指标。(　　)
9. 在齿轮加工误差中，影响齿轮副侧隙的误差主要是齿厚偏差和公法线平均长度偏差。(　　)
10. 齿轮的单项测量，不能充分评定齿轮的工作质量。(　　)

二、选择题

1. 影响齿轮传递运动准确性的误差项目有(　　)。

　A. 齿距累积误差　　B. 一齿切向综合误差　　C. 切向综合误差

　D. 公法线长度变动误差　　E. 齿形误差

2. 影响齿轮载荷分布均匀性的误差项目有(　　)。

A. 切向综合误差　　B. 齿形误差

C. 齿向误差　　D. 一齿切向综合误差

3. 影响齿轮传递运动平稳性的误差项目有(　　)。

A. 一齿切向综合误差　　B. 齿圈径向跳动

C. 基节偏差　　D. 齿距累积误差

4. 影响齿轮副侧隙的加工误差有(　　)。

A. 齿厚偏差　　B. 基节偏差　　C. 齿圈径向跳动

D. 公法线长度变动误差　　E. 齿向误差

5. 下列各齿轮的标注中，齿距极限偏差等级为 6 级的有(　　)。

A. 655GM GB10095—88　　B. 765GH GB10095—88

C. 876($^{-0.330}_{-0.045}$)GB10095—88　　D. 6FL GB10095—88

6. 下列说法正确的有(　　)。

A. 用于精密机床的分度机构、测量仪器上的读数分度齿轮，一般要求传递运动准确

B. 用于传递动力的齿轮，一般要求载荷分布均匀

C. 用于高速传动的齿轮，一般要求载荷分布均匀

D. 低速动力齿轮，对运动的准确性要求高

三、填空题

1. 齿轮副的侧隙可分为 ________和________两种。保证侧隙(即最小侧隙)与齿轮的精度________(有关或无关)。

2. 若工作齿面的实际接触面积__________，会使受力不均匀，导致齿面接触应力_________，从而________寿命。

3. 传递运动平稳性的综合指标有__________和______________。

4. 当选择$\Delta F_i''$和ΔF_w组合验收齿轮时，若其中只有一项超差，则考虑到径向误差与切向误差相互补偿的可以性，可按________合格与否评定齿轮精度。

5. 分度、读数齿轮用于传递精确的角位移，其主要要求是________。

四、简答题与计算题

1. 齿轮传递运动有哪些使用要求？

2. 齿距累积总偏差 F_p 和切向综合总偏差 F_i' 在性质上有何异同？是否需要同时采用为齿轮精度的评定指标？

3. 齿轮精度指标中，哪些指标主要影响齿轮传递运动的准确性？哪些指标主要影响齿轮传递运动的平稳性？哪些指标主要影响齿轮载荷分布的均匀性？

4. 齿轮齿厚偏差一般都是负值，为什么？

5. 单级直齿圆柱齿轮减速器的齿轮模数 m=3.5mm，压力角 α=20°；传递功率为5kW；输入轴转速 n_1=1440r/min；齿数 z_1=18，z_2=81；齿宽 b_1=55mm，b_2=50mm。采用油池润滑。稳定工作时齿轮温度 t_1=50℃，箱体温度 t_2=35℃。另外，齿轮材料的线膨胀系数 a_1=11.5×10^6/℃，箱体材料的线膨胀系数 a_2=10.5×10^6/℃。试确定齿轮精度的检验指标及其精度等级，确定齿厚极限偏差。

参考文献

[1] 黄云清. 公差配合与测量技术[M]. 北京：机械工业出版社，2005.

[2] 赵美卿，王凤娟. 公差配合与技术测量[M]. 北京：冶金工业出版社，2008.

[3] 朱超. 公差配合与技术测量[M]. 北京：机械工业出版社，2009.

[4] 邓英剑，杨冬生. 公差配合与技术测量[M]. 北京：国防工业出版社，2008.

[5] 何兆凤. 公差配合与技术测量[M]. 2 版. 北京：中国劳动社会保障出版社，2001.

[6] 胡凤兰. 互换性与技术测量[M]. 北京：高等教育出版社，2006.

[7] 刘永利. 公差配合与技术测量[M]. 北京：中国农业出版社，2006.

[8] 陈小华. 机械精度设计与检测[M]. 北京：中国计量出版社，2006.

[9] 吴宗泽. 机械设计师手册[M]. 北京：机械工业出版社，2006.

[10] 周文玲. 互换性与测量技术[M]. 北京：机械工业出版社，2005.

[11] 郭连湘. 公差配合与技术测量实验指导书[M]. 北京：化学工业出版社，2004.

[12] 袁正有，宫波. 公差配合与测量技术[M]. 大连：大连理工大学出版社，2004.

[13] 徐从清，胡长对. 互换性与测量技术[M]. 北京：中国电力出版社，2008.

[14] 李扬. 公差配合与技术测量[M]. 长春：吉林大学出版社，2010.

[15] 韩进宏，王长春. 互换性与测量技术基础[M]. 北京：北京大学出版社，2006.

[16] 黄邦彦. 公差配合与技术测量习题集及解答[M]. 北京：机械工业出版社，1996.